清华
科技大讲堂

LangChain
大模型开发实践

姜春茂　主编

清华大学出版社
北京

内 容 简 介

本书旨在提供一个全面、系统的 LangChain 学习指南。全书共 7 章,循序渐进地介绍 LangChain 的核心概念和使用方法。第 1 章讨论人工智能、大语言模型的发展历程和应用场景,阐述 LangChain 框架的设计理念和优势;第 2 章详细介绍如何搭建 LangChain 的开发环境,引导读者编写第一个 LangChain 程序;第 3、4 章深入剖析 LangChain 的基础组件和领域特定语言 LCEL,帮助读者掌握构建大语言模型应用的关键技能;第 5～7 章通过多个实战项目,展示如何使用 LangChain 构建智能问答系统、智能文档助手和知识图谱应用,将所学知识应用到实践中。

本书适合具备一定 Python 编程基础、对人工智能(特别是自然语言处理、大语言模型)感兴趣的读者阅读。通过学习本书,读者可以掌握使用 LangChain 开发大语言模型应用的思路和方法,独立设计和实现智能应用系统。

图书在版编目(CIP)数据

LangChain 大模型开发实践 / 姜春茂主编. -- 北京:清华大学出版社,2025.5.
(清华科技大讲堂). -- ISBN 978-7-302-69228-7

Ⅰ. TP311.561

中国国家版本馆 CIP 数据核字第 20250TY333 号

责任编辑:付弘宇 薛 阳
封面设计:刘 键
责任校对:郝美丽
责任印制:杨 艳

出版发行:清华大学出版社
    网　　址:https://www.tup.com.cn,https://www.wqxuetang.com
    地　　址:北京清华大学学研大厦 A 座　　邮　编:100084
    社 总 机:010-83470000　　邮　购:010-62786544
    投稿与读者服务:010-62776969,c-service@tup.tsinghua.edu.cn
    质量反馈:010-62772015,zhiliang@tup.tsinghua.edu.cn
    课件下载:https://www.tup.com.cn,010-83470236
印 装 者:三河市东方印刷有限公司
经　　销:全国新华书店
开　　本:185mm×260mm　　印　张:13.25　　字　数:326 千字
版　　次:2025 年 7 月第 1 版　　印　次:2025 年 7 月第 1 次印刷
印　　数:1～2000
定　　价:69.00 元

产品编号:108018-01

前言

当今世界，人工智能和自然语言处理技术正以前所未有的速度发展，大语言模型（Large Language Model，LLM）的出现标志着自然语言理解和生成能力的重大突破。LLM 使得计算机能够以接近人类的方式理解、分析和生成自然语言，为构建更加智能化、个性化的应用系统提供了新的可能。然而，如何利用 LLM 的能力，将其与各类数据源、知识库和外部工具相结合，开发真正有价值、易部署的智能应用，仍然是一个巨大的挑战。

LangChain 是一个专为解决这一挑战而诞生的开源框架。它为 LLM 应用开发提供了一套灵活、模块化的工具集，使开发者能够快速构建和扩展基于 LLM 的应用程序。通过 LangChain，可以方便地将 LLM 与各种数据源相连接，实现知识增强；可以使用 Agents 技术编排 LLM 和外部工具的协同工作，执行复杂的认知任务；还可以基于 Callbacks 机制实现应用程序各组件之间的交互与数据流动，搭建端到端的智能应用系统。

本书旨在为读者提供一个全面、系统的 LangChain 学习指南。全书共分为 7 章，循序渐进地介绍了 LangChain 的核心概念和使用方法。第 1 章讨论人工智能、LLM 的发展历程和应用场景，阐述 LangChain 框架的设计理念和优势。第 2 章详细介绍如何搭建 LangChain 的开发环境，引导读者编写第一个 LangChain 程序。第 3 章和第 4 章深入剖析 LangChain 的基础组件和领域特定语言 LCEL，帮助读者掌握构建 LLM 应用的关键技能。第 5～7 章则通过几个实战项目，展示如何使用 LangChain 构建智能问答系统、智能文档助手和知识图谱应用，将所学知识应用到实践中。

本书适合具备 Python 编程基础、对人工智能和自然语言处理感兴趣的读者阅读。通过学习本书，读者将掌握使用 LangChain 开发 LLM 应用的思路和方法，能够独立设计和实现各类智能应用系统。同时，本书也力求与时俱进，紧跟 LangChain 和 LLM 技术的最新发展，为读者提供前沿的见解和指引。

在撰写这本介绍 LangChain 框架的书籍过程中，我深切地感受到开源社区的力量。LangChain 的发展离不开全球开发者的积极贡献和真知灼见。在此，向所有为 LangChain 项目做出贡献的个人和组织表示衷心的感谢，你们的智慧结晶为 LLM 应用开发铺平了道路，也为本书的写作提供了重要参考。衷心感谢清华大学出版社对本书出版给予的大力支持。最后，感谢我的家人在我埋头写作之时给予的理解、支持和鼓励，你们的关爱是我不竭的动力源泉。

LangChain 是一个蓬勃发展的开源项目，新的想法和实现方案层出不穷。受篇幅所限，本书无法面面俱到地涵盖所有内容。希望读者在学习之余，多查看 LangChain 的官方文档和代码仓库,与社区保持同步。也殷切期盼读者能够从本书汲取灵感、开阔视野,将 LangChain 和 LLM 技术应用到更多领域,创造出令人惊叹的智能应用。让我们携手共进,用创新点亮人工智能的未来!

限于作者水平,书中难免存在疏漏和不足,敬请读者不吝赐教,可通过电子邮件(404905510@qq.com)、GitHub Issues 等方式与我交流。您的宝贵意见将帮助我改进后续的版本,提供更优质的学习内容。

最后,预祝各位读者学有所成,在 LangChain 和 LLM 应用开发的道路上一往无前。在人工智能快速发展的时代,唯有保持开放的心态和持续学习的热情,方能驾驭万千变化,创造无限可能。让我们一起乘风破浪,拥抱人工智能的美好明天!

姜春茂

2025 年春于福州

目 录

第1章

LangChain 基础知识

本章概述了人工智能(Artificial Intelligence,AI)如何改变人们的生活和工作,特别是大语言模型(Large Language Model,LLM)的革命性影响。LLM 在自然语言理解和生成方面展现出人类级别的能力,是向通用人工智能(Artificial General Intelligence,AGI)迈进的关键。然而,将 LLM 集成到应用中并最大化其性能是一个挑战,需要技术和工程创新。LangChain,一个为 LLM 应用开发设计的开源框架,通过简化 LLM 与其他组件的集成,提供了一套开箱即用的工具和模块,成为 LLM 应用开发的标准框架。本章深入介绍 LangChain 的概念、发展、架构和应用场景,为理解这一开源项目奠定基础。

1.1 人工智能和 LLM 概述

人工智能是计算机科学的一个分支,旨在研究和开发能够模拟、延伸和扩展人类智能的理论、方法和技术。自从 1956 年达特茅斯会议正式确立"人工智能"这一概念以来,AI 经历了从早期的符号主义、专家系统,到机器学习、深度学习,再到如今大语言模型的发展历程。

1.1.1 人工智能的发展历程

人工智能的发展大致可分为以下几个阶段。

(1) 符号主义阶段(1956 年到 20 世纪 80 年代):这一时期的研究主要集中在利用符号推理的方法求解智能问题。代表性成果包括"逻辑理论家"(Logic Theorist)和"通用问题求解器"(General Problem Solver)等。前者是第一个使用启发式方法自动证明数学定理的程序,后者则尝试找到一种通用的问题求解策略。然而,这些早期的 AI 系统在处理现实世界的复杂问题时,很快暴露出了局限性。

(2) 专家系统阶段(20 世纪 80 年代到 90 年代):为了克服符号主义方法的不足,研究者们开始转向利用专家知识构建面向特定领域的知识库和推理系统。专家系统在医疗诊断、化学分析、工程设计等领域取得了一定成功。例如,MYCIN 系统能够根据患者的症状和化验结果,推断出导致感染的细菌,并推荐适当的抗生素治疗。然而,专家系统在知识获取、表示和推理等方面仍然存在诸多困难,难以扩展到更广泛的应用领域。

(3) 机器学习阶段(20 世纪 90 年代到 21 世纪初):随着互联网的兴起和数据的海量积累,以统计学习为代表的机器学习方法开始崭露头角。机器学习通过从数据中自动提取模式和规律,无须显式编程就能够解决分类、回归、聚类等问题。一个典型的例子是垃圾邮件过滤,通过分析大量邮件的特征,机器学习算法可以自动识别出垃圾邮件,比人工定义规则更加准确和高效。机器学习方法,特别是深度学习,在计算机视觉、语音识别等领域取得了突破性进展,甚至在某些任务上达到或超越了人类的水平。

(4)大语言模型阶段(21世纪初至今):近年来,随着算力的飞速发展和训练数据的海量积累,以 Transformer 为代表的大语言模型(LLM)在自然语言处理(Natural Language Processing,NLP)领域掀起了一场革命。LLM 通过在海量文本数据上进行自监督学习,掌握了强大的语言理解和生成能力。以 GPT-3 为例,它是由 OpenAI 训练的一个拥有 1750 亿个参数的语言模型,可以在 few-shot 或 zero-shot 的设定下完成文本分类、问答、对话、写作等一系列 NLP 任务,展现出类似人类的语言智能。LLM 正在重塑人们与计算机交互的方式,并为构建更加智能、自然的语言应用开辟了新的可能。

1.1.2 LLM 的兴起

LLM 是近年来自然语言处理领域最引人注目的突破之一。它们中的主流产品大都是基于 Transformer 架构、使用海量文本数据在大规模参数空间上训练得到的语言模型。相比传统的语言模型,LLM 具有参数量更多(数十亿到上万亿)、训练数据更丰富(从 TB 到 PB 级)、语言理解和生成能力更强等特点。

以 GPT(Generative Pre-trained Transformer)系列模型为例,它们由 OpenAI 开发,在自然语言理解、对话生成、知识问答等任务上取得了瞩目成绩。GPT-3 拥有 1750 亿个参数,是当时最大的语言模型。它采用了 few-shot learning 的范式,即给定少量示例即可完成新的任务,无须重新训练模型。例如,在情感分析任务中,只需给 GPT-3 提供如下几个样本。

样本 1:I'm so excited about the concert tonight! Sentiment:Positive

样本 2:The weather is terrible today,I hate it. Sentiment:Negative

样本 3:I'm feeling kind of meh about this movie. Sentiment:Neutral

然后,对于一个新的测试样本,如"Just tried the new restaurant,the food was amazing!",GPT-3 就能正确判断出它的情感为 Positive。这种 few-shot 学习能力大大提高了 LLM 的适用性和灵活性。

除了 GPT 系列,还有以下一些有代表性的 LLM。

(1)BERT(Bidirectional Encoder Representations from Transformers):由 Google 提出,通过预训练双向编码器掌握了强大的语言表征能力,在文本分类、命名实体识别、问答等任务上实现了新的 SOTA(State-Of-The-Art)。

(2)PaLM(Pathways Language Model):由 Google 发布的 5400 亿参数的巨型语言模型,展示了惊人的推理、常识问答和编程能力。

(3)OPT(Open Pre-trained Transformer):由 Meta(Facebook)开源的 1750 亿参数模型,性能与 GPT-3 相当,且可在标准 GPU 上进行推理。

LLM 的出现标志着 NLP 进入了一个新的时代。它们正在重塑人们与计算机交互的方式,并为智能问答、信息检索、机器翻译、文本生成等应用注入新的活力。同时,LLM 在伦理、安全、公平等方面也提出了新的挑战,值得学术界和产业界持续关注和应对。

1.1.3　LLM 的能力和局限性

LLM 展现了令人瞩目的语言理解和生成能力,但同时也存在一些局限性。LLM 的能力主要包括以下几方面。

(1) 自然语言理解。LLM 能够较好地理解文本的语法、语义和上下文。例如,给定一段文本"John went to the store. He bought some milk.",LLM 能够正确回答"Who bought the milk?"。这表明 LLM 掌握了指代消解(John 和 He 指同一个人)和事件理解(go to the store 和 buy milk 是前后相关的两个动作)的能力。

(2) 文本生成。LLM 能够根据给定的提示或上下文,生成流畅、连贯、富有创意的文本。例如,给 GPT-3 一个故事开头"Once upon a time,in a small village,there lived a brave girl named Lily. One day…",它可以自动生成一个完整的童话故事,包含生动的情节、丰满的人物和优美的语言。

(3) 知识问答。LLM 能够从海量文本数据中学习和存储知识,并利用这些知识回答问题。例如,问 GPT-3:"Who wrote the book 'Pride and Prejudice'?",它能正确答复"Jane Austen"。这表明 LLM 具备了一定的知识库查询和推理能力。

(4) 少样本学习。LLM 具有一定的泛化和迁移能力,能够在少量样本或提示的基础上,快速适应新的任务。例如,在阅读理解任务中,只需给 GPT-3 提供一段文本和几个示例问题,它就能很好地回答关于这段文本的新问题,无须重新训练。

同时,LLM 也存在以下局限性。

(1) 缺乏实时知识。LLM 主要依赖于预训练数据,难以获取实时的、动态更新的知识。例如,问 GPT-3:"Who won the 2022 FIFA World Cup?",它会说"As an AI language model,I don't have access to real-time information. The 2022 FIFA World Cup hasn't taken place yet."。这是因为 GPT-3 的训练数据截止到 2021 年,无法回答 2022 年及之后发生的事件。

(2) 常识推理能力有限。尽管 LLM 展示了一定的推理能力,但在需要深度常识知识的任务上仍然存在局限。例如,给定一个常识问题"If I put cheese into a hot frying pan,what happens to the cheese?",LLM 可能会生成"The cheese will melt and become liquid or semi-liquid."这样合理的答案,但也可能生成"The cheese will freeze and become solid."这样违反常识的答案。

(3) 易产生幻觉。LLM 有时会生成看似合理但实际错误的内容,即所谓的"幻觉"。例如,问 GPT-3:"What is the capital of the United States?",它通常会正确答复"Washington, D.C.",但有时也会生成"New York City"这样错误的答案。这可能源于语言模型过于自信,倾向于根据上下文"编造"看似合理的答案。

(4) 偏见和安全风险。LLM 从海量文本数据中学习,难免会继承一些数据中的偏见。例如,当询问"Who are the greatest scientists in history?"时,LLM 倾向于列出以男性为主的名单,这反映了训练数据中的性别偏见。此外,LLM 强大的语言生成能力如果被恶意利用,也可能制造谣言、散布仇恨言论等,带来安全隐患。

总的来说,LLM 是 AI 领域一项伟大的进步,但在应用时需要考虑其局限性。未来的研究需要在增强 LLM 推理、常识、多模态理解等能力的同时,加强其可解释性、可控性和安全性,这需要自然语言处理、知识表示、因果推理等多个领域的协同创新。同时,开发基于 LLM 的应用也需要考虑引入人机协作、知识库增强等机制,以弥补其不足,发挥其长处。

1.2 LLM 应用及其挑战

1.2.1 LLM 应用的定义和特点

LLM 应用是利用大语言模型的语言理解和生成能力,针对特定任务或场景开发的智能应用程序。相比传统的软件应用,LLM 应用具有一些鲜明的特点:

(1)语言驱动。LLM 应用主要通过自然语言与用户交互,用户可以用文本或语音等方式输入问题或指令,应用则以自然语言回应。例如,智能客服系统可以理解用户的咨询或投诉,并给出恰当的答复或解决方案。相比图形界面驱动的应用,LLM 应用为用户提供了更自然、便捷的交互方式。

(2)知识密集。得益于从海量文本数据中学习到的丰富知识,LLM 应用在特定领域可展现出接近甚至超越人类专家的知识水平。例如,医疗诊断助手可以凭借从大量医学文献和病例中获取的专业知识,为医生提供全面、可靠的诊断参考。这突破了传统软件依赖人工编码知识库的瓶颈。

(3)开放领域。与传统的任务型对话系统相比,LLM 应用能够应对更加开放和多样的语言交互。例如,智能写作助手不仅能够进行语法纠错、文本润色等结构化任务,还能够根据用户提供的题材、风格等要求,生成切题、流畅、有创意的文章。这得益于 LLM 在语言生成方面的强大能力。

(4)个性化。LLM 应用可以通过持续学习用户的输入、反馈和行为数据,不断优化其语言理解和生成策略,为用户提供更加个性化的服务。例如,新闻推荐系统可以根据用户的阅读历史、单击行为等,自动调整其感兴趣的新闻类别和呈现方式。个性化程度可以达到甚至超过人类助理的水平。

(5)赋能型。与直接解决某个特定任务的工具型应用不同,LLM 应用更多地扮演"赋能者"的角色,即通过与人的自然交互来激发灵感、扩展视野、提供参考,从而提升人的认知和决策水平。例如,智能教育助手不是直接告诉学生标准答案,而是启发学生思考问题的多种思路,引导其主动探索和构建知识。

这些特点使得 LLM 应用代表了人机交互和智能服务的新范式,正在教育、医疗、金融、零售等各行各业掀起智能化变革的浪潮。同时,LLM 应用的开发也对技术、伦理、安全等方面提出了更高的要求,需要学术界和工业界的共同努力。

1.2.2 LLM 应用的常见类型

LLM 应用已经在多个领域崭露头角,催生了许多新颖的应用类型。本节列举几个有代表性的例子。

(1)智能问答。智能问答是 LLM 应用的一个典型场景,旨在利用 LLM 强大的阅读理解和知识问答能力,构建能够准确理解用户问题并给出有针对性答案的智能系统。例如,微软的 Bing Chat 聊天机器人基于 GPT-4 模型,可以就各种主题与用户深入对话和讨论,展现出接近人类的知识广度和思辨能力。用户可以就历史、科学、文化等领域提出开放式问题,Bing Chat 能够根据其训练数据提供翔实、条理清晰的解答,并配以补充信息和参考资料。

又如,Anthropic 开发的 Claude 助手不仅能够回答问题,还能够根据上下文进行多轮对话,记住之前的内容,并给出连贯一致的答复。用户可以就某个话题与其探讨和辩论,Claude 能够提出自己的观点和论据,并对用户的反驳给予恰当的回应。这种接近人类思维和对话方式的交互,大大拓展了传统问答系统的边界。

(2)内容生成和总结。LLM 在文本生成和总结方面展现出类人的创造力和概括力,催生了一系列写作辅助工具。例如,Copy. ai 是一款基于 GPT-3 的 AI 写作助手,能够根据用户输入的关键词、主题等,自动生成各类文案,如社交媒体帖子、产品描述、广告文案等。用户还可以指定文章的语言风格(如严肃的、幽默的)、目标受众(如专业人士、儿童)等,Copy. ai 会进行相应的调整,以满足不同写作场景的需求。

另一个例子是 Primer 的文本摘要工具,它利用 LLM 在阅读理解和语义提取方面的优势,能够自动总结冗长的文章、报告、议程等,提取关键信息,并以清晰、简明的形式呈现。用户可以快速把握文本的核心内容和脉络,大大节省阅读和分析的时间。Primer 还提供了定制化选项,如摘要的长度、关键词数量等,以满足不同用户的偏好。

(3)代码生成和分析。LLM 强大的语言理解能力不仅限于自然语言,还延伸到编程语言。近年来,AI 辅助编程工具层出不穷,利用 LLM 来加速软件开发流程。例如,GitHub Copilot 是一款基于 OpenAI Codex 模型的 AI 编程助手,如图 1-1 所示。它能够根据程序的上下文和注释,自动推荐和补全代码片段。开发者只需用自然语言描述功能的意图,如"将 JSON 字符串解析为 Python 对象",Copilot 就能生成对应的 Python 代码。它支持数十种主流编程语言,以及跨语言的 API 调用。

除了生成代码,LLM 还被用于代码理解和分析。例如,OpenAI 开发的 GPT-3 Codex 不仅能够编写代码,还能够对现有代码进行解释、文档化和重构。给定一段代码,Codex 能够用自然语言描述其功能和实现逻辑,有助于代码的可读性和维护性。此外,Codex 还能够理解代码中的错误和漏洞,并提供修复建议。这些智能辅助工具大大提高了开发者的工作效率和代码质量。

(4)智能搜索和推荐。传统的关键词匹配式搜索往往难以准确理解用户的真实意图,返回的结果冗余、不相关的现象屡见不鲜。LLM 凭借其语义理解和匹配的能力,正在重塑搜索引擎的工作方式。例如,Neeva 是一款由前 Google 工程师创立的 AI 搜索引擎,它利用 LLM 对用户的查询进行意图理解和语义拓展,根据查询的上下文返回最相关的结果。用户搜索"如何做提拉米苏",Neeva 不仅会返回提拉米苏的做法,还会推荐相关的甜点制作技巧、热门食谱等。

在个性化推荐方面,LLM 也得到了广泛应用。例如,Spotify 的音乐推荐系统就利用了 LLM 对歌曲歌词、曲风等文本信息的理解,结合用户的播放记录、喜好等,为每个用户定制"私人 FM"。又如,亚马逊的商品推荐系统会分析用户浏览、购买的商品的文本描述,利用 LLM 发掘隐含的偏好和关联,以"猜你喜欢"的形式推荐相似或互补的商品。

以上例子展示了 LLM 在不同领域催生的创新应用,但这仅是一个开始。随着 LLM 的不断发展和完善,以及各行业数字化、智能化转型的不断深入,基于 LLM 的应用必将更加

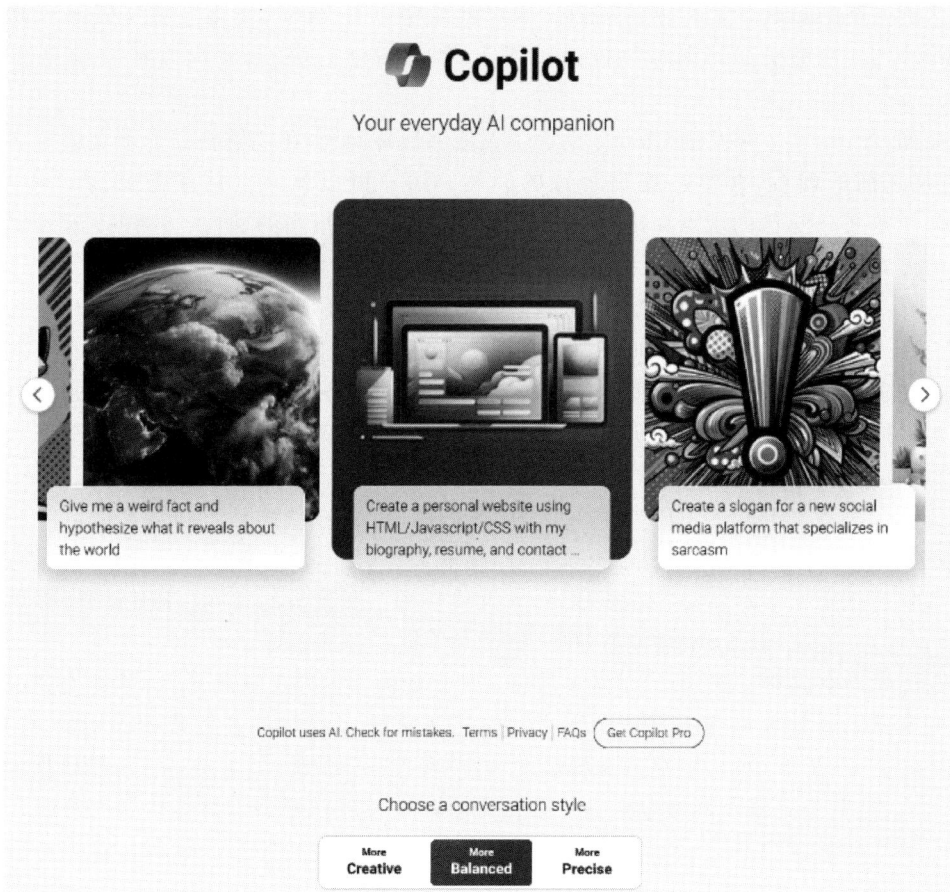

图 1-1 代码生成和分析辅助 AI 工具 Copilot

丰富多样，为人们的工作和生活带来更多便利和惊喜。

1.2.3 构建 LLM 应用面临的挑战

尽管 LLM 为智能应用开发带来了新的曙光，但实际构建高质量、可靠、安全的 LLM 应用仍然面临诸多挑战。

（1）知识获取和更新。LLM 的知识主要来自其预训练数据，因此其知识获取能力受到训练数据规模、质量和时效性的限制。对于一些需要实时数据的应用场景，如金融分析、热点新闻等，LLM 往往难以提供最新、准确的信息。如何为 LLM 持续、高效地补充新知识，是一个亟待解决的问题。解决这个问题的一种思路是利用增量学习，即在 LLM 原有知识的基础上，针对新的数据进行微调和适应，而无须从头重新训练模型。例如，ERNIE 3.0 采用了持续学习策略，通过持续学习新的文本数据，在保持原有知识的同时不断扩充和更新知识。另一种思路是利用检索增强学习（REALM），即将 LLM 与外部知识库相结合，通过对知识库进行实时检索和匹配，动态地为 LLM 提供所需的知识。例如，"融合式解码器"模型（Fusion-in-Decoder）引入了一个检索模块，可以从海量文档中检索与输入相关的片段，作为额外的知识补充生成回复。

（2）推理能力提升。尽管 LLM 展示了惊人的语言理解和生成能力，但它们在逻辑推理、常识判断等方面的表现仍然不尽如人意。LLM 容易生成看似合理但实际违反常识或逻辑的内容,这极大地限制了其在一些关键领域,如医疗、法律等领域的应用。此外,LLM 难以完成需要多步推理的复杂任务,如解答数学题、执行代码等。针对这些问题,研究者提出了一系列增强 LLM 推理能力的方法。一类方法是将因果推理、常识知识等显式地集成到语言模型中。例如,COMET 模型专门从文本中挖掘常识知识,并用于增强下游任务中的推理能力。另一类方法是通过引入外部工具和程序,将复杂任务分解为语言模型适合处理的子任务。例如,PAL 模型引入了一个可编程的工具接口,使语言模型能够调用外部 API、数据库、计算程序等,从而实现多步推理、数值计算等复杂功能。

（3）安全和伦理风险。LLM 强大的语言生成能力也隐含着巨大的安全和伦理风险。首先,LLM 可能被恶意用于制造谣言、散布仇恨言论、操纵舆论等,对社会稳定和信息生态构成威胁。其次,LLM 生成的内容可能含有偏见、歧视等有悖伦理道德的内容,对某些群体和个人造成伤害。再次,LLM 难以避免将部分训练数据中的隐私信息泄露到生成的内容中,带来隐私泄露的隐患。为了应对这些挑战,学界和业界开展了广泛的探索。一方面,需要在算法和数据层面,通过对抗训练、隐私保护技术等提高 LLM 的鲁棒性和安全性。例如,Anthropic 提出的“宪法式人工智能”（Constitutional AI）旨在通过设计适当的价值函数,使 AI 模型在追求目标的同时符合人类的道德伦理和法律规范。另一方面,需要建立使用规范和评估机制,明确 LLM 在不同场景下的边界和责任,并对其输出内容进行持续检测和管控。例如,OpenAI 提供了一套内容过滤 API,可以检测和过滤 LLM 生成内容中的有害、攻击性言论。

（4）资源消耗与效率。训练和部署 LLM 需要大量的算力、存储和能源,这对于许多中小型企业和开发者构成了挑战。以 GPT-3 为例,其训练需要耗费数千万美元的算力成本,存储模型参数需要数百 GB 的内存,推理一次需要数十秒的时间。这使得 LLM 的应用部署门槛较高,难以实现低成本、低延迟、实时响应的需求。为了提升 LLM 的资源利用效率,一个重要方向是模型压缩和加速。例如,知识蒸馏技术可以将庞大的教师模型（如 GPT-3）的知识转移到小型的学生模型中,在保持性能的同时大幅减少参数量和推理时间。例如,DistilGPT-2 模型经过蒸馏后,其参数量只有 GPT-2 的 60%,但在下游任务上的性能却与GPT-2 相当。另一个方向是利用云计算和分布式技术,实现 LLM 的弹性部署和按需调用。例如,微软推出了 DeepSpeed Cloud 服务,允许用户在云端调用 GPT-3 等大模型,按实际使用量计费,大大降低了开发者的使用门槛。

1.3　LangChain 框架简介

　　LangChain 是一个用于开发由语言模型驱动的应用程序的开源框架。它提供了一套工具和组件,帮助开发者将语言模型链接到上下文源,如提示指令、少量示例、内容等,以使其响应更准确、更贴合上下文。它可以依靠语言模型进行推理,例如,根据提供的上下文如何回答、采取哪些行动等。LangChain 的目标是使开发人员能够更容易地创建和部署基于语言模型的应用程序,如聊天机器人、问答系统、文本摘要工具等。如图 1-2 所示为LangChain 的生态系统,从图中可见,LangChain 库为开发者提供了一套丰富的 Python 和JavaScript 工具集,通过提供各种组件的接口和集成,使得将这些组件组合成为链和代理变得简单,同时也提供了现成的链和代理实现。该库还包括 LangChain 模板,这是一系列易于部署的参考架构,专门设计来适应多样化的任务需求。此外,LangServe 库支持将 LangChain 链部署为 REST API,而 LangSmith 平台则专为开发者设计,能够在任何 LLM 框架上调试、测试、评估和监控链,实现与 LangChain 的无缝集成。这一系列工具的主要优势在于它们能够简化应用程序的整个生命周期,包括开发、生产化和部署过程,从而使开发者能够快速上手,高效检查、测试和监控链,并自信地进行部署。

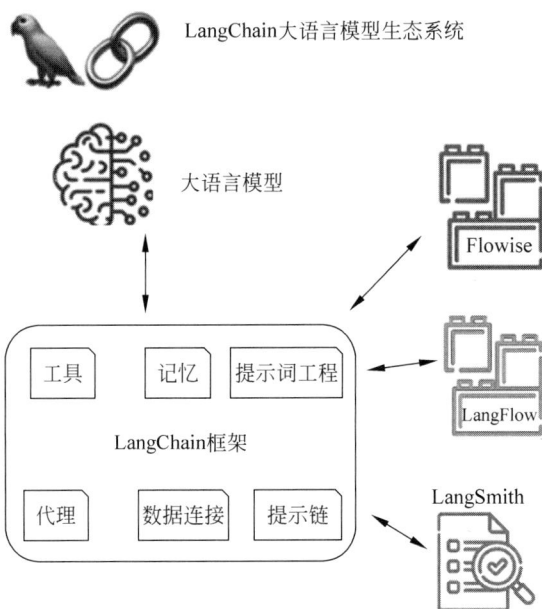

图 1-2　LangChain 生态系统

LangChain 框架的核心功能包括处理语言模型的可组合工具和集成,以及用于执行高级任务的内置组件组合,即"链"。此外,框架还引入了 LangChain 表达语言(LangChain Expression Language,LCEL),这是一种声明式方法,用于组合链,支持快速从原型转向生产,无须更改代码。LangChain 框架支持一系列丰富的应用场景,例如,文档问答、聊天机器人、分析结构化数据、代码生成、机器翻译、文本摘要和创意写作,为开发者在构建复杂的语言处理应用时提供了极大的便利和灵活性。

1.3.1　LangChain 的设计理念和目标

LangChain 的设计理念是将语言模型视为应用程序开发中的一个组件,而不是孤立的黑盒子。尽管语言模型在自然语言理解和生成方面展现了惊人的能力,但它们在知识获取、逻辑推理、环境交互等方面仍然存在局限。因此,LangChain 旨在提供一套工具和机制,帮助开发者克服这些局限,发挥语言模型的全部潜力。具体来说,LangChain 的设计目标包括以下几点。

(1)模块化和灵活性。LangChain 采用模块化的架构设计,将语言模型与其他组件(如外部知识库、API 服务等)解耦,开发者可以灵活选择和组合不同的模块,构建适合特定应用需求的系统。

（2）可扩展性。LangChain 支持多种主流的语言模型（如 GPT-3、BLOOM 等）和数据源（如文档、数据库等），开发者可以轻松扩展和定制组件，以满足不同应用场景的需求。

（3）开发效率。LangChain 提供了一系列预构建的组件和流程，如常见的提示模板、检索策略、记忆管理等，帮助开发者快速搭建原型系统，减少重复工作。

（4）应用性能。LangChain 引入了一些优化机制，如向量索引、数据流水线等，以提高语言模型在实际应用中的推理效率和响应速度。

（5）可操作性。LangChain 提供了清晰的文档和 API，方便开发者集成到自己的应用系统中。同时，LangChain 还提供了一些辅助工具，如日志记录、调试工具等，以方便开发和维护。图 1-3 展示了 LangChain 的总体设计理念，即通过组装和增强语言模型，构建端到端的智能应用系统。用户与服务器交互，服务器可能会处理用户输入，并利用数据库索引来获取必要的信息。服务器接收到用户的输入后，通过 Prompt（提示）将任务传达给模型。模型可能会访问 Memory 来获取之前的交互信息，从而保持对话的连贯性。然后，服务器可能会根据模型生成的输出调用多个 Agent，这些 Agent 能执行具体的任务，并且可能会影响模型未来的行为（可以是通过 Callbacks 的）。这种结构允许创建灵活、模块化的系统，能够处理各种复杂的任务和交互。

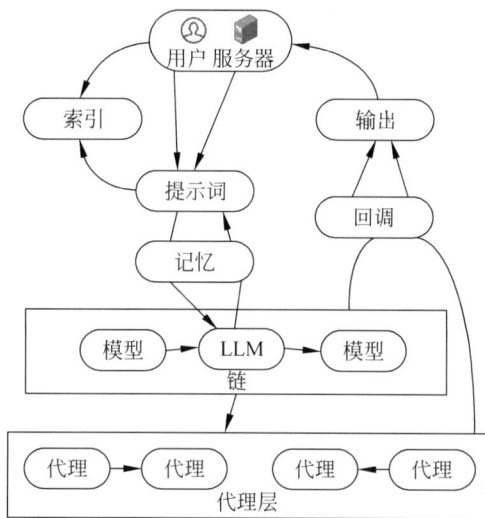

图 1-3　LangChain 总体设计理念

1.3.2　LangChain 的核心组件

LangChain 框架由一系列核心组件构成，这些组件可以灵活组合，形成复杂的语言模型应用工作流，如图 1-4 所示。下面简要介绍这些核心组件。

（1）模型（Models）：LangChain 支持集成各种语言模型，如 GPT-3、BLOOM、T5 等，还支持一些专门的模型，如文本嵌入模型、摘要模型等。开发者可以根据应用需求选择合适的模型。

（2）提示模板（Prompts）：提示是指输入语言模型的文本序列，它可以引导模型生成期望的输出。LangChain 提供了一系列预定义的提示模板，如问答模板、摘要模板、对话模板等，开发者也可以自定义提示模板。

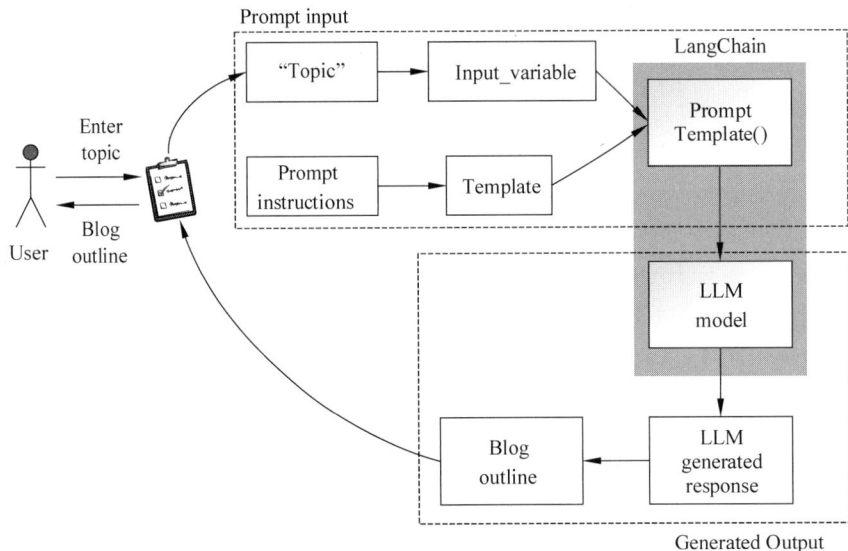

图 1-4 问答提示模板示例

索引(Indexes):在许多应用中,需要从大规模文本数据中检索与用户查询相关的信息。LangChain 提供了向量索引机制,可以将文本数据转换为向量表示,存储在向量数据库中,以支持快速、相关的检索。

记忆(Memory):在多轮对话等场景中,需要存储之前的对话历史,以便语言模型根据上下文生成连贯的响应。LangChain 提供了多种记忆管理机制,如对话记忆、实体记忆等,用于存储和管理对话状态。

链(Chains):链是指将多个组件组合成一个复杂的工作流。如图 1-5 所示,LangChain 链式推理的核心流程如下:首先,用户的查询或任务作为输入(Input)进入系统。然后,路由链(Router Chain)根据输入内容所涉及的主题(如数学、历史等),将任务分发给对应的目标链处理。如果输入与任何已有主题无关,则会进入默认链。每个目标链(Destination Chain)都内置了特定领域的专业知识和处理逻辑,可以针对性地处理该主题的任务并给出结果。默认链则提供通用的处理能力,可以应对一些未知领域或常规性的查询。

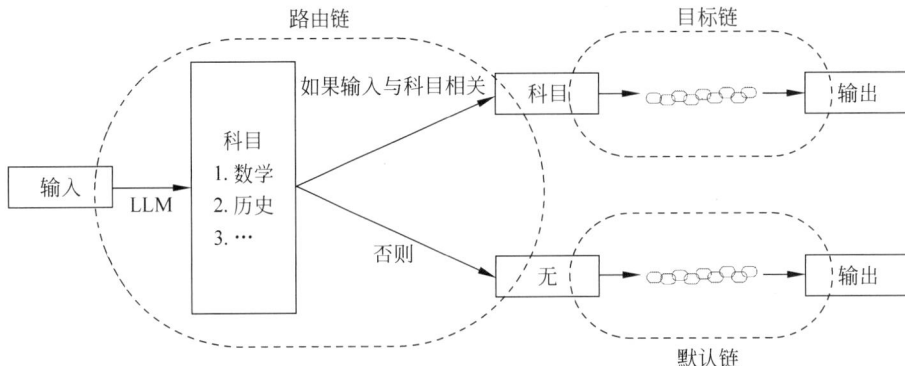

图 1-5 LangChain 中链的示例

这种链式架构具有模块化、可扩展等优点。将整个过程解耦为独立的链,每个链专注于特定任务,易于设计和维护。路由机制提高了任务分发的效率和针对性。新的处理能力可以通过添加目标链的方式灵活扩展。同时，默认链作为补充，为系统提供了全面的任务处理能力。这种架构使得 LangChain 成为一个灵活、高效、可扩展的任务处理系统。LangChain 提供了一些常见的链模板，也支持开发者自定义链。

（1）代理（Agents）。代理是一种可以自主完成多步任务的语言模型应用。它可以根据用户的指令，自动分解任务，调用相应的工具或服务，并汇总结果。LangChain 提供了一些常见的代理模板，如对话代理、问答代理等。

（2）工具（Tools）。工具是指语言模型可以调用的外部接口或服务，如搜索引擎、数据库、API 等。通过将语言模型与外部工具相结合，可以大大拓展语言模型的能力边界。LangChain 支持定义和集成各种工具。

以上组件可以灵活组合，构建出适应不同需求的语言模型应用。例如，可以将检索链与摘要链组合，构建一个智能文献助手，自动检索相关文献并生成摘要。又如，可以将对话代理与外部工具（如订票系统）组合，构建一个智能客服助手，引导用户完成订票流程。

1.3.3　LangChain 的优势

相比其他自然语言处理框架，LangChain 在以下几方面具有独特的优势。

（1）模块化设计。LangChain 采用模块化的架构设计，各个组件之间松耦合，可以灵活组合和替换。这使得开发者可以轻松定制和扩展系统，适应不同的应用需求。

（2）多模态支持。LangChain 不仅支持文本数据，还支持图像、语音等多种模态数据，可以构建多模态的语言模型应用，如图像问答、语音对话等。

（3）知识增强。LangChain 提供了多种机制，可以将语言模型与外部知识源相结合，如文档库、知识图谱等，从而增强语言模型的知识和推理能力。

（4）策略灵活。LangChain 提供了多种执行策略，如顺序执行、并行执行、条件执行等，可以根据任务的复杂度和资源约束，选择合适的策略。

（5）工具集成。LangChain 支持集成各种外部工具和服务，如搜索引擎、数据库、API 等，大大拓展了语言模型的应用边界，使其能够执行更加复杂和实用的任务。

（6）社区活跃。LangChain 是一个开源项目，拥有活跃的社区和贡献者。这意味着框架会得到持续的改进和扩展，开发者也可以从社区获得支持和帮助。

总之，LangChain 是一个功能强大、灵活易用的语言模型应用开发框架。它通过模块化的设计、知识增强的机制、灵活的执行策略，帮助开发者轻松构建智能、实用的自然语言处理应用。随着语言模型的不断发展和应用需求的日益增长，LangChain 有望成为这一领域的重要工具和生态系统。

1.4　LangChain 的应用场景

LangChain 是一个灵活、强大的框架，可以支持各种创新性的 LLM 应用开发，如图 1-6 所示。本节将重点介绍几个典型的应用场景，这些场景充分展示了 LangChain 的功能和优势。

图 1-6　LangChain 的应用场景

1.4.1　构建支持知识增强的 LLM 应用

LLM 在许多任务上展现出了惊人的能力,但它们主要基于在预训练阶段学习到的知识,对于特定领域或实时更新的知识,可能难以给出准确、详尽的回答。LangChain 提供了一系列工具,可以将 LLM 与外部知识库无缝集成,构建支持知识增强的 LLM 应用,主要包括用户查询接口、知识检索模块、LLM 模块和外部知识库等组件。

以一个智能医疗问答系统为例。传统的医疗问答系统通常基于预定义的问答对和规则,难以处理复杂、多样的患者查询。使用 LangChain,可以将医学教科书、指南、案例等文档加载到向量数据库中,构建一个医学知识库。当患者提出问题时,系统首先利用 LangChain 的检索组件,从知识库中找到与问题最相关的文档片段。然后,将问题和检索到的片段一并输入 LLM 中,由 LLM 生成回答。这样,LLM 不仅可以利用其全局知识,还可以利用特定领域知识,给出更加准确、可信的答案。LangChain 还支持对知识库进行实时更新。例如,当有新的医学研究发现或指南发布时,可以将其添加到知识库中,使系统能够给出基于最新知识的回答。除了医疗领域,知识增强型 LLM 应用还可以应用于客户服务、教育培训、金融分析等许多领域,帮助构建更加智能、专业的问答和决策支持系统。

图 1-7 给出了一个知识增强的 LLM 应用流程。在这个智能医疗问答系统的例子中,当患者提交查询时,系统通过其嵌入式组件(Embedding)将查询转换为向量,并在向量数据库中检索相关信息。这一步骤对应图中的"Retrieve",即检索过程,从而从医学知识库中找到与问题最相关的文档片段。接着,系统将原始查询和检索到的上下文信息一同送入 LLM,这对应图中的"Augment",即增强过程,通过此步骤,查询被扩充以包括相关的上下文。最终,LLM 根据增强后的输入生成回答,这对应"Generate",即生成过程。这种方法让 LLM 不仅能够利用其广泛的全局知识,还能利用特定于医学领域的知识,提供更精准、可靠的回答。

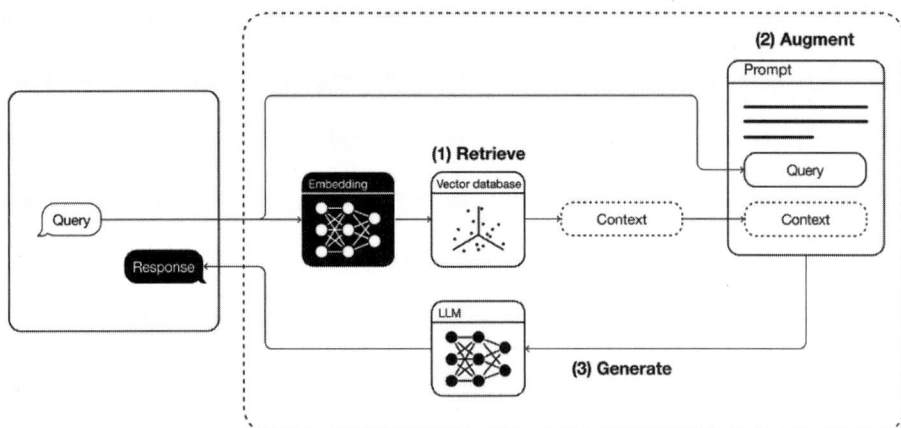

图 1-7 知识增强的 LLM 应用

1.4.2 实现基于多轮对话的聊天机器人

传统的聊天机器人通常基于预定义的对话流程和模板,难以进行灵活、自然的多轮对话。LangChain 提供了强大的多轮对话管理和状态追踪机制,可以实现更加智能、上下文相关的聊天机器人。图 1-8 展示了一个多轮对话系统如何追踪和处理对话上下文。在对话的第一轮中,用户说"hi",系统以"hello"作为回复。为了保持上下文,系统将整个对话标记起来:使用"BOS"来表示句子的开始,用"SP1"和"SP2"来区分不同的说话者——分别代表用户和系统。进入第二轮,用户问"how are you",系统则记住了之前的交流(用户的"hi"和系统的"hello"),并在这个基础上回答"am fine"。通过保留所有先前的交流历史,系统能够理解并参与到持续的、连贯的对话中,确保每一次的回应都是在前文的上下文中生成的。多轮对话要求模型在多个话语中保持上下文和连贯性。不像单轮对话,模型可以专注于理解单个句子的含义,在多轮对话中,模型需要跟踪整个对话历史和当前对话的状态。然而,多轮对话对于像 ChatGPT 这样的聊天机器人的成功至关重要。在现实世界的场景中,人们经常参与扩展的对话,一个能够在多轮交流中保持上下文和连贯性的聊天机器人更有可能提

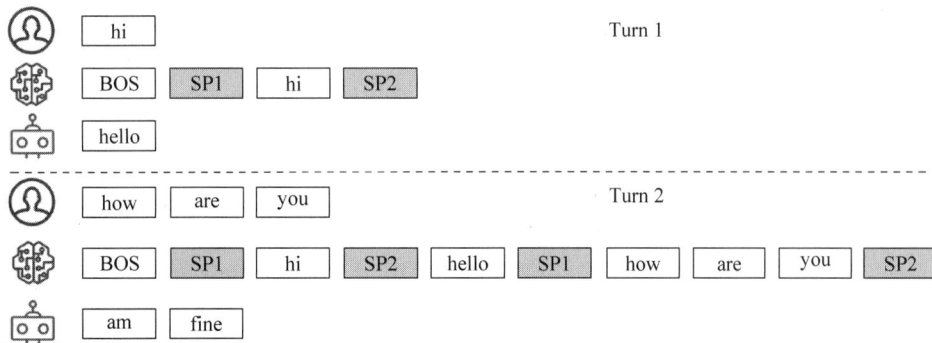

图 1-8 多轮对话的聊天机器人

供满意的用户体验。多轮对话还允许聊天机器人更好地理解用户的需求,并提供更个性化和有用的响应。

再以一个智能客服聊天机器人为例。当用户开始一个对话时,LangChain 的对话管理模块会初始化一个新的对话状态,记录用户的初始请求。然后,管理模块将用户请求发送给LLM 模块进行处理。LLM 根据当前请求和之前的对话历史,生成一个回复。这个回复不仅考虑了当前的请求,还考虑了之前的对话上下文,从而使对话更加自然、连贯。之后,管理模块将 LLM 的回复返回给用户,同时更新对话状态,记录下这一轮对话。

在对话过程中,LangChain 的状态管理模块会自动跟踪和存储整个对话的历史记录,包括用户的请求、系统的回复、关键实体和槽位值等。当用户提到之前的话题时,系统可以根据记录的对话历史,理解其上下文,给出恰当的回应。例如,当用户问"我之前提到的那个红色 T 恤的订单情况如何了?",系统可以从对话历史中找到关于"红色 T 恤"的记录,并给出类似"您之前询问的红色 T 恤订单已经发货,预计 3 天内送达"的回复。

LangChain 还支持在对话中集成外部工具和服务。例如,当用户请求查看订单详情时,聊天机器人可以调用订单管理系统的 API,实时获取订单状态,并生成自然语言描述,如"您的订单号为♯1234,包含一件红色 T 恤和一条蓝色牛仔裤,总金额为 50 元,目前已发货,预计 3 天内送达"。

使用 LangChain 构建的聊天机器人可以应用于客户服务、在线销售、生活助理等多种场景,大大提升用户体验和服务效率。

1.4.3　开发面向特定领域的智能助手

LLM 强大的语言理解和生成能力使其在通用领域有惊人的表现,但在许多专业领域,如医疗、法律、金融等,仍然难以达到专家级别的水平。这主要是因为 LLM 缺乏深入、系统的领域知识,难以理解和解决领域特定的问题。LangChain 提供了一系列工具,可以将LLM 与领域知识库、领域工具相结合,构建功能强大的领域智能助手。

以一个智能法律助手为例。传统的法律咨询服务通常依赖于人工律师,成本高、效率低,难以满足广大用户的需求。使用 LangChain,可以将法律条文、判例、解释等文档加载到向量数据库中,构建一个法律知识库。当用户提出法律咨询时,系统首先利用 LLM 对用户的问题进行理解和分类,判断其涉及的法律领域和关键实体。然后,系统从法律知识库中检索与问题最相关的条文和案例,并将其输入 LLM 中进行分析和推理。LLM 可以根据相关法律知识,对用户的问题给出专业、可信的解答,并提供相关的法律依据和参考案例。

除了法律知识库,智能法律助手还可以集成各种法律工具和服务,进一步扩展其功能。例如,当涉及合同审核时,助手可以调用合同分析 API,自动检查合同条款是否合规,是否存在风险;当涉及案件查询时,助手可以调用案例数据库的 API,搜索相似案件,分析判决结果。

LangChain 还支持持续的领域学习。通过收集用户反馈、标注正确答案等方式,可以不断优化和扩充领域知识库,使助手能够持续学习和进步。使用 LangChain 开发的领域智能助手可以应用于医疗诊断、投资分析、教育辅导等多个专业领域,有望成为广大专业用户的得力助手,大大提高工作效率和决策质量。

1.4.4　集成外部工具以执行复杂任务

LLM 在语言理解和生成方面展现了惊人的能力,但在许多现实世界的任务中,仅凭语言能力是不够的。许多任务需要访问外部信息,进行复杂计算或操作真实世界的对象。LangChain 提供了灵活的工具集成机制,可以将 LLM 与各种外部工具和服务无缝连接,大大扩展 LLM 的应用边界。

图 1-9 演示了一个使用电子邮件作为输入和 LangChain 为基础的日程安排代理的工作流程。用户通过邮件发送的提示(Prompt)被聊天模型接收,例如,它可以是基于 OpenAI 的技术。然后,聊天模型的输出被工具解析器(Tool parser)处理,这个解析器可能会使用 LangChain 的功能来理解和组织数据。解析器与一个笔记本(Scratchpad)交互,笔记本是日程安排代理的一部分,用于跟踪对话的上下文和必要信息。代理有多种工具可用,如创建、删除、获取可用性、获取预订、发送预订链接和更新预订等。当需要进行预订时,日程安排代理通过特定的工具——如本例中的 createBooking——与 Cal.com 的 API 进行交互,最终 API 返回响应。这个系统结合了不同的技术和服务,如 Cal.ai、OpenAI 和 LangChain,来提高处理电子邮件预订请求的效率和准确性。

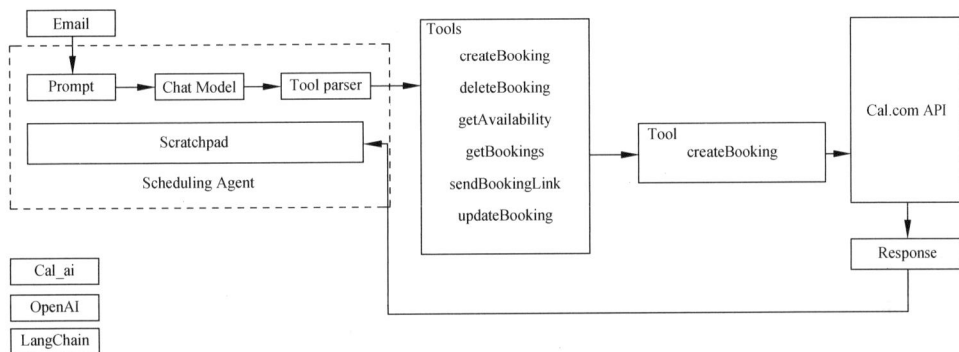

图 1-9　集成外部工具的示例

再以一个智能数据分析助手为例。用户可以用自然语言描述一个数据分析任务,如"分析 2025 年第一季度的销售数据,找出销量最高的 5 个产品,并绘制其销量趋势图"。面对这样的任务,传统的 LLM 可能会生成一段泛泛而谈的文字,但缺乏具体的执行能力。而集成了外部工具的 LLM 则可以把这个任务拆解为多个步骤,并调用相应的工具完成以下每个步骤。

(1) 数据访问:调用数据库 API,获取 2025 年第一季度的销售数据。

(2) 数据分析:调用数据分析库(如 Pandas),对销售数据进行分组、排序,找出销量最高的 5 个产品。

(3) 数据可视化:调用绘图库(如 Matplotlib),绘制 5 个产品的销量趋势图。

(4) 结果生成:将分析结果和图表输入 LLM,生成自然语言的分析报告。

在这个过程中,LangChain 的代理(Agent)模块扮演了任务协调者的角色。它负责解析用户任务,拆解为子任务,调用相应的工具完成每个子任务,并汇总结果生成最终的用户响应。LangChain 的工具管理模块则负责管理各种外部工具和服务,提供统一的接口,方便代理进行调用。

集成外部工具使 LLM 不再局限于纯粹的语言任务,而是成为一个全能的任务执行引擎。除了数据分析,LangChain 还可以与搜索引擎、知识图谱、代码执行环境等各种工具集成,支持信息查询、知识推理、代码生成等复杂任务。这大大拓宽了 LLM 的应用场景,使其能够胜任更多现实世界的任务。

1.5　其他 LLM 应用开发框架

除了 LangChain,还有一些其他流行的 LLM 应用开发框架。本节将简要介绍几个主要的竞争框架,分析它们的特点和局限性,并说明为什么选择 LangChain 作为本书的重点。

1.5.1　常见的 LLM 应用开发框架

以下是几个常见的 LLM 应用开发框架。

(1) LlamaIndex。这是一个专注于数据索引和检索的框架,旨在优化大语言模型在应用开发中的利用。LlamaIndex 在高效数据查找方面表现出色,适用于对话式 AI 应用,例如聊天机器人和助手。它能够高效、快速地摄取、结构化和访问私有或特定领域的数据。不过,相比 LangChain,LlamaIndex 可能在对话管理和工具集成等方面的支持稍显不足。

(2) AutoGPT。这是一个基于 GPT 模型的自主代理框架,旨在创建可以自主完成任务的 AI 系统。AutoGPT 引入了一种连续的“思考—执行—观察”循环,使代理可以自主分解任务,执行动作,并根据反馈调整策略。然而,AutoGPT 目前仍处于早期阶段,其系统架构和组件库尚不成熟。

(3) DeepSpeed Chat。这是由微软开发的一个基于 DeepSpeed 库的聊天机器人框架,主要用于构建大规模的对话系统。DeepSpeed Chat 利用了 DeepSpeed 库在模型并行、数据并行等方面的优化,可以支持万亿参数量级的对话模型训练和推理。然而,DeepSpeed Chat 主要专注于对话系统的性能优化,在知识管理、工具集成等方面的支持有限。

1.5.2　特点和局限性

总的来说,上述框架各有其特点和局限性。

(1) LlamaIndex 专注于数据索引和检索,是构建知识增强型应用的理想选择,但可能需要在其他方面(如对话管理)进行额外的工具集成。

(2) AutoGPT 专注于构建自主代理,引入了创新的“思考—执行—观察”循环,但其系统架构和组件库尚不成熟。

(3) DeepSpeed Chat 专注于大规模对话系统的性能优化,利用了 DeepSpeed 库的并行计算能力,但在知识管理、工具集成等方面的支持有限。

相比之下,LangChain 提供了一个全面、灵活的 LLM 应用开发框架,涵盖了知识管理、对话状态管理、工具集成等各个方面,适合构建各种类型的 LLM 应用。

1.5.3　为什么选择 LangChain

选择 LangChain 作为本书的重点框架,主要基于以下几点考虑。

(1) 功能全面。LangChain 提供了构建 LLM 应用所需的各项关键能力,包括提示管理、知识检索、对话状态管理、工具集成等,是一个全栈式的解决方案。

(2) 灵活可扩展。LangChain 采用模块化的架构设计,各个组件可以灵活组合和定制。开发者可以根据需要选择和扩展组件,适应不同的应用场景。

(3) 工具丰富。LangChain 内置了丰富的 LLM 接口、数据连接器、执行工具等,开发者可以直接使用,大大加速开发过程。同时,LangChain 也提供了清晰的接口,方便开发者集成自己的工具和服务。

(4) 文档完备。LangChain 提供了详尽的文档和示例,涵盖了框架的方方面面。这对于开发者快速上手和深入理解框架至关重要。

(5) 社区活跃。LangChain 是一个开源项目,拥有活跃的开发者社区。这意味着框架会得到持续的更新和完善,开发者也可以从社区获得支持和帮助。

综上所述,LangChain 是一个全面、灵活、易用的 LLM 应用开发框架,非常适合作为学习和实践 LLM 应用开发的起点。通过学习 LangChain,读者不仅可以掌握 LLM 应用开发的一般方法和最佳实践,还可以快速构建实际的应用原型,积累宝贵的开发经验。

当然,这并不意味着其他框架就毫无价值。实际上,不同的框架各有其独特的设计理念和技术优势,适用于不同的应用场景。开发者应该根据自己的具体需求和偏好,选择最合适的框架。本书选择 LangChain 作为重点,主要是因为它在功能完备性、易用性、社区支持等方面有明显优势,代表了 LLM 应用开发框架的发展方向。

小　　结

本章首先概述了人工智能,尤其是大语言模型的发展历史及其在自然语言处理领域的重要作用,探讨了它们在知识表示、语言理解和文本生成等方面的能力,同时也注意到了在知识获取、逻辑推理和环境交互等方面的限制。随后,本章介绍了 LLM 应用的定义、特点和典型应用案例,如智能问答和内容创作,并分析了构建这些应用的挑战,这些内容为 LangChain 框架的后续讨论奠定了基础。LangChain 旨在提供一个综合的、灵活的、用户友好的开发框架,以帮助开发者应对构建 LLM 应用时遇到的各种挑战。通过模块化架构和丰富的组件库,LangChain 支持开发者快速创建强大的 LLM 应用。通过展示 LangChain 在各种应用场景中的实际应用,让读者直观地了解了其功能和用法。最后,简要地比较了几种主要的 LLM 开发框架,并阐述了选择 LangChain 作为主要框架的理由,它在多方面表现出色,代表了 LLM 应用开发的发展趋势。

思　考　题

一、简答题

1. 简述人工智能的发展历程,并说明大语言模型(LLM)在其中的地位和作用。

2. 描述 LLM 的主要能力,并列举 2～3 个具体的应用实例。

3. 分析 LLM 在知识获取、逻辑推理、安全伦理等方面面临的主要挑战。

4. 请简要说明 LangChain 框架的设计目标和核心理念。

5. LangChain 的模块化设计有何优势?请列举 2～3 个具体的优点。

6. 请比较 LangChain 与其他 1～2 个 LLM 应用开发框架,并分析其异同。

二、实践题

请使用 LangChain 设计一个简单的知识增强型问答系统。要求:

1. 选择一个特定领域(如历史、科学等),收集相关的文章、书籍等材料,构建知识库。

2. 使用 LangChain 的文档加载和向量存储组件,将知识库中的文本转换为向量表示。

3. 使用 LangChain 的提示模板和 LLM 组件,实现基于知识库的问答功能。

4. 测试系统,提出 5 个领域内的问题,评估系统的回答质量。

## 第 2 章

搭建 LangChain 的开发环境

LangChain 作为一个灵活、强大的 NLP 应用开发框架，正受到越来越多开发者的青睐。它通过提供一套简洁、易用的 API 和组件，帮助开发者快速构建基于语言模型的智能应用，大大降低了 NLP 应用开发的门槛。本章将全面介绍如何搭建 LangChain 开发环境，为读者开启 LangChain 应用开发之旅奠定坚实的基础。

首先讨论如何选择适合 LangChain 开发的编程语言和集成开发环境，然后说明如何安装和配置 Python 环境，以及如何使用包管理工具管理依赖库。在此基础上，安装 LangChain 框架，并通过一个简单的问答程序示例，帮助读者直观理解 LangChain 的工作原理和关键组件。

2.1　选择开发语言和工具

在开始 LangChain 应用开发之前，首先需要选择合适的开发语言和工具。考虑到 LangChain 是一个基于 Python 的框架，以及 Python 在人工智能领域的广泛应用，本书将选用 Python 作为主要的开发语言。

2.1.1　Python 简介及其在人工智能领域的应用

Python 是一种高级、通用型的编程语言，以简洁、易读、易学的语法和丰富的标准库而闻名。自 1991 年诞生以来，Python 凭借其出色的表达能力和开发效率，在 Web 开发、数据分析、人工智能等领域得到了广泛应用。特别是在人工智能领域，Python 已经成为事实上的标准语言。这主要得益于 Python 生态系统中涌现出的一系列强大的机器学习和深度学习框架，如 NumPy、Pandas、Scikit-learn、TensorFlow、PyTorch 等，其中一部分如图 2-1 所示。这些框架提供了高度优化的数值计算、数据处理和建模工具，使得研究人员和工程师能够快速实现与试验各种人工智能模型和算法。

此外，Python 还有一个活跃、友好的社区，为人工智能开发者提供了丰富的资源和支持。大量的教程、博客、开源项目和社区讨论，使得 Python 成为学习和实践人工智能的理想选择。

LangChain 作为一个旨在简化 LLM 应用开发的 Python 框架，充分继承和发扬了 Python 在人工智能领域的优势。它不仅提供了灵活、易用的工具和组件，还可以与 Python 生态系统中的其他人工智能库无缝集成，极大地提升了 LLM 应用的开发效率和可能性。

图 2-1　LangChain 常用的工具和库

2.1.2　常用的 Python 集成开发环境(IDE)

选择一个好的集成开发环境(IDE)可以显著提升 Python 开发的效率和体验。以下是几种常用的 Python IDE。

(1) PyCharm：PyCharm 是一款由 JetBrains 开发的 Python IDE,提供了智能代码补全、代码检查、调试、测试等功能,是 Python 开发者的首选之一。它有免费的社区版和付费的专业版,适合不同需求的开发者。

(2) Visual Studio Code：Visual Studio Code(VS Code)是一款由微软开发的轻量级代码编辑器,凭借其出色的性能、丰富的插件生态和跨平台支持,在 Python 开发者中越来越受欢迎。通过安装 Python 扩展,VS Code 可以提供与 PyCharm 类似的 Python 开发功能。

(3) Jupyter Notebook：Jupyter Notebook 是一个基于 Web 的交互式计算环境,特别适合进行数据分析、机器学习等任务。它允许用户在一个文档中混合使用代码、文本、公式和图表,是数据科学家和研究人员的必备工具。

除了以上三种,还有一些其他流行的 Python IDE,如 Sublime Text、Atom、Spyder 等。选择哪种 IDE 取决于个人的偏好和需求。但无论选择哪一种,熟练使用 IDE 的各项功能,对于提高 Python 开发效率都是至关重要的。

2.1.3　本书选用的开发语言和工具

综合考虑 Python 在人工智能领域的优势,以及 LangChain 的特点,本书将选用以下开发语言和工具。

- 开发语言：Python 3.12。
- 集成开发环境：PyCharm professional。
- 包管理工具：pip。

选择 Python 3.12 是因为它是一个相对成熟、稳定的 Python 版本,同时也兼容大多数主流的人工智能库。使用 PyCharm 作为 IDE,是因为它轻量、快速、免费,且有出色的 Python 支持。pip 和 conda 则是 Python 生态系统中最常用的库管理工具,可以帮助人们轻松地安装和管理 Python 库。

当然,读者也可以根据自己的喜好和习惯,选择其他的 Python 版本、IDE 和包管理工具。只要能够满足 LangChain 的基本环境需求,就都是可行的选择。

2.2　安装 LangChain 及其依赖库

本书假定读者已经具备了初步的 Python 安装、程序设计的基础知识。在此基础上,开始安装 LangChain 及其依赖库。本节将详细介绍使用 pip 安装 LangChain 的步骤,以及 LangChain 所依赖的主要 Python 库。同时,还将讨论在安装过程中可能遇到的常见问题和解决方法。

2.2.1　使用 pip 安装 LangChain

安装 LangChain 非常简单,如图 2-2 所示,只需要在命令行中运行以下命令即可。

```
pip install langchain
```

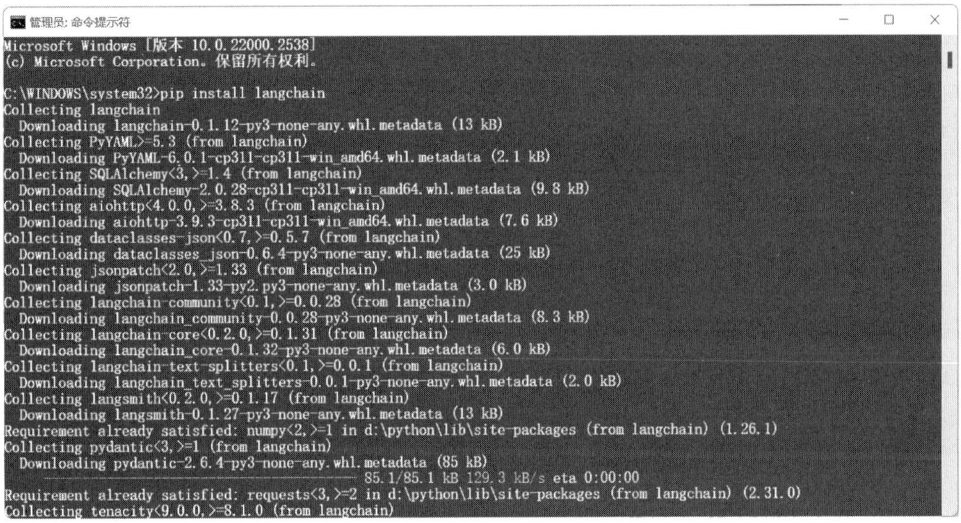

图 2-2　在命令行中使用 pip 安装 LangChain

这个命令会自动下载并安装最新版本的 LangChain,以及它所依赖的所有 Python 库。安装过程可能需要几分钟的时间,具体取决于网络速度和计算机性能。

安装完成后,可以在 Python 解释器或 Jupyter Notebook 中导入 LangChain,验证安装是否成功。

```
import langchain
print(langchain.__version__)
```

如果一切正常,上面的代码应该输出当前安装的 LangChain 版本号,如"0.0.123"。注意版本号可能会变化。

需要注意的是,有些 LangChain 的功能可能依赖于特定的 Python 库或外部服务。例如,如果要使用 LangChain 的 OpenAI 接口,就需要安装 openai 库,并提供有效的 API 密钥。因此,在使用 LangChain 的某些功能前,建议先查阅相关文档,确保所需的依赖和服务都已正确配置。

2.2.2　LangChain 的主要依赖库

LangChain 是一个功能丰富的框架,它依赖许多常用的 Python 科学计算和人工智能库。以下是 LangChain 的一些主要依赖库。

(1) NumPy:NumPy 是 Python 的基础科学计算库,提供了强大的多维数组和矩阵运算功能。在 LangChain 中,NumPy 主要用于向量计算和数据处理。

(2) Pandas:Pandas 是 Python 的数据分析和处理库,提供了高性能、易用的数据结构和数据分析工具。在 LangChain 中,Pandas 主要用于加载、转换和处理结构化数据,如 CSV、Excel 等。

(3) PyTorch/TensorFlow:PyTorch 和 TensorFlow 是两个主流的深度学习框架,提供了强大的 GPU 加速和自动微分功能。在 LangChain 中,PyTorch 和 TensorFlow 主要用于加载和推理深度学习模型,如 Transformer 等。

(4) Hugging Face Transformers:Transformers 是一个基于 PyTorch 和 TensorFlow 的自然语言处理库,提供了大量预训练的 Transformer 模型和工具。在 LangChain 中, Transformers 主要用于加载和使用各种语言模型,如 BERT、GPT 等。

(5) FAISS:FAISS 是 Facebook 开源的高效相似性搜索库,提供了多种索引和搜索算法。在 LangChain 中,FAISS 主要用于构建向量数据库,实现高效的嵌入式检索。

(6) SQLAlchemy:SQLAlchemy 是 Python 的 SQL 工具包和对象关系映射(ORM)库,提供了强大的数据库访问和管理功能。在 LangChain 中,SQLAlchemy 主要用于连接和操作各种关系数据库,如 SQLite、MySQL、PostgreSQL 等。

除了以上这些主要依赖,LangChain 还依赖许多其他的 Python 库,如 pydantic、tenacity、openapi-schema-pydantic 等。这些库分别提供了数据验证、重试、API 规范等功能,共同构建了 LangChain 的功能体系。

需要注意的是,在使用 pip 安装 LangChain 时,这些依赖库会被自动下载和安装。无须手动安装它们,可以直接在 LangChain 中 import 和使用相关功能。当然,如果对这些库的原理和用法感兴趣,建议查阅它们的官方文档,深入学习它们在数据科学和人工智能领域的应用。

2.2.3　处理安装过程中的常见问题

尽管使用 pip 安装 LangChain 通常是一个简单、顺畅的过程,但有时也可能遇到一些问题。以下是一些常见的安装问题和解决方法。

(1) 网络连接问题:如果在安装过程中遇到网络连接错误,如连接超时、SSL 验证失败等,可以尝试以下方法。

① 检查网络连接是否正常,是否可以访问 PyPI 和 GitHub 等网站。

② 尝试使用镜像源安装,如豆瓣、阿里云、清华大学等国内镜像。可以在 pip 命令中添加“-i”参数,指定镜像源的 URL。

③ 如果使用的是代理网络,请确保 pip 的代理设置正确。可以在 pip 命令中添加“--proxy”参数,或者设置“HTTP_PROXY”和“HTTPS_PROXY”环境变量。

(2) 依赖库版本冲突:如果在安装 LangChain 时,提示某些依赖库的版本不兼容,可以尝试以下方法。

① 检查是否在同一环境中安装了多个版本的依赖库。可以使用"pip list"命令查看已安装的包及其版本。

② 尝试使用"pip install --upgrade"命令升级依赖库到最新版本,或者指定与 LangChain 兼容的版本号。

③ 如果升级依赖库后仍然有冲突,可以尝试在一个新的虚拟环境中安装 LangChain,避免与其他项目的依赖产生冲突。

(3) 缺少编译工具:有些依赖库可能需要使用 C++ 等语言编译,如果系统中没有安装相应的编译工具,就会导致安装失败。此时可以尝试以下方法。

① 在 Windows 系统上,需要安装 Visual Studio 或者 MinGW 等编译工具。可以从微软官网下载并安装。

② 在 macOS 系统上,需要安装 Xcode 命令行工具。可以在终端中运行"xcode-select --install"命令安装。

③ 在 Linux 系统上,需要安装 GCC 等编译工具。可以使用系统的包管理器(如 apt、yum)安装。

(4) 权限问题:在某些系统上,使用 pip 安装全局包需要管理员权限。如果遇到权限不足的错误,可以尝试以下方法。

① 使用"pip install --user"命令,将包安装到当前用户的目录中,而不是系统目录。

② 使用虚拟环境安装 LangChain,避免全局安装的权限问题。

③ 如果一定要全局安装,请使用管理员权限运行 pip 命令(如 sudo)。

如果遇到其他安装问题,建议先查看错误信息和 traceback,然后在 LangChain 的 GitHub 主页上搜索相关的 issue 或讨论。通常,其他开发者也可能遇到过类似的问题,并提供了解决方案。如果还无法解决,可以尝试在 GitHub 上提出一个新的 issue,或者在 LangChain 的社区论坛中寻求帮助。

2.3　配置 LangChain 开发环境

安装好 LangChain 及其依赖库后,就可以开始配置开发环境了。一个良好的开发环境可以提高开发效率,减少错误和冲突,并使代码更加易于管理和维护。本节将详细介绍如何创建 Python 虚拟环境,在不同的 IDE 中配置 LangChain 项目,以及如何管理 LangChain 的配置文件和环境变量。

2.3.1　创建并激活 Python 虚拟环境

在开始一个新的 Python 项目时,最佳实践是为该项目创建一个独立的虚拟环境。虚拟环境可以隔离不同项目的依赖库和 Python 解释器,避免版本冲突和污染全局环境。使用虚拟环境,可以为每个项目自由选择 Python 版本和依赖库,而不用担心影响其他项目。

如图 2-3 所示,可以在建立项目的同时建立虚拟的开发环境。除此以外,可以使用内置的 venv 模块创建 Python 虚拟环境,具体步骤如下。

(1) 打开终端或命令行,切换到项目目录。

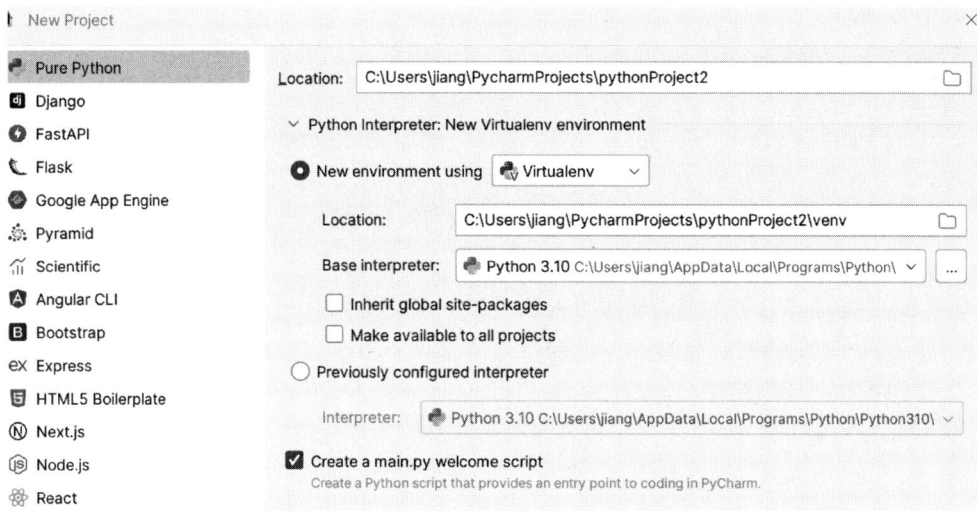

图 2-3　PyCharm 中建立项目的同时建立虚拟环境

（2）运行以下命令创建虚拟环境，将 myenv 替换为你想要的虚拟环境名称。

```
python – m venv myenv
```

（3）运行以下命令激活虚拟环境。在 Windows 上运行命令：

```
myenv\Scripts\activate
```

（4）激活虚拟环境后，终端提示符会显示虚拟环境的名称，如"（myenv）"。此时，就可以在这个虚拟环境中安装 LangChain 及其依赖库了。

```
pip install langchain
```

除了使用 venv 模块，也可以使用其他流行的虚拟环境管理工具，如 conda、virtualenv 等。这些工具提供了更多的功能和配置选项，适用于不同的项目需求。无论使用哪种工具，为每个项目创建独立的虚拟环境都是一个好习惯，可以让开发环境更加干净、可控。

2.3.2　在 IDE 中配置 LangChain 项目

有了虚拟环境，就可以在 IDE 中创建和配置 LangChain 项目了。不同的 IDE 有不同的项目管理和配置方式，但核心的步骤都是类似的：创建项目、选择 Python 解释器、管理依赖库、配置代码格式和语法检查等。以下是在几种常用的 IDE 中配置 LangChain 项目的方法。

在 PyCharm 中配置 LangChain 项目：

（1）打开 PyCharm，选择 File→New Project。

（2）选择项目目录，并选择 New environment using Virtualenv。

（3）选择 Python 解释器版本，并勾选 Inherit global site-packages。

（4）单击 Create 按钮，等待项目创建完成。

（5）打开 PyCharm 的终端，激活虚拟环境，并运行 pip install langchain 安装 LangChain。

（6）在项目中创建新的 Python 文件，并导入 LangChain 进行测试。

　　无论在哪个 IDE 中开发，都应该遵循一些最佳实践方式，如使用虚拟环境、明确依赖版本、遵循 PEP 8 代码风格等。良好的开发习惯可以使代码更加规范、可读、可维护，减少出错的概率。

2.3.3 LangChain 的配置文件和环境变量

　　除了 IDE 的项目配置，LangChain 还提供了一些配置文件和环境变量，用于自定义框架的行为和参数。合理利用这些配置，可以使 LangChain 应用更加灵活、高效。

　　LangChain 的主要配置文件是.env 文件。这个文件通常放在项目的根目录下，用于存储一些敏感的配置信息，如 API 密钥、数据库连接字符串等。通过将这些信息存储在.env 文件中，而不是直接写在代码里，可以避免将敏感信息提交到版本控制系统，提高安全性。

　　以下是一个示例的.env 文件。

```
OPENAI_API_KEY = sk - xxxxxxxxxxxxxxxxxxxxxxxxxxxxxxxxxx
SERPAPI_API_KEY = xxxxxxxxxxxxxxxxxxxxxxxxxxxxxxxxx
REDIS_URL = redis: //localhost: 6379
```

　　在代码中可以使用 python-dotenv 库来加载.env 文件，并通过 os.getenv()函数获取相应的配置值。

```
from dotenv import load_dotenv
import os
♯加载.env 文件
load_dotenv()
♯获取 API 密钥
openai_api_key = os.getenv("OPENAI_API_KEY")
serpapi_api_key = os.getenv("SERPAPI_API_KEY")
♯获取 Redis 连接 URL
redis_url = os.getenv("REDIS_URL", "redis: //localhost: 6379")
```

　　除了.env 文件，LangChain 还支持通过环境变量来配置某些参数。例如，可以通过设置 OPENAI_API_KEY 环境变量来指定 OpenAI 的 API 密钥，而不是在代码中直接传入。这种方式更加灵活，可以在不修改代码的情况下切换不同的配置。

　　要设置环境变量，可以在终端中使用 export 命令（macOS/Linux）或 set 命令（Windows）。

　　（1）在 macOS/Linux 上：

```
export OPENAI_API_KEY = sk - xxxxxxxxxxxxxxxxxxxxxxxxxxxxxxxxxx
```

　　（2）在 Windows 上：

```
set OPENAI_API_KEY = sk - xxxxxxxxxxxxxxxxxxxxxxxxxxxxxxxxxx
```

　　设置好环境变量后，LangChain 会自动读取这些变量，无须在代码中显式加载。

　　除了.env 文件和环境变量，LangChain 还提供了一些全局配置对象，如 langchain.llm_cache 和 langchain.embeddings_cache，用于配置 LLM 和 Embedding 的缓存行为。可以通过设置这些对象的属性来调整缓存的参数，如最大缓存数、过期时间等。

```
import langchain
♯配置 LLM 缓存
langchain.llm_cache = langchain.cache.SQLiteCache(database_path = ".langchain/cache.db")
langchain.llm_cache.set_max_size(100000)
```

```
# 配置 Embedding 缓存
langchain.embeddings_cache = langchain.cache.RedisCache(redis_url = "redis: //localhost: 6379")
langchain.embeddings_cache.set_max_size(1000000)
```

通过合理利用 LangChain 的配置文件、环境变量和全局配置对象,可以使 LangChain 应用更加灵活、高效,并提高开发和部署的便捷性。在实际项目中,建议根据具体需求和最佳实践,选择适合的配置方式。

配置一个良好的 LangChain 开发环境需要考虑多个方面,如虚拟环境的创建、IDE 的配置、依赖库的管理,以及 LangChain 特有的配置文件和环境变量等。虽然这些配置工作可能有些烦琐,但对于提高开发效率、保证项目质量和可维护性来说,都是非常必要和有价值的。通过本节的学习,相信读者已经掌握了配置 LangChain 开发环境的基本方法和最佳实践,为后续的实践项目打下了良好的基础。

2.4 运行第一个 LangChain 程序

在搭建好 LangChain 开发环境后,下面来编写并运行第一个 LangChain 程序。通过一个简单但完整的问答程序示例,我们将对 LangChain 的基本用法和开发流程有一个直观的认识。这个示例程序的目标是创建一个基于本地 PDF 文档的问答应用程序。它使用 Ollama 语言模型和嵌入来理解和回答用户提出的关于文档内容的问题。Streamlit 框架用于创建一个简单的交互式 Web 界面,用户可以在其中输入问题并查看答案。对话历史记录也会显示在界面上,以便用户可以查看之前的问答对。

2.4.1 问答程序示例的实现步骤

实现这个问答程序示例的主要步骤如下。

(1)安装所需的 Python 库。

langchain:LangChain 框架的主库。

langchain_community:LangChain 社区提供的扩展库,包含对 GEMMA 模型的支持。

Streamlit:用于创建交互式 Web 界面。

PyPDF2:用于加载和处理 PDF 文档。

(2)加载并处理数据。

使用 PyPDFLoader 加载指定的本地 PDF 文档。

使用 RecursiveCharacterTextSplitter 将文档内容分割成多个文本块。

(3)创建 Embeddings 和向量存储。

使用 OllamaEmbeddings 计算每个文本块的向量表示。

使用 Chroma 将向量存储起来,构建向量索引。

(4)创建问答链。

使用 RetrievalQA.from_chain_type 创建一个基于 stuff 策略的检索式问答链。

使用 OllamaLLM 加载本地的 GEMMA 模型作为 LLM。

使用 Chroma 向量存储作为知识检索器。

(5)创建 Streamlit 应用。

使用 Streamlit 创建一个 Web 应用,包含问答界面和对话历史。

用户可以在文本框中输入问题。

程序使用问答链生成答案,并将问答记录添加到对话历史中显示。

(6) 运行 Streamlit 应用。

使用 streamlit run 命令运行 Streamlit 应用。

在浏览器中访问应用的 URL,进行交互式问答。

2.4.2　运行程序并分析结果

具体程序代码如下。

【例 2-1】　第一个 LangChain 程序(参见代码文件 2.1.py)。

```python
import os
from langchain.chains import RetrievalQA
from langchain.document_loaders import PyPDFLoader
from langchain.indexes import VectorstoreIndexCreator
from langchain.text_splitter import RecursiveCharacterTextSplitter
from langchain.vectorstores import Chroma
from langchain_community.embeddings import OllamaEmbeddings
from langchain_community.llms import Ollama as OllamaLLM
import streamlit as st
#加载本地 PDF 文档
loader = PyPDFLoader("linux.pdf")
documents = loader.load()
text_splitter = RecursiveCharacterTextSplitter(chunk_size = 500, chunk_overlap = 50)
texts = text_splitter.split_documents(documents)
#创建 OllamaEmbeddings 和向量存储
embeddings = OllamaEmbeddings()
docsearch = Chroma.from_documents(texts, embeddings)
#创建问答链
qa_chain = RetrievalQA.from_chain_type(
    llm = OllamaLLM(model = "gemma:2b"),
    chain_type = "stuff",
    retriever = docsearch.as_retriever()
)
# Streamlit 应用程序
def main():
    st.title("Local PDF Document QA")
    #对话历史记录
    if "chat_history" not in st.session_state:
        st.session_state.chat_history = []
    #用户输入查询
    query = st.text_input("Enter your question about the document:")
    if query:
        #执行问答
        result = qa_chain.run(query)
        #将查询和答案添加到对话历史记录中
        st.session_state.chat_history.append({"query": query, "answer": result})
    #显示对话历史记录
    for chat in st.session_state.chat_history:
        st.write(f"Question: {chat['query']}")
        st.write(f"Answer: {chat['answer']}")
```

```
        st.write(" --- ")
if __name__ == "__main__":
    main()
```

执行结果如图 2-4 所示。程序是一个基于本地 PDF 文档的问答应用程序，它利用了 LangChain 框架和 Ollama 语言模型。程序首先加载了一个名为 linux.pdf 的本地 PDF 文档，并使用 PyPDFLoader 和 RecursiveCharacterTextSplitter 将文档分割成较小的文本块。然后，程序使用 OllamaEmbeddings 创建了一个嵌入对象，并使用 Chroma 向量存储将文本块转换为向量表示，以便快速检索。程序创建了一个检索问答链（RetrievalQA），它使用 Ollama 语言模型（基于 gemma：2b 模型）和基于 Chroma 向量存储的检索器来生成答案。

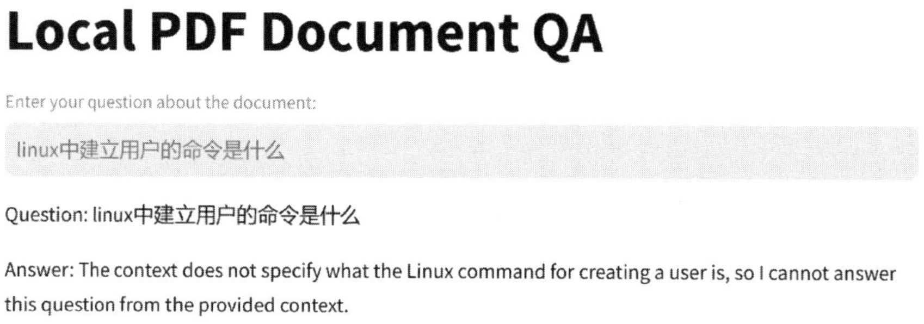

Local PDF Document QA

Enter your question about the document:

linux中建立用户的命令是什么

Question: linux中建立用户的命令是什么

Answer: The context does not specify what the Linux command for creating a user is, so I cannot answer this question from the provided context.

图 2-4 程序运行截图

程序使用 Streamlit 框架创建了一个交互式的 Web 界面，用户可以在其中输入问题并查看答案。当用户输入问题时，程序会将问题传递给问答链，并将生成的答案显示在页面上。程序还维护了一个对话历史记录，它存储了之前的所有问题和答案，并在页面上显示它们。对话历史记录存储在 Streamlit 的会话状态中，因此即使用户关闭并重新打开应用程序，历史记录也会保持不变。

2.4.3　示例程序的代码解析

为了加深对这个问答程序的理解，下面来详细分析其关键代码。

（1）导入所需的库。

os：用于与操作系统交互。

langchain.chains.RetrievalQA：用于创建检索问答链。

langchain.document_loaders.PyPDFLoader：用于加载 PDF 文档。

langchain.indexes.VectorstoreIndexCreator：用于创建向量存储索引。

langchain.text_splitter.RecursiveCharacterTextSplitter：用于将文本分割成块。

langchain.vectorstores.Chroma：用于创建 Chroma 向量存储。

langchain_community.embeddings.OllamaEmbeddings：用于创建 Ollama 嵌入。

langchain_community.llms.Ollama：用于创建 Ollama 语言模型。

Streamlit：用于创建交互式 Web 应用程序。

（2）加载本地 PDF 文档。

使用 PyPDFLoader 加载名为 linux.pdf 的 PDF 文档。

使用 RecursiveCharacterTextSplitter 将加载的文档分割成块,每个块的大小为 500 个字符,相邻块之间有 50 个字符的重叠。

（3）创建 Ollama 嵌入和向量存储。

创建一个 OllamaEmbeddings 对象,用于生成文本嵌入。

使用 Chroma.from_documents 方法将文本块转换为向量存储,使用 Ollama 嵌入作为嵌入函数。

（4）创建问答链。

使用 RetrievalQA.from_chain_type 方法创建一个检索问答链。

指定使用 Ollama 语言模型（使用 gemma：2b 模型）作为 LLM。

指定使用 stuff 链类型。

将 Chroma 向量存储作为检索器传递给问答链。

（5）定义 Streamlit 应用程序的主函数。

设置应用程序的标题为"Local PDF Document QA"。

初始化对话历史记录,如果不存在则创建一个空列表。

创建一个文本输入框,供用户输入关于文档的问题。

当用户输入查询时,使用问答链执行问答,并将查询和答案添加到对话历史记录中。

显示对话历史记录,包括问题和答案,并在每个问答对之间添加分隔线。

（6）运行 Streamlit 应用程序。

使用 if __name__ == "__main__"条件语句确保只在直接运行该脚本时执行 main() 函数。这样可以防止在将该脚本作为模块导入时意外运行 main() 函数。

2.4.4　本书的开发环境搭建

本书的大部分程序的开发是基于本地大模型,主要是 Ollama 模型（可以无缝地切换到其他模型）,如图 2-5 所示。Ollama 是一个基于 Go 语言开发的简单易用的本地大模型运行框架。它可以帮助用户在本地部署和运行各种大语言模型,如表 2-1 所示。Ollama 的主要功能包括模型下载和管理、模型推理、模型评估、模型部署。Ollama 可以帮助研究人员和开发人员在本地测试和评估大语言模型,从而帮助他们快速迭代模型开发过程,并获得更好的研究成果。

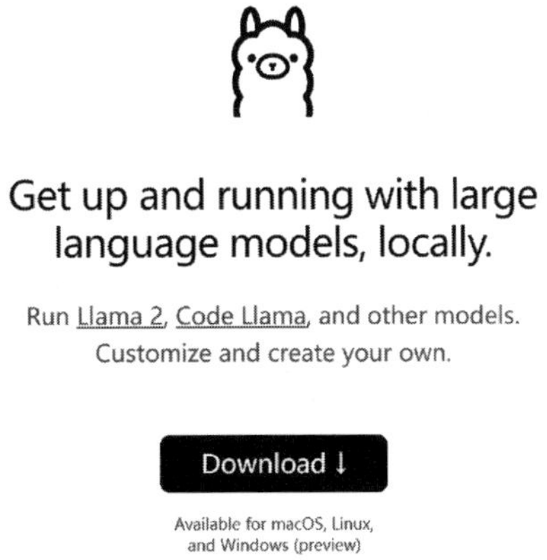

Get up and running with large language models, locally.

Run Llama 2, Code Llama, and other models.
Customize and create your own.

Download ↓

Available for macOS, Linux,
and Windows (preview)

图 2-5　Ollama 示意图

表 2-1　Ollama 支持的模型(截至 2025 年 6 月 30 日)

模　　　型	参　　数	大　　小	下　载　命　令
Gemma 3	27B	17GB	ollama run gemma3：27b
QwQ	32B	20GB	ollama run qwq
DeepSeek-R1	7B	4.7GB	ollama run deepseek-r1
Phi-2	2.7B	1.7GB	ollama run phi
Neural Chat	7B	4.1GB	ollama run neural-chat
Starling	7B	4.1GB	ollama run starling-lm
Code Llama	7B	3.8GB	ollama run codellama
Llama 2 Uncensored	7B	3.8GB	ollama run llama2-uncensored
Llama 2 13B	13B	7.3GB	ollama run llama2：13b
Llama 2 70B	70B	39GB	ollama run llama2：70b
Orca Mini	3B	1.9GB	ollama run orca-mini
Vicuna	7B	3.8GB	ollama run vicuna
LLaVA	7B	4.5GB	ollama run llava
Gemma	2B	1.4GB	ollama run gemma：2b
Gemma	7B	4.8GB	ollama run gemma：7b

Ollama 支持 Linux、macOS 和 Windows 操作系统。可以从 Ollama 官网 https://ollama.com/下载最新版本。Ollama 提供了简单易用的命令行界面,用户可以使用它轻松完成模型下载、管理、推理、评估和部署等操作。常用的命令如下。

(1) 模型下载。使用 ollama pull 命令下载模型,例如:

```
ollama pull gemma: 2b
```

(2) 模型管理。使用 ollama list 命令查看已下载的模型,例如:

```
ollama list
```

(3) 模型推理。使用 ollama run 命令进行模型推理,例如:

```
ollama run wudao2.0 -- text "你好,世界!"
```

(4) 模型评估。使用 ollama eval 命令评估模型性能,例如:

```
ollama eval wudao2.0 -- dataset GLUE
```

(5) 模型部署。使用 ollama deploy 命令将模型部署到 Web 服务,例如:

```
ollama deploy wudao2.0 -- port 8000
```

Ollama 提供了三种与本地模型交互的主要方式。

(1) 直接在终端中交互。所有本地模型都会自动在 localhost：11434 上提供服务。运行 ollama run < name-of-model >命令可以直接在命令行中与模型进行交互。

(2) 通过 API 交互。向 Ollama 的 API 端点发送 application/json 请求来与模型交互。使用 curl 命令可以发送一个 POST 请求,请求体中包含模型名称和提示信息,例如:

```
curl http://localhost: 11434/api/generate - d '{
    "model": "llama2",
    "prompt": "Why is the sky blue?"
}'
```

关于所有可用的 API 端点,可以参考 Ollama 的 API 文档。

(3)通过 LangChain 集成。在 LangChain 应用中,可以使用 langchain_community.
llms 模块提供的 Ollama 类来集成 Ollama 的聊天模型。

下面是一个基本的示例代码。

```
from langchain_community.llms import Ollama
llm = Ollama(model = "llama2")
llm.invoke("Tell me a joke")
```

创建一个 Ollama 实例,指定要使用的模型名称,然后调用 invoke()方法并传入提示信息即可与模型进行交互。

除了上述三种方式,还有一些其他与本地模型交互的方法:使用 Gradio 等工具构建简单的 Web UI,通过可视化界面与模型交互;在 Jupyter Notebook 或其他交互式开发环境中直接调用模型的 API;将模型封装为一个 HTTP 服务,然后在其他编程语言或框架中通过 HTTP 请求与模型进行交互。

总的来说,Ollama 提供了多种灵活的方式来与本地模型进行交互,无论是直接在终端中、通过 API 请求,还是在 LangChain 等框架中集成,都可以方便地利用本地模型的能力。选择合适的交互方式取决于具体的使用场景和开发需求。同时,还可以探索其他工具和方法,进一步扩展与本地模型交互的可能性。

进一步需要说明的是,本章的示例使用了 Streamlit 作为其 Web 展示环境。Streamlit 作为一个开源的 Python 库,可以使数据科学家和开发人员能够快速创建和分享美观、交互式的 Web 应用。Streamlit 的主要优势在于它的简单性和高效性,只需使用 Python 编程语言即可轻松构建数据应用。它极大地简化了从数据脚本到分享交互式 Web 应用的过程,无须涉及复杂的 Web 开发知识。安装 Streamlit 很简单,只需要在命令行中运行以下命令。

```
pip install streamlit
```

然后,可以创建一个 Python 脚本,使用 Streamlit 的 API 来构建 Web 应用。创建完成后,通过以下命令运行应用。

```
streamlit run your_script.py
```

但是需要强调的是,在生产环境下这并不是一个很好的选择。本书仅在这个示例中使用它作为 Web 的显示。事实上,Ollama 的 Open WebUI 是一个不错的选择,二次开发也很容易。

2.4.5　常见错误及解决方法

在运行 LangChain 程序的过程中,可能会遇到一些常见的错误。下面是一些典型错误及其解决方法。

(1)ModuleNotFoundError。

① 错误信息:

```
ModuleNotFoundError: No module named 'langchain'
```

② 原因:没有安装 langchain 库或安装的版本不正确。

③ 解决方法：

```
pip install langchain
```

确保使用的是与 Python 环境匹配的 pip 版本。

（2）ValueError。

① 错误信息：

```
ValueError: Did not find openai_api_key, please add an environment variable `OPENAI_API_KEY`
which contains it, or pass `openai_api_key` as a named parameter.
```

② 原因：没有设置 OpenAI API 密钥，或密钥无效。

③ 解决方法：在 .env 文件中正确设置 OPENAI_API_KEY，或在创建 OpenAI()对象时传入 openai_api_key 参数。

（3）InvalidRequestError。

① 错误信息：

```
InvalidRequestError: This model's maximum context length is 4097 tokens. However, your messages
resulted in 5924 tokens. Please reduce the length of the messages.
```

② 原因：传入语言模型的文本超过了最大长度限制（如 4097 个 token）。

③ 解决方法：调整 RecursiveCharacterTextSplitter 的 chunk_size 参数，减小每个文本块的大小，或使用更大的语言模型（如 GPT-4）。

（4）wikipedia.exceptions.PageError。

① 错误信息：

```
wikipedia.exceptions.PageError: Page id "Python (programming language)" does not match any
pages. Try another id!
```

② 原因：没有找到指定的维基百科页面，或页面名称错误。

③ 解决方法：检查 WikipediaLoader 的 query 参数，确保页面名称正确。如果页面不存在，可以尝试其他相关的页面。

（5）chromadb.errors.NoIndexException。

① 错误信息：

```
chromadb.errors.NoIndexException: Index does not exist
```

② 原因：Chroma 向量存储尚未建立索引，或索引文件丢失。

③ 解决方法：确保在执行问答前，已经成功创建了 Chroma 向量存储和索引。如果索引文件丢失，可以尝试重新运行程序，或手动创建索引。

如果遇到其他未知错误，可以先仔细阅读错误信息和 traceback，定位出错的代码行和函数。然后，可以查阅 LangChain 和相关库的官方文档，搜索类似的错误案例和解决方法。如果还无法解决，可以尝试在 GitHub 或 StackOverflow 上提问，或者向 LangChain 社区寻求帮助。

总的来说，错误和调试是学习编程过程中不可或缺的一部分。要学会如何面对和解决各种错误，而不是畏惧或逃避它们。通过不断地实践和总结，一定能够越来越熟练地应对各种开发挑战，创造出更加强大、稳定的 LangChain 应用。

2.5　LangChain 开发资源

除了上述示例程序，还可以通过其他各种学习资源，进一步深入理解和掌握 LangChain 开发。以下是编者推荐的一些 LangChain 学习资源。

（1）官方文档。LangChain 的官方文档（https://docs.langchain.com/）是学习 LangChain 的权威资源。它提供了 LangChain 各个组件的详细介绍、API 参考、最佳实践等。

（2）GitHub 仓库。LangChain 的 GitHub 仓库（https://github.com/hwchase17/langchain）包含框架的完整源代码，以及许多实用的示例程序和教程。可以通过阅读源代码来深入理解 LangChain 的内部实现，也可以运行和修改示例程序，动手实践。

（3）社区论坛。LangChain 的讨论论坛（https://github.com/hwchase17/langchain/discussions）是一个活跃的开发者社区。可以在这里提出问题、分享经验、参与讨论，与其他 LangChain 开发者交流学习。

（4）技术博客。一些技术博客也发表了有关 LangChain 的文章和教程，分享了作者的实践经验和心得体会。

（5）学习笔记。有些 LangChain 的早期用户总结了自己的学习笔记和实践代码，可以参考这些资料，快速上手 LangChain 开发。

当然，学习 LangChain 的最好方式还是实践。读者可以从官方示例和教程入手，先跟着教程一步步实现一些基本的应用。然后，可以尝试修改和扩展这些示例，加入自己的想法和需求。接着，可以尝试从零开始构建自己的 LangChain 项目，将所学知识运用到实际问题中。

在实践的过程中，难免会遇到各种各样的问题和挑战。这时，除了查阅官方文档和示例代码，还可以向社区寻求帮助。LangChain 的开发者社区非常友好和乐于助人，大家都愿意分享自己的经验和见解。读者可以在 GitHub 上提出 issue，或者在论坛上发帖提问，通常很快就能得到其他开发者的回复和指导。

除了向社区寻求帮助，也要主动分享自己的学习心得和开发经验。可以写博客、发帖子、录视频等，将自己的知识和体会传递给其他开发者。这不仅能够帮助其他人，也能加深自己的理解和记忆。

总之，学习 LangChain 是一个循序渐进、持之以恒的过程，要充分利用各种学习资源，多动手实践，多与社区交流，不断积累知识和经验。相信通过一段时间的努力，读者一定能够掌握 LangChain 开发的精髓，成为一名优秀的 LangChain 开发者。

小　　结

本章全面介绍了如何搭建 LangChain 开发环境，为后续的 LangChain 应用开发奠定了基础。首先讨论了如何选择合适的开发语言和工具，重点介绍了 Python 和常用的集成开发环境。然后，进一步介绍了如何安装 LangChain 及其主要依赖库，并运行了第一个 LangChain 问答程序示例。通过对示例代码的逐行分析，可以深入理解 LangChain 的工作原理和关键组件，如 Chroma 等。最后总结了一些常见的错误类型及其解决方法，帮助读者排查和调试 LangChain 程序,并梳理了一些有助于进一步学习 LangChain 的资源。

思 考 题

一、简答题

1. 简述 Python 在人工智能和自然语言处理领域的优势和地位。

2. 比较 pip 和 conda 的区别和适用场景。

3. 简述 LangChain 的主要依赖库及其作用。

4. 在安装和使用 LangChain 的过程中,可能会遇到哪些常见错误? 请列举 2~3 个,并简要说明解决方法。

5. 请列举 3~5 个学习 LangChain 的优质资源,并简要说明它们的特点和用途。

二、实践题

1. 在计算机上安装 Python 和 pip,并创建一个新的虚拟环境。

(1) 记录安装过程中遇到的问题和解决方法。

(2) 激活创建的虚拟环境,并在其中安装 LangChain。

(3) 验证 LangChain 是否安装成功。

2. 修改本章提供的 LangChain 问答程序示例,实现以下功能。

(1) 添加一个侧边栏,允许用户选择要加载的 PDF 文件。

(2) 添加一个选项,允许用户选择要使用的语言模型(如 llama2、gpt4all-j 等)。

(3) 在显示答案的同时,显示答案所依据的相关文档片段。

## 第 3 章

LangChain 的基础组件

随着 LLM 的快速发展,如何高效地构建 LLM 应用成为一个热点话题。LangChain 作为一个专为 LLM 应用开发而设计的框架,提供了一整套工具和组件来简化和加速开发流程,如图 3-1 所示。本章将深入探讨 LangChain 的核心概念和基础组件,包括模型、提示模板、索引、文档加载器、输出解析器等,并通过实例演示如何使用这些组件构建 LLM 应用。通过学习本章内容,读者将掌握使用 LangChain 进行 LLM 应用开发的基本技能,为后续章节中更复杂的主题打下坚实的基础。

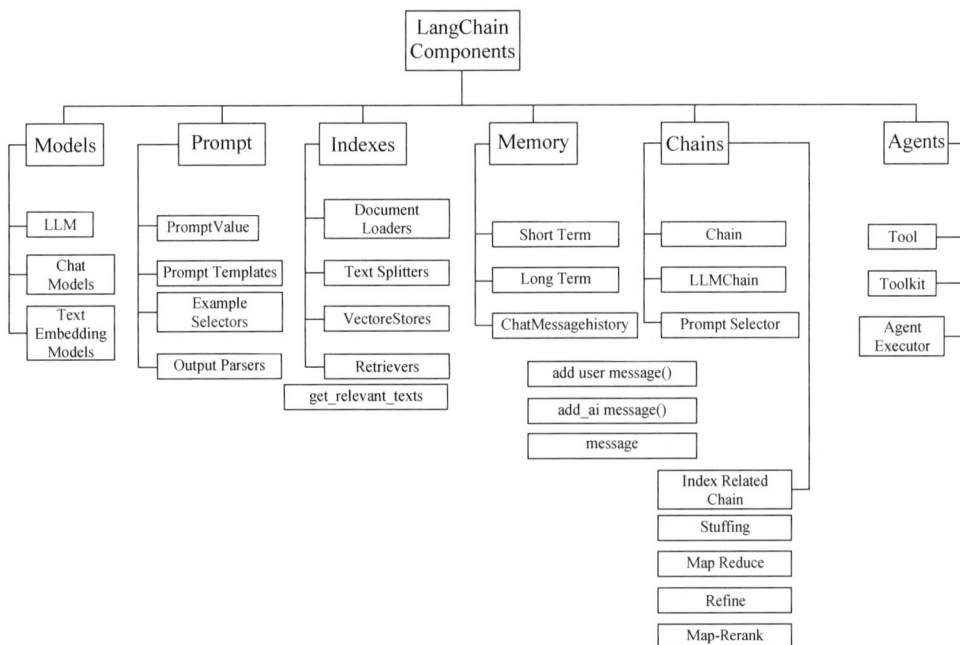

图 3-1　LangChain 的基础组件

3.1　快速入门案例

【例 3-1】　参考官网的案例,本节首先编写了一个类似于 hello world 的案例。这个案例只依赖于提示模板中的信息进行响应。然后,构建一个检索链,从单独的数据库中获取数据并将其传递到提示模板中。接下来,添加聊天历史记录,以创建对话检索链。这样可以以聊天的方式与这个 LLM 交互,因为它记住了之前的问题。最后,将构建一个代理——它利用 LLM 来确定是否需要获取数据来回答问题。这一案例展示了基础组件的一个基本应用。代码请参考程序 3.1.py。

3.1.1 LLM 链

假设读者已经安装了 Gemma 本地模型，并确保 Ollama 服务器正在运行。如果没有运行，可以通过 ollama run gemma：2b 来加以运行。

```
from langchain_community.llms import Ollama
llm = Ollama(model = "gemma:2b")
```

接下来，可以调用它看看它是不是会给出一个很好的回应。

```
llm.invoke("how can langsmith help with testing?")
```

为了改善 LLM 的响应质量，可以使用提示模板来指导它。提示模板用于将原始用户输入转换为对 LLM 更友好的格式。下面是一个使用 ChatPromptTemplate 创建提示模板的示例。

```
from langchain_core.prompts import ChatPromptTemplate
prompt = ChatPromptTemplate.from_messages([
    ("system", "You are world class technical documentation writer."),
    ("user", "{input}")
])
```

有了提示模板后，可以将其与 LLM 组合成一个简单的 LLM 链。

```
chain = prompt | llm
```

现在，可以调用这个链并问同样的问题。尽管它仍然可能无法准确回答问题，但它应该以一个技术写作人员更适当的语气进行回应。

```
chain.invoke({"input": "how can langsmith help with testing?"})
```

需要注意的是，ChatModel(以及由此构成的链)的输出是一条消息。为了更方便地处理输出，可以添加一个简单的输出解析器，将聊天消息转换为字符串。

```
from langchain_core.output_parsers import StrOutputParser
output_parser = StrOutputParser()
```

将输出解析器添加到之前的链中：

```
chain = prompt | llm | output_parser
```

现在，当我们调用链时，答案将是一个字符串(而不是 ChatMessage 对象)：

```
chain.invoke({"input": "how can langsmith help with testing?"})
```

这样，就成功地建立了一个基本的 LLM 链。

3.1.2 检索链

为了正确回答原始问题("how can langsmith help with testing?")，需要向 LLM 提供额外的上下文信息，这可以通过检索来实现。当用户拥有大量数据而无法直接传递给 LLM 时，检索就显得尤为重要。可以使用检索器获取最相关的部分，并将其传递给 LLM。

在这个过程中，将从检索器中查找相关文档，然后将它们传递给提示模板。检索器可以由任何数据源支持，例如，SQL 表、互联网等。在本例中，将填充一个向量存储，并将其用作检索器。

首先，需要加载要索引的数据。为此，我们使用 WebBaseLoader。使用 WebBaseLoader 需要安装 BeautifulSoup。

```
pip install beautifulsoup4
```

安装完成后，导入并使用 WebBaseLoader。

```
from langchain_community.document_loaders import WebBaseLoader
loader = WebBaseLoader("https://docs.smith.langchain.com/user_guide")
docs = loader.load()
```

接下来，需要将数据索引到向量存储中。这需要两个组件：嵌入模型和向量存储。

对于嵌入模型，可以使用通过 API 访问的模型（如 OpenAI）或本地运行的模型（如 Ollama）。以下是使用 Ollama 嵌入模型的示例。

```
from langchain_community.embeddings import OllamaEmbeddings
embeddings = OllamaEmbeddings()
```

现在，可以使用这个嵌入模型将文档摄取到向量存储中。为了简单起见，将使用一个名为 FAISS 的本地向量存储。

首先，需要安装 FAISS 所需的包。

```
pip install faiss-cpu
```

然后，可以构建索引。

```
from langchain_community.vectorstores import FAISS
from langchain_text_splitters import RecursiveCharacterTextSplitter
text_splitter = RecursiveCharacterTextSplitter()
documents = text_splitter.split_documents(docs)
vector = FAISS.from_documents(documents, embeddings)
```

现在，已经在向量存储中建立了数据索引，可以创建一个检索链了。这个链将接收传入的问题，查找相关文档，然后将这些文档与原始问题一起传递给 LLM，并要求它回答原始问题。

设置一个链，它接收一个问题和检索到的文档，并生成答案。

```
from langchain.chains.combine_documents import create_stuff_documents_chain
prompt = ChatPromptTemplate.from_template("""根据提供的上下文回答以下问题：
<context>
{context}
</context>
问题：{input}""")
document_chain = create_stuff_documents_chain(llm, prompt)
```

也可以通过直接传递文档来手动运行这个链。

```
from langchain_core.documents import Document
document_chain.invoke({
    "input": "how can langsmith help with testing?",
    "context": [Document(page_content = "langsmith can let you visualize test results")]
})
```

然而，这里希望文档首先来自刚刚设置的检索器。这样，对于给定的问题，可以使用检索器动态选择最相关的文档并传递给链。

```
from langchain.chains import create_retrieval_chain
retriever = vector.as_retriever()
retrieval_chain = create_retrieval_chain(retriever, document_chain)
```

接下来可以调用这个检索链。它会返回一个字典,其中,LLM 的响应在 answer 键中。

```
response = retrieval_chain.invoke({"input": "how can langsmith help with testing?"})
print(response["answer"])
```

通过使用检索器提供相关上下文,得到的答案应该更加准确。这样就成功地建立了一个基本的检索链。

3.1.3 对话检索链

到目前为止,创建的链只能回答单个问题。在实际应用中,人们经常会构建聊天机器人,它需要能够处理多轮对话。那么,如何将检索链转换为可以回答后续问题的对话检索链呢?

下面仍然使用 create_retrieval_chain 函数,但需要做出以下两点改变。

(1)检索方法不应该只考虑最近的输入,而应该将整个对话历史纳入考虑范围。

(2)最终的 LLM 链同样应该考虑整个对话历史。

为了更新检索器,创建一个新的链。这个链将接收最近的输入(input)和对话历史(chat_history),并使用 LLM 生成搜索查询。

```
from langchain.chains import create_history_aware_retriever
from langchain_core.prompts import MessagesPlaceholder
prompt = ChatPromptTemplate.from_messages([
    MessagesPlaceholder(variable_name = "chat_history"),
    ("user", "{input}"),
    ("user", "Given the above conversation, generate a search query to look up in order to get
information relevant to the conversation")
])
retriever_chain = create_history_aware_retriever(llm, retriever, prompt)
```

可以通过传入一个包含后续问题的对话历史来测试这个链。

```
from langchain_core.messages import HumanMessage, AIMessage
chat_history = [
    HumanMessage(content = "Can LangSmith help test my LLM applications?"),
    AIMessage(content = "Yes!")
]
retriever_chain.invoke({
    "chat_history": chat_history,
    "input": "Tell me how"
})
```

可以看到,这个链返回的是与在 LangSmith 中进行测试相关的文档。这是因为 LLM 生成了一个新的查询,将对话历史与后续问题结合在一起。有了这个新的检索器,就可以创建一个新的链来继续对话,并考虑检索到的文档。

```
prompt = ChatPromptTemplate.from_messages([
    ("system", "Answer the user's questions based on the below context:\n\n{context}"),
```

```
    MessagesPlaceholder(variable_name = "chat_history"),
    ("user", "{input}"),
])
document_chain = create_stuff_documents_chain(llm, prompt)
retrieval_chain = create_retrieval_chain(retriever_chain, document_chain)
```

现在就可以端到端地测试这个链了。

```
chat_history = [
    HumanMessage(content = "Can LangSmith help test my LLM applications?"),
    AIMessage(content = "Yes!")
]
retrieval_chain.invoke({
    "chat_history": chat_history,
    "input": "Tell me how"
})
```

可以看到，这个链给出了一个连贯的答案——我们已经成功地将检索链转换为对话检索链！通过考虑对话历史并使用检索器提供相关上下文，构建了一个能够进行多轮对话的聊天机器人。

3.1.4 代理

到目前为止，创建的都是链的示例，其中每个步骤都是预先确定的。接下来将创建一个代理，它可以使用 LLM 动态地决定采取什么步骤。

请注意，在这个示例中，展示的是如何使用 OpenAI 模型创建代理，因为本地模型的可靠性还不够高（但如果只是为了学习，可以对代码进行少量改动）。在构建代理时，首先要决定代理可以访问哪些工具。在本例中，将为代理提供以下两个工具。

（1）刚刚创建的检索器。这将让代理轻松回答有关 LangSmith 的问题。

（2）搜索工具。这将让代理轻松回答需要最新信息的问题。

首先，为刚刚创建的检索器设置一个工具。

```
from langchain.tools.retriever import create_retriever_tool
retriever_tool = create_retriever_tool(
    retriever,
    "langsmith_search",
    "Search for information about LangSmith. For any questions about LangSmith, you must use
this tool!",
)
```

这里将使用的搜索工具是 Tavily。使用 Tavily 需要一个 API 密钥（它们提供免费额度）。在它们的平台上创建 API 密钥后，需要将其设置为环境变量。

```
export TAVILY_API_KEY = …
```

如果不想设置 API 密钥，可以跳过创建这个工具。

```
from langchain_community.tools.tavily_search import TavilySearchResults
search = TavilySearchResults()
```

现在，可以创建一个工具列表，供代理使用。

```
tools = [retriever_tool, search]
```

有了这些工具,就可以创建一个代理来使用它们。下面简要介绍代理的创建过程。首先安装 langchain hub:

```
pip install langchainhub
```

然后,可以使用 langchain hub 获取预定义的提示模板。

```
from langchain_openai import ChatOpenAI
from langchain import hub
from langchain.agents import create_openai_functions_agent
from langchain.agents import AgentExecutor
prompt = hub.pull("hwchase17/openai-functions-agent")
llm = ChatOpenAI(model = "gpt-3.5-turbo", temperature = 0)      # 如果基于本地模型,修改之
agent = create_openai_functions_agent(llm, tools, prompt)      # 如果基于本地模型,修改之
agent_executor = AgentExecutor(agent = agent, tools = tools, verbose = True)
```

现在可以调用这个代理,看看它如何响应。可以问它关于 LangSmith 的问题:

```
agent_executor.invoke({"input": "how can langsmith help with testing?"})
```

也可以问它与天气相关的问题:

```
agent_executor.invoke({"input": "what is the weather in SF?"})
```

通过使用代理,可以构建一个能够动态决定采取什么步骤的智能系统。代理可以根据问题的类型选择合适的工具,并利用这些工具生成最终的答案。

3.2　模型(Model I/O)

在开发任何语言模型应用时,模型本身无疑是最核心的元素。LangChain 为开发者提供了一系列工具和抽象,使得与语言模型的交互变得更加简单和高效。本节将重点介绍 LangChain 中的语言模型类型、与模型交互的最佳实践,以及用于构建模型输入和处理模型输出的辅助工具。

3.2.1　简介

LangChain 集成了两种主要类型的语言模型:大语言模型和聊天模型。它们的区别主要在于输入和输出的格式。LLM 接收字符串格式的提示作为输入,并生成字符串格式的完成作为输出,如 OpenAI 的 GPT-3;而聊天模型接收一个聊天消息列表作为输入,并返回一个 AI 消息作为输出,如 GPT-4 和 Anthropic 的 Claude-3。尽管聊天模型通常也是基于 LLM 构建的,但它们经过了专门的调整和优化,以更好地适应对话场景。

在选择语言模型时,开发者需要仔细权衡不同模型的特点和适用场景。虽然 LangChain 提供了一致的接口来处理不同类型的模型,但这并不意味着所有模型都可以互换使用。不同的模型可能需要采用不同的提示策略和优化手段。例如,Anthropic 的模型更适合使用 XML 格式的提示,而 OpenAI 的模型则更适合 JSON 格式。此外,LangChain 提供的默认提示模板可能并不适用于所有模型。开发者需要根据实际使用的模型,对提示模板进行必要的调整和优化。

在聊天模型中,消息是一个非常重要的概念。聊天模型接收一个消息列表作为输入,并

返回一个 AI 生成的消息作为输出。每个消息都包含角色(如用户、助手等)和内容两个属性。内容可以是字符串、字典列表(用于多模态输入)等不同形式。此外,消息还可以携带额外的元数据,如上下文信息、特定于提供商的参数等,这些信息可以通过 additional_kwargs 属性传递。

提示模板是将用户输入转换为语言模型可接受格式的关键工具。在实际应用中,用户的原始输入通常需要经过一定的转换和处理,才能成为合适的模型输入。提示模板定义了这个转换过程,将用户输入与必要的上下文、指令等信息结合,生成最终的提示。LangChain 提供了多种提示模板的抽象,如 ChatPromptTemplate、HumanMessagePromptTemplate 等,方便开发者使用。

输出解析器用于将语言模型的原始输出转换为更易于处理和使用的格式。模型的输出可能是字符串或消息,其中包含以特定格式组织的信息,如逗号分隔列表、JSON 等。输出解析器负责提取和转换这些信息,使其更容易被下游的应用逻辑所使用。LangChain 提供了多种内置的输出解析器,如 StrOutputParser(用于字符串输出)、OpenAI Functions Parsers(用于处理 OpenAI 的函数调用)、Agent Output Parsers(用于将原始输出转换为代理可执行的动作)等。

LangChain 表达式语言(LCEL)是一种强大的工具,用于以声明式的方式组合语言模型应用的各个组件。通过使用"|"操作符,开发者可以将提示模板、语言模型、输出解析器等组件连接起来,形成一个完整的处理管道。这种声明式的组合方式使得应用的结构更加清晰和模块化,提高了代码的可读性和可维护性。LCEL 的实现依赖于 Runnable 接口,该接口定义了组件之间的统一输入和输出格式,使得组件可以无缝地连接和协作。

```
template = "Generate a list of 5 {text}.\n\n{format_instructions}"
chat_prompt = ChatPromptTemplate.from_template(template)
chat_prompt = chat_prompt.partial(format_instructions = output_parser.get_format_instructions())
chain = chat_prompt | chat_model | output_parser
chain.invoke({"text": "colors"})
```

在这个示例中,首先定义了一个提示模板,然后使用 ChatPromptTemplate 创建了一个聊天提示。接着,使用 partial() 方法将输出解析器的格式化指令注入提示中。最后,使用"|"操作符将提示、聊天模型和输出解析器组合成一个完整的处理链,并调用 invoke() 方法来执行这个链。

3.2.2　提示模板

提示模板是为语言模型生成提示的预定义方案。模板可能包括说明、少样本示例以及适合特定任务的上下文和问题。LangChain 提供了创建和使用提示模板的工具。LangChain 致力于创建与模型无关的模板,以便于跨不同语言模型重用现有模板。通常,语言模型期望提示要么是字符串,要么是聊天消息列表。

PromptTemplate 使用 PromptTemplate 为字符串提示创建模板。默认情况下,PromptTemplate 使用 Python 的 str.format 语法进行模板化。例如:

```
from langchain.prompts import PromptTemplate
prompt_template = PromptTemplate.from_template(
    "Tell me a {adjective} joke about {content}."
```

```
)
prompt_template.format(adjective = "funny", content = "chickens")
```

即"Tell me a funny joke about chickens"。模板支持任意数量的变量，包括没有变量的情况。例如：

```
from langchain.prompts import PromptTemplate
prompt_template = PromptTemplate.from_template("Tell me a joke")
prompt_template.format()
```

可以创建以任何方式格式化提示的自定义提示模板。

ChatPromptTemplate 聊天模型的提示是一个聊天消息列表。每个聊天消息都与内容相关联，以及一个名为角色的附加参数。例如，在 OpenAI Chat Completions API 中，聊天消息可以与 AI 助手、人类或系统角色相关联。像这样创建聊天提示模板：

```
from langchain_core.prompts import ChatPromptTemplate
chat_template = ChatPromptTemplate.from_messages(
    [
        ("system", "You are a helpful AI bot. Your name is {name}."),
        ("human", "Hello, how are you doing?"),
        ("ai", "I'm doing well, thanks!"),
        ("human", "{user_input}"),
    ]
)
messages = chat_template.format_messages(name = "Bob", user_input = "What is your name?")
```

ChatPromptTemplate.from_messages 接收各种消息表示形式。例如，除了使用上面的(type,content)这种二元组表示之外，还可以传递 MessagePromptTemplate 或 BaseMessage 的实例。

```
from langchain.prompts import HumanMessagePromptTemplate
from langchain_core.messages import SystemMessage
from langchain_openai import ChatOpenAI
chat_template = ChatPromptTemplate.from_messages(
        [
            SystemMessage(
                content = (
                    "You are a helpful assistant that re-writes the user's text to "
                    "sound more upbeat."
                )
            ),
            HumanMessagePromptTemplate.from_template("{text}"),
        ]
)
messages = chat_template.format_messages(text = "I don't like eating tasty things")
print(messages)
[SystemMessage(content = "You are a helpful assistant that re-writes the user's text to
sound more upbeat."), HumanMessage(content = "I don't like eating tasty things")]
```

LangChain 提供了一个用户友好的界面，用于将提示的不同部分组合在一起。可以对字符串提示或聊天提示执行此操作，以这种方式构建提示允许轻松重用组件。

（1）字符串提示组合。使用字符串提示时，每个模板会被组合在一起。读者可以直接使用提示或字符串（列表中的第一个元素必须是提示）。

【例 3-2】　字符串提示组合(参考代码 3.2.py)。

```
from langchain.prompts import PromptTemplate
prompt = (
    PromptTemplate.from_template("Tell me a joke about {topic}")
    + ", make it funny"
    + "\n\n and in {language}"
)
PromptTemplate(input_variables = ['language', 'topic'], output_parser = None, partial_
variables = {}, template = 'Tell me a joke about {topic}, make it funny\n\nand in {language}',
template_format = 'f - string', validate_template = True)
prompt.format(topic = "sports", language = "spanish")
```

(2) 聊天提示组合。聊天提示由一个消息列表组成。纯粹为了开发人员体验,我们添加了一种方便的方式来创建这些提示。在此管道中,每个新元素都是最终提示中的一条新消息。例如:

```
from langchain_core.messages import AIMessage, HumanMessage, SystemMessage
First, let's initialize the base ChatPromptTemplate with a system message. It doesn't have
to start with a system, but it's often good practice
prompt = SystemMessage(content = "You are a nice pirate")
```

然后,可以创建一个管道,将其与其他消息或消息模板组合在一起。当没有要格式化的变量时,使用 Message;当有要格式化的变量时,使用 MessageTemplate。也可以只使用一个字符串(注意:将自动被推断为 HumanMessagePromptTemplate)。

```
new_prompt = (
    prompt + HumanMessage(content = "hi") + AIMessage(content = "what?") + "{input}"
)
```

以下代码将创建一个 ChatPromptTemplate 类的实例。

```
new_prompt.format_messages(input = "I said hi")
[SystemMessage(content = 'You are a nice pirate', additional_kwargs = {}),
HumanMessage(content = 'hi', additional_kwargs = {}, example = False),
AIMessage(content = 'what?', additional_kwargs = {}, example = False),
HumanMessage(content = 'i said hi', additional_kwargs = {}, example = False)]
```

(3) 少样本提示模板是一种利用少量示例来动态生成提示的技术。它可以帮助语言模型更好地理解任务,并根据具体输入生成相关的响应。接下来,使用本地大模型 Gemma 来演示如何构建和使用少样本提示模板。少样本提示模板的核心思想是利用一些预先定义的示例来告知模型如何完成任务。这些示例通常包含一个输入和一个相应的输出。当我们给模型一个新的输入时,模型会根据这些示例来推断出所需的输出格式和风格。

构建少样本提示模板通常需要以下步骤。

① 准备一组有代表性的示例,每个示例包含一个输入和一个输出。

② 定义一个示例格式化函数,用于将示例转换为字符串形式。

③ 创建一个 FewShotPromptTemplate 对象,传入示例和格式化函数。

④ 使用 FewShotPromptTemplate 对象的 format()方法,传入新的输入,生成最终的提示。

【例 3-3】 少样本提示模板(参考代码 3.3.py)。

```
from langchain.prompts.few_shot import FewShotPromptTemplate
from langchain.prompts.prompt import PromptTemplate
from langchain_community.llms import Ollama as OllamaLLM
examples = [
    {
        "sentence": "今天天气真不错,我想出去走走。",
        "keywords": "天气, 出去走走"
    },
    {
        "sentence": "我正在学习编程,希望能尽快找到一份相关的工作。",
        "keywords": "学习编程, 找工作"
    },
    {
        "sentence": "医生建议我每天坚持锻炼,并且要保证充足的睡眠。",
        "keywords": "坚持锻炼, 充足睡眠"
    }
]
example_prompt = PromptTemplate(
    input_variables = ["sentence", "keywords"],
    template = "句子: {sentence}\n 关键词: {keywords}"
)
prompt = FewShotPromptTemplate(
    examples = examples,
    example_prompt = example_prompt,
    suffix = "句子: {input}\n 关键词:",
    input_variables = ["input"],
)
model = OllamaLLM(model = "gemma:2b")
input_sentence = "我打算周末去海边旅行,好好放松一下。"
final_prompt = prompt.format(input = input_sentence)
print(final_prompt)
output = model.invoke(final_prompt)
print(output)
```

在上述程序中,首先构建了一系列示例,每个示例都由一句话及其相应的关键词组成。目的在于训练模型识别并提取句子中的核心信息。随后,程序初始化了一个名为 example_prompt 的 PromptTemplate 对象,该对象规定了示例的呈现格式。具体来说,格式要求每个示例以"句子:"为前缀,紧接着是具体的句子内容,换行后以"关键词:"开始,并列出相应的关键词。进一步,构建了 FewShotPromptTemplate 对象,它采用三个关键参数:examples 为已准备好的示例集合;example_prompt 为定义示例展示方式的模板;suffix 为附加在所有示例后面的部分,通常用于引入新的输入变量。接下来,程序中创建了一个名为 Gemma 的模型实例,该模型负责根据给出的示例和新输入生成关键词。定义了一个 input_sentence,表示待提取关键词的新句子。通过调用 prompt.format()方法并传入 input_sentence,生成了完整的提示文本,其中包括所有已格式化的示例及新加入的句子。将此提示文本输入 Gemma 模型后,模型依据提供的示例和新句子输出相应的关键词。程序最终展示了模型生成的关键词结果。

(4) PipelinePrompt 是一种用于构建复杂提示模板的强大工具。它主要由两部分组成:最终提示和管道提示。最终提示是整个管道的输出,而管道提示则是一系列中间步骤,每个步骤都由一个字符串名称和一个提示模板组成。在执行过程中,每个管道提示都会被格式化,然后将格式化后的结果作为具有相同名称的变量传递给下一个提示模板,直到生成最终的提示。

【例 3-4】　PipelinePrompt 演示(参考代码 3.4.py)。

```python
from langchain.prompts.pipeline import PipelinePromptTemplate
from langchain.prompts.prompt import PromptTemplate
from langchain_community.llms import Ollama as OllamaLLM
#定义最终提示模板
final_template = """{greeting}
{body}
{signature}"""
final_prompt = PromptTemplate.from_template(final_template)
#定义管道提示模板
greeting_template = "尊敬的{name}女士/先生:"
greeting_prompt = PromptTemplate.from_template(greeting_template)
body_template = """我们诚挚地邀请您参加将于{date}在{location}举办的{event}。作为
{industry}领域的佼佼者,您的到来将为本次活动增光添彩。
本次活动的主题是"{theme}",我们相信这个主题一定能引起您的兴趣。我们准备了精彩的议程和演
讲嘉宾阵容,期待与您和业界同仁共同探讨{industry}的未来发展方向。
如果您需要任何进一步的信息或协助,请随时与我们联系。我们非常期待您的参与!"""
body_prompt = PromptTemplate.from_template(body_template)
signature_template = """此致
敬礼
{sender}
{title}, {company}"""
signature_prompt = PromptTemplate.from_template(signature_template)
#组合管道提示
pipeline_prompts = [
    ("greeting", greeting_prompt),
    ("body", body_prompt),
    ("signature", signature_prompt),
]
#创建 PipelinePromptTemplate
pipeline_prompt = PipelinePromptTemplate(
    final_prompt = final_prompt, pipeline_prompts = pipeline_prompts
)
print(pipeline_prompt.input_variables)
#格式化 PipelinePromptTemplate
input_data = {
    "name": "张",
    "date": "2023 年 9 月 1 日",
    "location": "北京",
    "event": "全球人工智能峰会",
    "industry": "人工智能",
    "theme": "AI 赋能,智创未来",
    "sender": "李明",
    "title": "市场部经理",
    "company": "ABC 科技有限公司"
}
final_prompt_str = pipeline_prompt.format(** input_data)
print(final_prompt_str)
#使用 Gemma 模型生成个性化邮件
```

```
model = OllamaLLM(model = "gemma:2b")
result = model.invoke(final_prompt_str)
print(result)
```

上述示例展示了一个分步骤构建复杂提示模板的过程,其主要步骤如下。

首先,定义了一个综合提示模板 final_prompt,该模板由三个关键部分组成:问候语、邮件正文和签名。这一步骤为我们构建一个具有明确结构的邮件内容奠定了基础。

随后,为了实现这一结构,设计了三个专用的管道提示模板:greeting_prompt 生成问候语,body_prompt 负责邮件正文,而 signature_prompt 则用于创建签名。每个模板都定义了自己所需的输入变量,确保了每一部分都能独立并准确地表达其预定的信息。

接着,将这些管道提示模板依序组织到一个列表 pipeline_prompts 中,这一列表将作为生成最终邮件内容的蓝图。为了将这些独立的部分融合成一个连贯的整体,创建了 PipelinePromptTemplate 对象,并将最终提示模板及管道提示模板列表传入。通过这一操作,将各个部分按顺序拼接起来,形成了一个完整的邮件内容生成流程。通过查询 pipeline_prompt.input_variables,得以确认构建这一邮件所需的全部输入变量,这一步骤确保了我们在生成过程中不遗漏任何必要的信息。

接下来,准备了包含所需所有输入变量及其对应值的字典 input_data。通过执行 pipeline_prompt.format(** input_data),所有输入变量被逐一填充到相应的管道提示模板中,进而生成了一串完整的提示文本。

最后,将这一生成的提示文本交给 Gemma 模型处理,模型据此生成了一封具有个性化特征的邮件内容。

通过这一示例,得以窥见 PipelinePrompt 的强大功能。它让我们能够将复杂的提示模板拆解为若干个简单的组件,每个组件都可以独立格式化并组合。这种模块化的方法极大地简化了复杂提示模板的构建和维护工作。更重要的是,PipelinePrompt 提供了极高的灵活性,允许我们根据不同的应用场景定制管道的结构和内容。

在深入探索中文语言模型的应用时,构建精准而有效的提示词模板显得尤为关键。以下是几种精心设计的模板实例,旨在引导模型更准确地理解和回应各种查询。

(1)简单的问答模板。

通过定义明确的问答对,可以培养模型对具体问题给出精确答案的能力。例如,创建一个模板,其中包含一系列问题及其对应答案,最后搭配一个待解答的问题。这种模式不仅适用于静态知识点的查询,也能够促进模型对上下文信息的理解和应用。

```
from langchain.prompts import PromptTemplate
template = """
```

根据以下问题和答案,回答最后的问题。

问题:中国的首都是哪里?

答案:中国的首都是北京。

问题:上海有哪些著名的旅游景点?

答案:上海有东方明珠电视塔、外滩、豫园、南京路步行街等著名景点。

问题:中国台湾的最高山峰是哪座山?

答案:中国台湾的最高山峰是玉山,海拔 3952 米。

问题：{input}
答案："""

```
prompt = PromptTemplate(input_variables = ["input"], template = template)
final_prompt = prompt.format(input = "长江三峡都包括哪些景点?")
```

（2）角色扮演模板。

利用角色扮演模板,能够模拟具体角色的语言风格和知识体系,从而实现更加自然和专业的对话体验。例如,设定一个场景,其中用户扮演学生,模型扮演一位中国历史老师,用通俗易懂的语言讲解历史知识。

```
from langchain.prompts import ChatPromptTemplate, HumanMessagePromptTemplate,
SystemMessagePromptTemplate
chat_prompt = ChatPromptTemplate.from_messages([
    SystemMessagePromptTemplate.from_template("你是一位中国历史老师,要用通俗易懂的语言向
学生讲解历史知识。"),
    HumanMessagePromptTemplate.from_template("{input}")
])
output = chat_prompt.format_prompt(input = "请讲讲秦始皇统一中国的过程。").to_messages()
print(output)
```

（3）动态选择示例的少样本提示。

在少样本学习场景中,选择与查询语义相近的示例对于提升模型性能至关重要。这种方法利用了语义相似度选择器和向量存储技术,从一组预定义的问题和答案中选择与输入最为相似的示例。这种动态选择机制使模型能够针对特定查询,利用最相关的上下文信息来提高答案的准确性和相关性。例如,从涵盖中国古典文学、历史人物和著名故事的示例库中选择最合适的示例,以回答"三国演义中,刘备的结拜兄弟是谁?"这样的问题。

【例 3-5】　动态选择示例的少样本提示（参考代码 3.5.py）。

```
from langchain.prompts import FewShotPromptTemplate,
PromptTemplate, SemanticSimilarityExampleSelector
from langchain_community.vectorstores import Chroma
from langchain_community.embeddings import OllamaEmbeddings
#示例集合
examples = [
    {"input": "红楼梦的作者是谁?", "output": "曹雪芹"},
    {"input": "《西游记》中唐僧的徒弟都有谁?", "output": "孙悟空、猪八戒、沙僧,以及白龙马。"},
    #假设在这里添加更多的示例…
]
#初始化示例选择器
example_selector = SemanticSimilarityExampleSelector.from_examples(
    examples,
    OllamaEmbeddings(model = "gemma:2b"),
    Chroma,
    k = 1
)
#构建少样本提示模板
few_shot_prompt = FewShotPromptTemplate(
    example_selector = example_selector,
    example_prompt = PromptTemplate(input_variables = ["input", "output"], template = "问题:
{input}\n 答案:{output}"),
    prefix = "根据以下示例问题和答案,回答最后的问题:\n",
```

```
            suffix = "\n 问题:{input}\n 答案:",
            input_variables = ["input"],
)
# 定义一个新的问题
new_question = "三国演义中,刘备的结拜兄弟是谁?"
# 格式化新问题以生成完整的提示
formatted_prompt = few_shot_prompt.format(input = new_question)
print(formatted_prompt)
```

在这段代码中,formatted_prompt 将包含一个完整的提示,它基于少数示例和新问题生成。这个提示可以被用来指导一个语言模型生成对新问题的答案。注意,这个程序假定存在一套工作流来处理和利用 OpenAIEmbeddings 和 Chroma,这通常需要访问相应的 API 和服务。此外,这段代码是概念性的示例,它展示了如何使用 LangChain 的工具来构建少样本学习的应用,但它不包括与真实模型交互的部分。在实际应用中,需要将生成的提示传给一个支持的大语言模型来获取答案。

设计高效的提示模板是开发语言模型应用的核心环节,它决定了模型输出的质量和准确性。为了创建一个高效的提示模板,开发者需要精心设计模板的内容,确保它既简洁又能提供足够的上下文信息。这包括明确输入变量的定义、精心规划模板的结构,并确保输入变量能够被有效地整合到模板中。在不同的应用场景下,例如聊天模型,选取恰当的消息类型(如 HumanMessage、SystemMessage 和 AIMessage)对于满足特定任务的需求至关重要。

选取适合的示例对于模型的性能有着显著影响,尤其是在进行少样本学习时。开发者可以采用多种方法来优化示例的选择,包括手动挑选、基于语义相似度的自动挑选,或利用向量存储技术。LangChain 为开发者提供了多样化的工具,包括 ChatPromptTemplate、FewShotPromptTemplate 和 PipelinePromptTemplate 等,使得构建既复杂又灵活的语言模型应用成为可能。

提示模板的设计是一个动态的迭代过程,需要基于模型的实际输出效果进行持续的优化。这一过程可能涉及人工评估、对比实验等多种方法,目的是不断提高模板的性能。综上所述,开发高品质的提示模板需要考虑诸多因素,包括任务的具体需求、模型的特性以及示例的选取等。幸运的是,LangChain 提供的一系列工具和组件可以帮助开发者以更高效、灵活的方式进行工作,大大简化了这一过程。

3.2.3　聊天模型

在 LangChain 框架内,聊天模型被视为核心组件之一,它区别于传统的仅基于纯文本输入和输出的语言模型。聊天模型的独特之处在于,它接收聊天消息作为输入,并以聊天消息的形式返回输出,为用户提供了更加自然和互动的交流体验。LangChain 通过集成多个模型提供商,如 OpenAI、Cohere、Hugging Face 等,提供了一个统一的接口,使得与这些不同模型的交互变得无缝且灵活。此外,LangChain 支持多种使用模式,包括同步、异步、批处理和流式模式,并引入了缓存等附加功能,以优化模型的使用效率和成本。

聊天模型作为语言模型的一种特殊形式,采用了与传统模型略有不同的接口设计。其核心在于将输入和输出都视为"聊天消息",而非简单的文本串。这种基于消息的接口设计,让聊天模型能够更好地应用于对话场景。LangChain 支持的消息类型包括 AIMessage、HumanMessage、SystemMessage、FunctionMessage 和 ChatMessage,其中,ChatMessage 允许接收任意角色参数,但在大多数场景下,开发者只需关注 HumanMessage、AIMessage 和 SystemMessage 即可。

随着技术的进步,越来越多的聊天模型开始提供函数调用 API,使得模型不仅能处理文本交流,还能基于描述的函数及其参数返回结构化的输出。这种功能极大地扩展了聊天模型的应用范围,使其能够更加灵活地与外部工具和系统集成,执行复杂任务。

LangChain 提供了许多实用程序,使函数调用变得容易。即它带有将函数绑定到模型的简单语法;用于将各种类型的对象格式化为预期函数模式的转换器;用于从 API 响应中提取函数调用的输出解析器;用于从模型获取结构化输出的链,建立在函数调用之上。下面主要介绍前两种方式。

第一种方式是函数绑定。许多模型都实现了辅助方法,用于处理不同函数对象的格式化和绑定。下面以 Pydantic 函数模式为例,演示如何将其与本地大模型 Gemma 进行绑定。注意,本示例使用了 OpenAI 的 API。

```
from langchain_core.pydantic_v1 import BaseModel, Field
#请注意,这里的 docstrings 至关重要,因为它们将与类名一起传递给模型
class Multiply(BaseModel):
    """将两个整数相乘。"""
    a: int = Field(..., description = "第一个整数")
    b: int = Field(..., description = "第二个整数")
```

可以使用 ChatOpenAI.bind_tools() 方法来处理将 Multiply 转换为 OpenAI 函数并将其绑定到模型(即每次调用模型时都传递它)。

```
from langchain_openai import ChatOpenAI
llm = ChatOpenAI(model = "gpt - 3.5 - turbo - 0125", temperature = 0)
llm_with_tools = llm.bind_tools([Multiply])
llm_with_tools.invoke("3 * 12 是多少?")
```

进一步地,可以添加一个工具解析器,从生成的消息中提取工具调用到 JSON。

```
from langchain_core.output_parsers.openai_tools import JsonOutputToolsParser
tool_chain = llm_with_tools | JsonOutputToolsParser()
tool_chain.invoke("3 * 12 是多少?")
```

或者返回原始的 Pydantic 类:

```
from langchain_core.output_parsers.openai_tools import PydanticToolsParser
tool_chain = llm_with_tools | PydanticToolsParser(tools = [Multiply])
tool_chain.invoke("3 * 12 是多少?")
```

如果想强制使用某个工具(并且只使用一次),可以设置 tool_choice 参数。

```
llm_with_multiply = llm.bind_tools([Multiply], tool_choice = "Multiply")
llm_with_multiply.invoke("如果你想的话,可以编造一些数字,但我不强迫你")
```

如果需要直接访问函数模式,LangChain 有一个内置的转换器,可以将 Python 函数、Pydantic 类和 LangChain 工具转换为 OpenAI 格式的 JSON 模式,相关方法可以参考 LangChain 的帮助文档。

LangChain 为聊天模型提供了可选的缓存层,包括内存缓存和 SQL 缓存等,这么做有以下两点好处。其一是如果经常多次请求相同的完成,它可以通过减少对 LLM 提供商的 API 调用次数来节省资金。其二是它可以通过减少对 LLM 提供商的 API 调用次数来加

速应用程序。下面的代码片段演示了这么做的好处,注意请在 Jupyter 中运行程序。

```
from langchain.globals import set_llm_cache
from langchain_openai import ChatOpenAI
llm = ChatOpenAI()
♯内存缓存
%%time
from langchain.cache import InMemoryCache
set_llm_cache(InMemoryCache())
♯第一次,它还不在缓存中,所以应该需要更长时间
llm.predict("讲个笑话")
%%time
♯第二次,它在缓存中,所以速度更快
llm.predict("讲个笑话")
```

LangChain 为开发者提供了一个功能强大且灵活的框架,使人们能够轻松地创建和定制聊天模型。通过定义多种消息类型,如 SystemMessage、HumanMessage、AIMessage 等,LangChain 帮助人们清晰地区分聊天过程中的不同角色和内容,从而更好地组织和管理聊天流程。此外,LangChain 的函数调用功能允许在聊天过程中动态地调用外部函数或工具,大大扩展了聊天模型的能力,使其能够与外部系统交互完成更复杂的任务。

LangChain 还为聊天模型定义了标准接口,如 ChatModel 和 BaseChatModel,便于将自定义的聊天模型集成到 LangChain 生态系统中,并利用其提供的丰富工具和功能。支持流式传输和异步编程的特性,使得 LangChain 非常适合需要低延迟和高交互性的应用场景,如实时对话系统。内置的缓存机制不仅提高了系统响应速度,还有助于节省 API 调用次数,降低成本。更重要的是,LangChain 允许开发者自定义聊天模型的实现细节,提供了极大的灵活性来满足特定需求。

例如,在客服聊天系统中,可以利用 SystemMessage 来定义客服角色的行为规范,使用 HumanMessage 和 AIMessage 来模拟客户与客服之间的互动,并通过函数调用接入客户信息数据库和订单系统。在写作助手应用中,则可以利用流式传输让用户实时查看内容生成,通过缓存机制个性化调整 LLM 的输出以适应用户的写作历史和偏好。

总而言之,LangChain 提供了一整套完备的工具和框架,以支持构建功能全面、灵活可扩展的聊天模型。开发者可以借此发挥创造力,设计出满足实际需求的智能对话系统,为用户带来优质的交互体验。随着不断的实践和优化,我们有信心能够打造出表现卓越的聊天应用。

3.2.4　大语言模型

LLM 是 LangChain 的核心组件。LangChain 本身并不提供 LLM,而是为与许多不同的 LLM 交互提供了一个标准接口。具体来说,该接口接收一个字符串作为输入并返回一个字符串。

目前有许多 LLM 提供商,如 OpenAI、Cohere、Hugging Face 等。LLM 类旨在为所有这些提供商提供一个标准的交互接口,使得人们可以方便地切换和比较不同的 LLM。

如果使用 OpenAI,那么需要安装 OpenAI 的 Python 包:pip install openai。访问 OpenAI 的 API 需要一个 API 密钥。可以通过创建一个账户并访问 OpenAI 官网获取密钥。拿到密钥后,需要将其设置为环境变量:export OPENAI_API_KEY = "你的 API 密

钥"。如果不想设置环境变量,也可以在初始化 OpenAI LLM 类时直接通过参数 openai_api_key 传入密钥:

```
from langchain_openai import OpenAI
llm = OpenAI(openai_api_key = "你的 API 密钥")
```

否则,可以直接初始化,不需要任何参数。

```
from langchain_openai import OpenAI
llm = OpenAI()
```

如果使用 Gemma 本地大模型,需要下载 Gemma 模型的权重文件。可以从 Gemma 官方仓库下载最新的模型权重。下载完成后,将权重文件放到工作目录下。然后可以初始化 Gemma LLM。

```
from langchain_community.llms import Ollama as OllamaLLM
llm = OllamaLLM(model_path = "path/to/gemma/weights")
```

这里的 model_path 参数指定了 Gemma 权重文件的路径。

使用 Gemma LLM 有了 Gemma LLM 实例,就可以像使用其他 LLM 一样调用它:llm.invoke("请写一段励志的话")。结果会显示一段励志的文本(略)。

如果想使用自己的 LLM 或者 LangChain 尚未支持的其他 LLM 包装器,可以通过创建自定义 LLM 实现。自定义 LLM 需要实现以下三个方法和属性,其中两个是必要的,一个是可选的。

(1)_call:一个必要方法,接收字符串输入、可选的停止词,并返回字符串。

(2)_llm_type:一个必要属性,返回字符串,仅用于记录日志。

(3)_identifying_params:一个可选属性,用于帮助打印该类的属性,应返回一个字典。

下面的代码展示了如何实现一个简单的自定义大语言模型(LLM),这个自定义模型非常基础,它仅返回输入字符串的前 n 个字符。这种类型的 LLM 可以用于测试或演示目的,帮助理解如何在 LangChain 框架下创建和使用自定义 LLM。

【例 3-6】　自定义大语言模型(代码参见 3.6.py)。

```
from typing import Any, List, Mapping, Optional
from langchain_core.callbacks.manager import CallbackManagerForLLMRun
from langchain_core.language_models.llms import LLM
class CustomLLM(LLM):
    """一个简单的自定义 LLM,返回输入的前 n 个字符。"""
    n: int    # 定义一个属性 n,用来指定返回字符的数量
    @property
    def _llm_type(self) -> str:
        """返回 LLM 的类型,用于日志记录和调试。"""
        return "自定义 LLM"
    def _call(
        self,
        prompt: str,
        stop: Optional[List[str]] = None,
        run_manager: Optional[CallbackManagerForLLMRun] = None,
        **kwargs: Any,
    ) -> str:
        """处理输入,返回前 n 个字符。"""
        if stop is not None:
```

```
                    raise ValueError("停止词参数不被允许。")        # 如果提供了停止词参数,则
                                                                    # 抛出异常
                return prompt[: self.n]                             # 返回输入字符串的前 n 个字符
        @property
        def _identifying_params(self) -> Mapping[str, Any]:
            """返回用于识别 LLM 的参数,有助于日志记录和调试。"""
            return {"n": self.n}
    # 使用自定义 LLM
    llm = CustomLLM(n = 10)
    response = llm.invoke("这是一个测试输入")
    print(response)                                                 # 输出:这是一个测试
    # 打印 LLM 的详细信息
    print(llm)
```

以上代码展示了一个自定义 LLM 的基本结构和实现方式。这个自定义 LLM 利用了 LangChain 框架中的 LLM 基类,通过重写 _call() 方法来实现具体的逻辑。此外,它通过 _llm_type 和 _identifying_params 属性提供了关于 LLM 类型和参数的信息,这对于调试和日志记录非常有用。

下面继续探讨如何创建一个更复杂的自定义 LLM——CustomGemma。这个自定义 LLM 模拟了使用 Gemma 模型,并允许动态设置生成参数,例如,温度(temperature)和最大长度(max_length)。这种方式为使用 LLM 提供了更多灵活性和控制力。

```
    class CustomGemma(LLM):
        """一个自定义的 Gemma LLM,允许动态设置生成参数。"""
        model_path: str               # Gemma 模型权重文件的路径
        temperature: float = 0.7      # 控制生成结果的多样性
        max_length: int = 512         # 限制生成文本的最大长度

        @property
        def _llm_type(self) -> str:
            return "自定义 Gemma"
        def _call(
            self,
            prompt: str,
            stop: Optional[List[str]] = None,
            run_manager: Optional[CallbackManagerForLLMRun] = None,
            **kwargs: Any,
        ) -> str:
            from gemma import generate # 从 Gemma 库导入 generate 函数
            # 如果模型不同,请注意使用不同的导入形式
            # 调用 Gemma 的 generate()函数,传入相应的参数
            return generate(
                prompt,
                model_path = self.model_path,
                temperature = self.temperature,
                max_length = self.max_length,
                stop_words = stop,
            )
        @property
        def _identifying_params(self) -> Mapping[str, Any]:
            """返回用于识别 LLM 的参数,有助于日志记录和调试。"""
            return {
                "model_path": self.model_path,
```

```
            "temperature": self.temperature,
            "max_length": self.max_length,
        }
# 使用自定义 Gemma LLM
    custom_llm = CustomGemma(model_path = "path/to/gemma/weights", temperature = 0.5, max_
length = 256)                              # 此处需要修改
response = custom_llm.invoke("写一首关于春天的诗")
print(response)
```

输出会是一首关于春天的诗,具体内容取决于 Gemma 模型的生成能力和配置的参数。这个例子中的 CustomGemma 类展现了如何创建一个自定义的大语言模型(LLM),它可以与特定的模型如 Gemma 进行交互。这个类通过重写 _call()方法来实现与 Gemma 模型的交互,其中,generate()函数是假定的 Gemma 模型的生成接口,它根据提供的输入 prompt 和其他参数来生成文本。通过在 _call()方法中调用这个函数,CustomGemma 能够实现生成文本的功能。此外,通过设置 temperature 和 max_length 参数,开发者可以控制生成文本的多样性和长度,从而得到更加符合需求的输出。

重要的是,CustomGemma 类还包含 _identifying_params 属性,它返回一个字典,描述了这个自定义 LLM 的关键配置。这有助于日志记录和调试,因为开发者可以快速识别 LLM 使用的配置参数。

读者需要格外注意,上述代码并不能直接运行成功。如果想运行上述代码,一定要考虑生成函数的不同表示,以及模型权重文件所在的路径。如果读者追求简单,可以使用 Transformer 等基础模型来替代上述模型。

3.2.5　输出解析器

输出解析器在 LangChain 框架中扮演了关键角色,其主要职责是将语言模型生成的原始输出转换成更加结构化、易于处理的格式。LangChain 精心设计了一系列输出解析器,每种解析器针对不同的需求和场景,提供了独特的处理能力。例如,OpenAITools 和 OpenAIFunctions 解析器专门处理 OpenAI 的函数调用输出,而对于标准的数据格式,如 JSON、XML 和 CSV,相应的解析器能够将输出内容转换成对应格式。在输出处理过程中可能遇到的错误,OutputFixing 和 RetryWithError 解析器能够自动触发 LLM 重试或修复操作。此外,Pydantic 和 YAML 解析器允许将输出映射到用户定义的数据模型中,而 Pandas DataFrame、Enum、Datetime 和 Structured 解析器则针对特定领域的解析需求提供了专门的功能。

许多输出解析器支持流式传输功能,这意味着可以边生成边处理语言模型的输出,无须等待整个输出内容全部生成。此外,大多数解析器还提供了详细的格式说明,引导语言模型按照预期格式生成输出。虽然在某些情况下,解析器可能需要重新调用 LLM 以修复或重试输出,但整体上,输出解析器的使用显著提升了语言模型应用的实用性和效率。

根据具体任务的需求,开发者可以灵活选择和搭配不同的输出解析器,最大化语言模型的潜能。输出解析器尤其在我们期望从模型获得结构化信息而非纯文本时显得尤为重要。简而言之,输出解析器是构建和优化语言模型响应的强大工具。

每个输出解析器需实现以下主要方法。

(1)获取格式说明:返回一个字符串的方法,其中包含关于如何格式化语言模型输出的说明。

（2）解析：一种方法，它接收一个字符串（假定是语言模型的响应）并将其解析为某种结构。

还有一个可选项"使用提示解析"，它也是一种方法，它接收一个字符串（假定是语言模型的响应）和一个提示（假定是生成此类响应的提示），并将其解析为某种结构。主要在OutputParser 想要以某种方式重试或修复输出并需要来自提示的信息以执行此操作的情况下提供提示。

【例 3-7】 输出解析器类型 PydanticOutputParser（参考代码 3.7. py，3.7.1. py）。

```python
from langchain_community.llms import Ollama as OllamaLLM
from langchain.output_parsers import PydanticOutputParser
from langchain.prompts import PromptTemplate
from langchain_core.pydantic_v1 import BaseModel, Field, validator
import json
model = OllamaLLM(model = "gemma:2b")
class Joke(BaseModel):
    setup: str = Field(description = "笑话的问题部分")
    punchline: str = Field(description = "笑话的答案部分")
    @validator("setup")
    def question_ends_with_question_mark(cls, field):
        if field[ - 1] != "?":
            raise ValueError("问题格式错误,必须以问号结尾!")
        return field
parser = PydanticOutputParser(pydantic_object = Joke)
prompt = PromptTemplate(
    template = "请创作一个笑话,并严格按照以下 JSON 格式返回:\n{format_instructions}\n\n
只需给出 setup 和 punchline 的具体内容,不要有额外的解释或说明。",
    input_variables = ["query"],
    partial_variables = {"format_instructions": parser.get_format_instructions()},
)
prompt_and_model = prompt | model
output = prompt_and_model.invoke(input = {"query": ""})
# 检查输出是否为有效的 JSON 格式
try:
    json_output = json.loads(output)
except (json.JSONDecodeError, TypeError):
    print("模型生成的输出无法解析为有效的 JSON 格式:")
    print(output)
else:
    parser.invoke(json_output)
```

上述代码首先初始化了一个名为 OllamaLLM 的大语言模型实例，指定使用模型gemma:2b。然后，定义了一个名为 Joke 的 Pydantic 模型，用来描述一个笑话，其中包含笑话的设置部分（setup）和笑话的解答部分（punchline）。通过 validator 确保每个笑话的设置部分都以问号结束。接着，使用 PydanticOutputParser 创建一个输出解析器，它能将模型的输出转换成 Joke 模型的实例。通过 PromptTemplate 构造了一个提示模板，这个模板要求模型生成的笑话严格遵循一定的 JSON 格式，其中包含如何格式化输出的具体指导，这些指导是通过 parser. get_format_instructions()获取的。然后，将提示模板和模型链接起来，并使用空查询调用这个组合，尝试生成一个符合要求的笑话。最后，尝试将模型的输出解析为

JSON 格式,如果成功,进一步使用 PydanticOutputParser 解析器解析这个 JSON 输出,否则打印出错信息。

在某些情况下,读者可能希望实现自定义解析器来将模型输出构造为自定义格式。有两种方法可以实现自定义解析器:第一种是在 LCEL 中使用 RunnableLambda 或 RunnableGenerator(建议大多数用例使用此方法);第二种是通过继承输出解析的基类之一,这是困难的方式。这两种方法之间的区别主要是表面的,主要体现在触发哪些回调(例如,on_chain_start 与 on_parser_start)以及在 LangSmith 等跟踪平台中可视化 runnable lambda 与解析器的方式。

3.3　文档检索

许多大语言模型(LLM)应用程序需要特定于用户的数据,而这些数据并不是模型训练集的一部分。实现这一点的主要方法是通过检索增强生成(RAG)。在这个过程中,外部数据被检索,然后再生成步骤传递给 LLM。

3.3.1　关键模块

LangChain 提供了 RAG 应用程序的所有构建块——从简单到复杂。文档的这一部分涵盖了与检索步骤相关的所有内容,如数据的获取。尽管这听起来很简单,但实际上可能有些复杂。如图 3-2 所示,这包括以下几个关键模块。

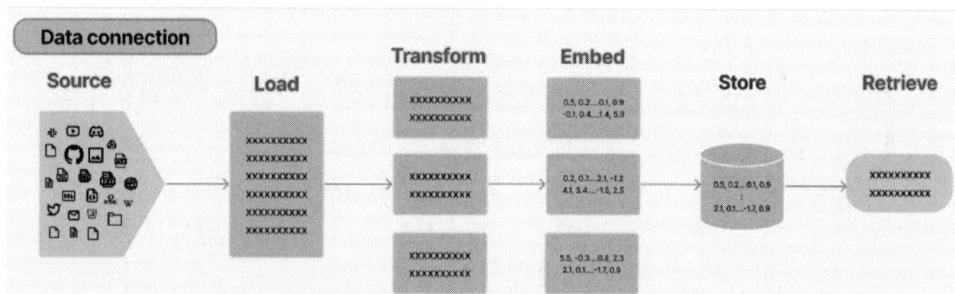

图 3-2　Retrieval 环节的关键模块

(1)文档加载器。文档加载器从许多不同的来源加载文档。LangChain 提供了 100 多种不同的文档加载器,以及与该领域的其他主要提供商(如 AirByte 和 Unstructured)的集成。LangChain 提供了集成,可以从所有类型的位置(私有 S3 存储桶、公共网站)加载所有类型的文档(HTML、PDF、代码)。

(2)文本分割器。检索的一个关键部分是仅获取文档的相关部分。这涉及几个转换步骤,以准备用于检索的文档。这里的主要步骤之一是将大型文档拆分(或分块)为较小的块。LangChain 提供了几种用于执行此操作的转换算法,以及针对特定文档类型(代码、markdown 等)优化的逻辑。

(3)文本嵌入模型。检索的另一个关键部分是为文档创建嵌入。嵌入捕获文本的语义含义,使能够快速有效地查找语义相似的其他文本片段。LangChain 提供了与 25 种不同嵌入提供商和方法的集成,从开源到专有 API,可以选择最适合需求的嵌入模型。LangChain

提供标准接口,允许在模型之间轻松切换。

（4）向量存储。随着嵌入的兴起,出现了对支持高效存储和搜索这些嵌入数据库的需求。LangChain 提供了与 50 多个不同向量存储的集成,从开源的本地存储到云托管的专有存储,可以选择最适合需求的存储。LangChain 公开了一个标准接口,允许在向量存储之间轻松切换。

（5）检索器。数据进入数据库后,仍然需要检索它。LangChain 支持许多不同的检索算法,这是我们添加最多价值的地方之一。LangChain 支持易于上手的基本方法,即简单的语义搜索。但是,我们还在此基础上添加了一系列算法来提高性能,包括:

① 父文档检索器。允许为每个父文档创建多个嵌入,从而可以查找较小的块但返回较大的上下文。

② 自查询检索器。用户问题通常包含对某些内容的引用,这些内容不仅是语义的,而且表达了一些最好表示为元数据过滤器的逻辑。自查询允许从查询中存在的其他元数据过滤器中解析查询的语义部分。

③ 集成检索器。有时可能希望使用多个不同的源或使用多个不同的算法检索文档。

（6）索引。LangChain 索引 API 将数据从任何来源同步到向量存储中,从而可以避免将重复的内容写入向量存储,避免重写未更改的内容,避免在未更改的内容上重新计算嵌入。

下面详细介绍各关键模块。

3.3.2　文档加载器

文档加载器是数据处理和分析流程中的关键组件,主要职责是从各种数据源中提取文本数据及其相关元数据,并将这些数据转换为结构化的文档格式。文档通常包含一段文本和与之关联的元数据,如作者、发布日期或任何其他相关信息。这样的机制允许复杂的数据处理和分析工作在一个统一和标准化的数据结构上进行,提高了后续处理的效率和可靠性。

文档加载器支持多种类型的数据源,包括但不限于简单的文本文件（.txt）、网络页面的文本内容,以及 YouTube 视频的字幕等。这种多样性使得文档加载器能够适应各种数据获取需求,无论数据存储在哪里或以何种格式存在。

加载器的核心功能之一是 load 方法,它能够从指定的数据源中读取数据,并将其转换成一系列文档对象。此外,许多文档加载器还支持懒加载（lazy load）机制,这意味着数据只有在实际需要时才被加载到内存中,从而优化了内存使用和提高了处理速度,特别是在处理大规模数据集时。

以下是一个具体示例,展示了如何使用 CSV 格式的文档加载器。

```
from langchain_community.document_loaders import CSVLoader
# 实例化 CSVLoader,指定数据文件路径
loader = CSVLoader('example_data.csv')
# 使用 load()方法加载数据,转换为文档对象集合
documents = loader.load()
# 此时,'documents'包含从 example_data.csv 文件中加载的数据
# 每一行数据被转换成一个独立的文档对象,便于后续处理和分析
```

上述过程不仅简化了从 CSV 文件中读取数据的步骤,而且将数据以文档对象的形式组织起来,使得每个数据项都拥有一致的接口和结构。通过这种方式,开发者可以轻松实施更

复杂的数据处理策略,如文本分析、信息提取和数据挖掘等,无论数据的原始格式如何,文档加载器都为数据的进一步处理提供了一个清晰、灵活的起点。

3.3.3　文本分割器

在加载文档到自己的应用程序之后,通常需要对其进行某种形式的转换以更好地适应应用程序的需求。一个典型的场景是将较长的文档分割成更小的块,以适应模型的上下文窗口限制。LangChain 提供了多种内置的文档转换工具,使得对文档进行分割、合并、过滤和操作变得简单而直接。这些工具的存在极大地简化了文档预处理的过程,为后续的文本处理和分析提供了便利。

处理长文本时,将文本切割成小块是一个必要的步骤,尽管这听起来简单,但实际上包含不少潜在的复杂性。理想的分割策略是将语义相关的文本片段保持在一起,而"语义相关"的含义则可能根据文本的具体类型而变化。文本分割器的基本工作原理是首先将文本拆分成小的、语义上有意义的单元(如句子),然后将这些小单元组合成更大的块,直到达到预定的大小,同时在新的文本块创建时引入一些重叠,以维持块之间的语义连贯性。

LangChain 通过提供多种类型的文本分割器来支持文本的自定义分割策略,允许用户根据具体需求调整如何分割文本以及如何测量块的大小。所有这些分割器都可以在 langchain-text-splitters 包中找到,提供了多种选择以适应不同的应用场景。通过这些工具,LangChain 旨在简化文本处理流程,帮助开发者更高效地构建和优化他们的语言模型应用,如表 3-1 所示。可以使用 Greg Kamradt 创建的 Chunkviz 实用程序来评估文本分割器。Chunkviz 是一个很好的工具,用于可视化文本分割器的工作方式。它能够展示文本是如何被分割的,并帮助调整分割参数。

表 3-1　分割器的特征

名　　　称	分 割 依 据	添加元数据	描　　　述
Recursive	用户定义的字符列表		递归地分割文本。递归分割文本的目的是试图将相关的文本片段保持在一起。这是开始分割文本的推荐方法
HTML	HTML 特定字符	是	根据 HTML 特定字符分割文本。值得注意的是,这会添加关于该块来自何处的相关信息(基于 HTML)
Markdown	Markdown 特定字符	是	根据 Markdown 特定字符分割文本。值得注意的是,这会添加关于该块来自何处的相关信息(基于 Markdown)
Code	代码(Python、JS)特定字符		根据编码语言特定的字符分割文本。可以选择 15 种不同的语言
Token	Tokens		根据 tokens 分割文本。有几种不同的方法来测量 tokens
Character	用户定义的字符		根据用户定义的字符分割文本。这是较简单的方法之一

3.3.4　文本嵌入模型

Embeddings 类是一个与文本嵌入模型交互的工具类,旨在为多个嵌入模型提供商(如

OpenAI、Cohere、Hugging Face 等)提供一个统一的接口。利用这个类,可以为文本生成向量表示,这一点非常有用,因为它使人们能够在向量空间中处理文本,进行如语义搜索等操作,从而在向量空间中找到最相似的文本片段。

在 LangChain 中,基础的 Embeddings 类提供了两种方法:一种是 embed_documents,用于处理多个文本输入;另一种是 embed_query,专门用于处理单个文本输入。这样设计是因为一些嵌入模型提供商对于文档(即搜索对象)和查询(即搜索词)使用了不同的嵌入策略。以下是使用 Gemma 模型进行嵌入创建的示例代码。

```
from langchain_community.embeddings import OllamaEmbeddings
embeddings_model = OllamaEmbeddings(model = "gemma:2b")
```

然后,可以调用 embed_documents()方法为一系列文本创建嵌入,这将返回一个包含对应每个输入文本的嵌入向量的列表。

如图 3-3 所示,一个典型的工作流程包括加载源数据(Load Source Data)、检索向量存储(Query Vector Store)以及获取最相似的结果(Retrieve 'most similar')。接下来,通过安装必要的包、加载文档、创建嵌入并将其存储到 Chroma 向量存储中的示例,我们展示了如何实现这一流程。首先是安装向量数据库,向量存储负责嵌入向量的存储和搜索,是处理嵌入数据及其向量搜索的关键组件。

```
pip install chromadb        ♯ 安装向量数据库
```

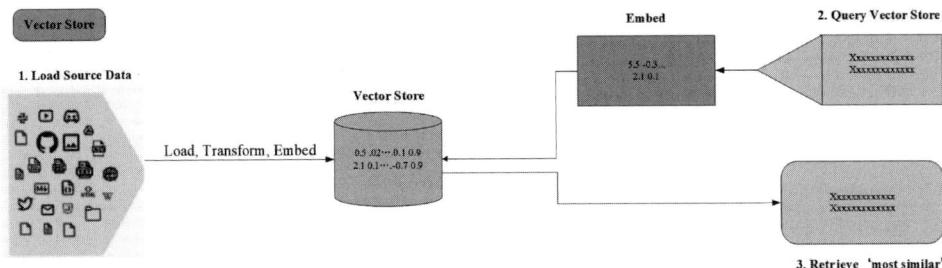

图 3-3 向量存储检索的典型工作流程

加载文档后,通过文本分割、创建嵌入并加载到向量存储的过程,构建了一个填充了嵌入向量的 Chroma 实例。通过 similarity_search 方法,可以根据文本查询检索最相似的文档,或者使用 similarity_search_by_vector 方法通过嵌入向量而非文本查询来检索相似文档,这在已预先计算了查询嵌入向量的情况下非常有用。这些功能展示了 LangChain 在构建灵活、高效的聊天模型应用中的强大能力,为开发者提供了丰富的工具和框架,以实现复杂的语言处理任务。

【例 3-8】 构建一个能够响应查询并找出最相关文档的系统(代码:new3.5textembeded)。

```
from langchain_community.embeddings import OllamaEmbeddings
♯ 初始化嵌入模型
embeddings_model = OllamaEmbeddings(model = "gemma:2b")
♯ 需要被嵌入的文本列表
texts = [
    "你好!",
    "哦,你好!",
    "你叫什么名字?",
```

```
    "我的朋友都叫我小明",
    "你好小明!"
]
#为文本列表创建嵌入
embeddings = embeddings_model.embed_documents(texts)
from langchain_community.vectorstores import Chroma
from langchain_community.document_loaders import TextLoader
from langchain_text_splitters import CharacterTextSplitter
#假设有一些原始文档需要加载和分割
raw_documents = TextLoader(doc.txt').load()
text_splitter = CharacterTextSplitter(chunk_size = 1000, chunk_overlap = 0)
documents = text_splitter.split_documents(raw_documents)
#创建并填充 Chroma 向量存储
db = Chroma.from_documents(documents, embeddings_model)
#用户查询文本
query = "小明喜欢什么运动?"
#使用 Chroma 向量存储检索最相似的文档
docs = db.similarity_search(query)
#打印最相似文档的内容
print(docs[0].page_content)
```

3.3.5　检索器

　　检索器是一个接口,给定非结构化查询,返回文档。它比向量存储更通用。检索器不需要能够存储文档,只需要能够返回(或检索)文档。向量存储可以用作检索器的主干,但还有其他类型的检索器。检索器接收字符串查询作为输入,并返回文档列表作为输出。LangChain 提供了几种高级检索类型,如表 3-2 所示。这个表总结了 LangChain 提供的各种高级检索类型,包括它们的索引要求、是否使用 LLM、适用场景以及工作原理。

表 3-2　检索类型列表

名　　称	索 引 类 型	使用 LLM	何 时 使 用	描　　述
Vectorstore	Vectorstore	否	当有大量文本数据需要快速、高效检索,且对语义理解要求不是特别高时	将文本转换为向量表示,通过计算向量相似度来检索相关文档。适合处理大规模数据,检索速度快,但可能忽略上下文语义
ParentDocument	Vectorstore＋Documentstore	否	当文档结构复杂,包含多个小的信息片段,但需要保持整体上下文时	将文档分割成小块进行索引,但在检索时返回完整的父文档。这种方法平衡了精确检索和保持上下文的需求
Multi Vector	Vectorstore＋Documentstore	有时在索引期间使用	当单一向量表示不足以捕捉文档的全部重要特征时	为每个文档创建多个向量表示,可能包括文本摘要、假设问题等。这种方法提高了检索的多样性和准确性,但增加了索引复杂度

名 称	索引类型	使用 LLM	何时使用	描 述
Self Query	Vectorstore	是	当用户查询需要复杂的解释和转换,或者检索需要考虑元数据时	使用 LLM 将用户输入转换为语义查询和元数据过滤器。这种方法能更好地理解用户意图,提高检索精度
Contextual Compression	任何	有时	当检索结果包含大量冗余或不相关信息时	在检索后进行额外的处理,从检索到的文档中提取最相关的信息。这种方法可以大大提高返回信息的质量和相关性
Time-Weighted Vectorstore	Vectorstore	否	当文档的时效性很重要,需要考虑内容的新近程度时	结合语义相似性和时间因素进行检索。这种方法适合新闻、社交媒体等时效性强的内容检索
Multi-Query Retriever	任何	是	当面对复杂、多方面的查询,单一查询可能无法全面捕捉用户意图时	使用 LLM 从原始查询生成多个相关查询,然后综合这些查询的结果。这种方法可以提高检索的全面性和深度
Ensemble	任何	否	当单一检索方法无法满足复杂需求,需要结合多种方法的优势时	组合多个检索器的结果。这种方法可以平衡不同检索策略的优缺点,提高整体检索性能
Long-Context Reorder	任何	否	当使用能处理长文本的大语言模型,需要优化输入顺序以提高模型性能时	重新排序检索到的文档,使最相关的内容位于开头和结尾。这种方法利用了大语言模型对文本开头和结尾部分的特殊关注,以提高处理效果

3.3.6 索引

在 LangChain 中,索引 API 提供了一种强大的机制,允许开发者从任何来源加载文档并与向量存储同步。这一过程旨在优化存储管理,避免重复内容的写入、未更改内容的重写以及对未更改内容的嵌入重算,从而节省时间和成本,同时提升向量搜索的效果。索引 API 的设计考虑了文档在经历多个转换步骤(如文本分割)后,仍能保持与原始源文档的一致性,确保数据的准确性和可靠性。

LangChain 索引工作原理基于记录管理器(RecordManager),该管理器负责追踪文档被写入向量存储的情况。在索引过程中,每个文档都会被计算出一个哈希值,并将文档哈希、写入时间和源 ID 等信息存储在记录管理器中。这些信息有助于在以后的索引操作中判断文档是否已更改或已被删除,从而实现内容的有效管理。如表 3-3 所示,索引 API 支持不同的删除模式,如无清理(None)、增量(Incremental)和完整(Full),以适应不同的应用场景和需求,提供灵活的数据管理策略。

表 3-3　索引 API 删除模式

清理模式	去重内容	可并行化	清理已删除的源文档	清理源文档和/或派生文档的变体	清理时间
None	✔	✔	✘	✘	—
Incremental	✔	✔	✘	✔	连续
Full	✔	✘	✔	✔	索引结束时

　　为了展示 LangChain 索引 API 的基本工作流程,以下是使用本地 Gemma 模型进行索引操作的示例。首先,初始化向量存储和嵌入模型,然后配置记录管理器,并选定合适的删除模式进行文档索引。这个过程涉及加载原始文档、将文档分割成块、为每个块创建嵌入并加载到 Chroma 向量存储中。通过选择合适的删除模式,可以有效地管理存储内容,避免旧版本的冗余,确保向量存储中的数据既准确又高效。如下示例强调了 LangChain 在处理索引任务时的灵活性和效率,使得构建基于文本嵌入的应用变得更加简单和直观。

　　【例 3-9】　LangChain 索引 API 的基本工作流程(参考代码 new3.6index)。

```
from langchain.indexes import SQLRecordManager, index
from langchain_core.documents import Document
from langchain_community.vectorstores import Chroma
from langchain_community.embeddings import OllamaEmbeddings
# 初始化向量存储和嵌入模型
collection_name = "test_index"
embedding = OllamaEmbeddings(model_path = "path/to/gemma/model")    # 依据自己的实际设置
vectorstore = Chroma(collection_name = collection_name, embedding_function = embedding)
# 初始化记录管理器
namespace = f"chroma/{collection_name}"
record_manager = SQLRecordManager(namespace, db_url = "sqlite:///record_manager_cache.sql")
record_manager.create_schema()
# 示例文档
doc1 = Document(page_content = "小明喜欢踢足球", metadata = {"source": "xiaoming.txt"})
doc2 = Document(page_content = "小红喜欢打篮球", metadata = {"source": "xiaohong.txt"})
# 使用不同的删除模式将文档索引到向量存储
index([doc1, doc2], record_manager, vectorstore, cleanup = "incremental", source_id_key = "source")
```

　　通过上述步骤,读者不仅可以优化向量存储的内容管理,还能根据实际需要灵活选择删除模式,确保数据的新鲜度和搜索结果的相关性。这一流程示例突出了 LangChain 在索引管理方面的强大功能和灵活性,为开发基于向量搜索的应用提供了坚实的基础。

　　索引 API 提供了一种智能的方式来同步源数据与向量存储。通过跟踪文档的变化并自动处理重复、更新和删除操作,索引 API 确保了向量存储始终保持最新和相关,从而提高了检索质量和效率。

　　在实践中,读者可以根据具体的任务需求,灵活选择和组合不同的检索组件。例如,可以使用 Gemma 等开源模型来创建高质量的嵌入向量;使用 Chroma、FAISS 等高性能的向量存储来支持海量数据的实时检索;使用自查询检索器、上下文压缩检索器等高级检索算法来处理复杂的用户查询。

3.4　代　　理

代理(Agents)的核心概念围绕着利用语言模型作为决策引擎,以动态地选择和排序一系列的行动。与在链(Chains)结构中行动序列被预设在代码里不同,代理使用语言模型的推理能力来判断执行哪些具体的行动,以及这些行动的执行顺序。在设计代理的过程中,几个重要的概念需要被充分理解:代理(Agents)本身,它们是执行行动的实体;代理执行器(AgentExecutor),负责实施代理决定的行动;工具(Tools),代理可利用的操作或功能单元;以及工具包(Toolkits),一组工具的集合,为代理执行任务提供支持。这些元素共同构成了代理的基础架构,使得代理能够在复杂环境中做出智能决策并执行任务。

3.4.1　核心思想

在 LangChain 中,代理(Agents)与链(Chains)的概念相辅相成,但有一个根本的区别:在链中,动作的序列是在代码中硬编码的,而在代理中,语言模型则充当推理引擎,用来决定哪些动作应当被采取以及它们的执行顺序。这种设计使得代理能够根据上下文和先前的动作结果动态地做出决策,从而提供更加灵活和智能的行为。

代理的实现涉及以下核心组件。

(1) AgentAction:这是一个数据类,用于表示代理应该执行的动作。它包括一个指定应调用的工具名称的 tool 属性,以及一个为该工具提供输入数据的 tool_input 属性。

(2) AgentFinish:表示代理的终态,当代理准备好向用户返回结果时使用。它通常包含一个包含代理最终输出的 return_values 键值对映射,这里面通常会有一个名为 output 的键,其值是代理向用户返回的响应字符串。

(3) 中间步骤(Intermediate Steps):这些代表了代理先前执行的动作和在本次代理运行中得到的相应输出。为了确保代理了解它已经完成了哪些工作,将这些信息传递给未来的迭代是非常重要的。这些步骤的类型是 List[Tuple[AgentAction, Any]],其中,observation 目前保留为 Any 类型,以便提供最大的灵活性。在实践中,这通常是一个字符串。

Agent 类负责决定下一个动作,通常依赖于语言模型、提示模板和输出解析器。根据不同的应用场景,代理可能需要不同的推理提示风格、不同的输入编码方式和不同的输出解析策略。LangChain 允许轻松构建自定义代理,以及利用内置代理类型进行扩展。

代理的输入是一个键值对映射,其中只有一个键是必需的:intermediate_steps,它对应于前述的中间步骤。通常,PromptTemplate 会负责将这些键值对转换成适合传递给 LLM 的格式。代理的输出则下一个要执行的动作,或者是最终发送给用户的响应(AgentActions 或 AgentFinish)。

AgentExecutor 是代理的运行时环境,负责实际调用代理,执行它选择的动作,将动作的输出反馈给代理并进行下一轮迭代。虽然这个过程在表面上看起来简单,但 AgentExecutor 为开发者处理了诸多复杂问题,如处理不存在的工具、工具执行错误、输出无法解析为工具调用等情况,同时在所有级别(包括代理决策和工具调用)提供日志记录和可观测性。

　　图 3-4 给出了一个一般的代理的执行过程。在观察（Observation）阶段，代理通过输入接口接收外部的触发，例如，用户的提问或系统的请求，随后对这些输入进行解析，提取出关键信息，作为后续处理的基础。紧接着，代理进入思考（Thought）阶段，它利用预设的规则、知识库或机器学习模型来分析所观察到的信息，旨在确定如何响应观察到的情况。这个过程可能包括理解用户意图、推断所需工具以及提取运行工具所需的参数等子步骤。最后，在行动（Action）阶段，代理基于思考阶段的结果执行具体行动，这可能涉及填充参数、执行工具、生成响应以及将响应输出给用户或系统等子步骤。整个流程在 LangChain 框架下得到了高效的实现，允许代理以高度智能化的方式处理和响应各种情况。

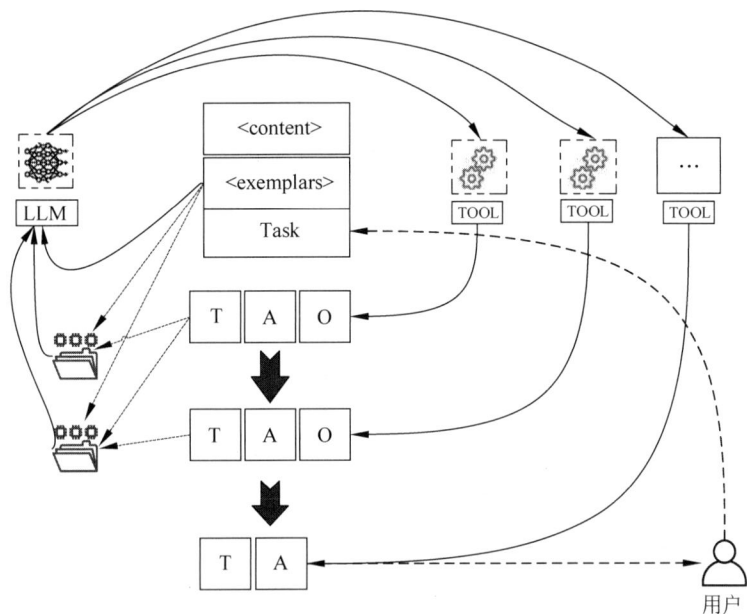

图 3-4　代理的执行过程

以下是一个使用 Agent 和 AgentExecutor 的代码示例，以展示如何实现和运行代理。

```
# 初始化代理和 AgentExecutor
agent = Agent( … )                                    # 假设 Agent 已经被正确初始化
agent_executor = AgentExecutor(agent = agent, tools = [ … ]) # 传入代理和工具列表
# 执行代理，获取动作或最终结果
result = agent_executor.execute(input_data)
# 根据结果进行处理
if isinstance(result, AgentAction):
        # 执行动作
        …
elif isinstance(result, AgentFinish):
        # 处理最终结果
        …
```

　　通过动态决策和执行，代理提供了一种更加灵活和智能的方式来处理复杂的交互流程。它允许应用根据上下文和先前的交互来动态调整行为，使得构建复杂的对话系统和交互式应用变得可能。代理的这种能力，特别是在与用户的实时互动、自动化工作流程处理和智能决策支持等场景中，显得尤为重要。

为了进一步优化代理的实现和运行效率,LangChain 提供了一系列工具和策略来管理和优化代理的决策过程。这包括对代理行为的详细日志记录,以及可观察性的提高,使开发者能够更容易地追踪和调试代理的行为。此外,AgentExecutor 的设计考虑到了错误处理和异常管理,确保了在执行代理决策和工具调用过程中的稳定性和可靠性。

在实践中,构建一个高效的代理需要对目标应用的具体需求有深入的理解,包括用户的交互方式、所需的自动化程度,以及如何最有效地利用可用的工具和资源。开发者可以根据这些需求,利用 LangChain 提供的代理框架和 API,设计出能够智能响应用户输入、自动执行任务并提供有用反馈的代理。通过迭代开发和测试,不断调整代理的推理逻辑和动作序列,可以逐步提高代理的性能,使其更好地服务于应用和用户。

3.4.2 代理类型

根据 LangChain 提供的分类,代理可以基于它们对预期模型类型、是否支持聊天历史、是否支持多输入工具、是否支持并行函数调用等特征进行选择。例如,OpenAI Tools 代理支持聊天模型,并能处理聊天历史、多输入工具及并行函数调用,适合使用最新 OpenAI 模型的场景。而 XML 代理则适用于语言模型,特别是擅长处理 XML 格式的 Anthropic 模型。不同代理的选择依赖于具体的应用需求、模型能力及任务复杂度等多个因素。

在选择代理类型时,应综合考虑模型能力、任务复杂性、效率要求、可用工具和定制需求等。例如,对于需要聊天历史支持的复杂多轮交互任务,选择如 OpenAI Tools 这样的代理会更加合适。而对于效率极其重要的场景,可以考虑使用支持并行函数调用的代理以加快处理速度。另外,根据任务需求选择支持特定格式输出(如 XML 或 JSON)的代理,或者根据可用工具选择支持多输入的代理也是重要的考虑因素。通过充分了解各类代理的特性和适用场景,开发者可以做出明智的选择,以期代理能在实际应用中发挥最大的价值。

例如,在构建一个客服聊天机器人时,我们的目标是实现一个能够理解用户查询并提供有用反馈的系统。在这种场景下,代理需要支持聊天历史,以便理解上下文和之前的对话内容。OpenAI Tools 代理就非常适合这种应用,因为它不仅支持聊天历史,还能处理多输入工具和并行函数调用,从而提高处理效率。使用最新的 OpenAI 模型,可以让聊天机器人理解复杂的用户查询,并利用外部工具(如数据库查询)来提供准确的答案。

再如,对于一个内容生成工具,如自动撰写新闻稿或撰写代码注释,可能会倾向于使用擅长特定格式的代理。例如,如果我们的内容生成工具需要生成结构化的 XML 格式数据,那么 XML 代理就非常合适。这是因为 Anthropic 模型等擅长处理 XML 格式的模型可以直接以 XML 格式理解和生成内容,从而提高生成内容的准确性和效率。

而对于数据分析和报告的场景,可能需要代理来帮助整理和总结数据,然后生成报告。在这种情况下,Structured Chat 代理可能是一个好选择,因为它支持具有多个输入的工具,允许代理同时调用数据查询和数据处理工具,然后将结果整合成易于理解的报告。此外,支持并行函数调用的特性也能加快数据处理和报告生成的速度。

3.4.3 工具

在 LangChain 框架中,工具(Tools)是构建智能代理(Agents)不可或缺的一部分,它们为代理提供了与外部世界交互的能力。工具的设计理念是提供一个清晰定义的接口,使代理能够执行特定的操作或访问特定的服务。每个工具通常包括以下几个关键要素。

（1）工具名称：为工具指定一个唯一的标识符，方便在代理中引用。

（2）工具描述：简要说明工具的功能和用途，帮助理解工具的作用。

（3）工具输入的 JSON 模式：定义工具期望的输入格式，使得输入的参数符合预期结构。

（4）调用的函数：指定当工具被触发时，应该执行的函数或操作。

（5）结果处理方式：指明工具的执行结果是否应直接返回给用户。

这些要素共同构成了一个工具的基本框架，使得在代理决策过程中可以精确地指定并执行动作。简单的工具输入有助于大语言模型（LLM）更高效地使用工具，而名称、描述和 JSON 模式的清晰定义则确保了语言模型能够准确理解和调用工具。

下面以基于本地大模型 Llama2 的自定义工具为例，构建一个工具来查询 Llama2 模型并获取相关信息。假设目标是创建一个工具，它能够根据用户的查询，使用 Llama2 模型生成相关的文本信息。这个工具可以用于多种场景，如自动回答用户的问题、生成相关内容等。我们之所以切换了本地大模型，是希望读者了解这些是可以自由切换的。

【例 3-10】　工具的使用（代码参见 3.8llama2.py）。

```python
from langchain.tools import BaseTool
from pydantic import BaseModel, Field
from langchain_community.llms import Ollama as OllamaLLM
class Llama2QAInput(BaseModel):
    query: str = Field(description = "向 LLAMA2 模型提问的问题字符串。")
    class Config:
        json_schema_extra = {
            "example": {
                "query": "LangChain 是什么?"
            }
        }
class Llama2QATool(BaseTool):
    name = "llama2_qa"
    description = "一个使用 LLAMA2 模型回答问题的工具。输入应该是一个问题字符串。"
    llm: OllamaLLM = Field(..., description = "用于回答问题的 LLAMA2 模型实例。")
    def _run(self, query: str) -> str:
        return self.llm(query)
    async def _arun(self, query: str) -> str:
        return self.llm(query)
    def run(self, tool_input: Llama2QAInput) -> str:
        query = tool_input.query
        return self._run(query)
llm = OllamaLLM(model = "llama2")
tool = Llama2QATool(llm = llm)
input_data = Llama2QAInput(query = "什么是 Python?")
result = tool.run(input_data)
print(result)
```

在这个案例中，程序中定义了一个名为"llama2_qa"的工具，作为工具的唯一标识符。程序中为工具提供了一个简要的描述："一个使用 LLAMA2 模型回答问题的工具。输入应该是一个问题字符串。"，这有助于理解工具的功能和用途。程序定义了一个名为 Llama2QAInput 的 Pydantic 模型类，用于指定工具期望的输入格式。该模型包含一个名为

query 的字符串字段,表示向 LLAMA2 模型提问的问题。程序中的 Llama2QATool 类定义了_run()和_arun()方法,分别用于同步和异步调用 LLAMA2 模型来生成回答。run()方法则负责将 Llama2QAInput 实例转换为_run()方法所需的参数。程序中的工具直接返回 LLAMA2 模型生成的答案字符串,无须额外的后处理。

通过这种方式,可以轻松地将复杂的模型调用封装为 LangChain 中的工具,进而在代理中使用这些工具来构建更加智能和灵活的应用。这个案例展示了如何基于本地大模型 Llama2 创建和使用自定义工具,使得开发者能够充分利用现有的模型资源,为用户提供高质量的智能服务。

工具的概念在 LangChain 中有广泛的应用场景,不仅限于内置工具的使用。开发者可以根据实际需要定义自定义工具,扩展代理的能力。此外,工具包(Toolkits)提供了一组协同工作的工具集合,为解决特定问题提供了方便的解决方案。将工具与 OpenAI 函数结合,可以进一步增强工具的通用性和灵活性,实现从简单的查询到复杂的数据处理等多种功能。工具在 LangChain 中扮演着桥接代理与外部世界的角色,通过精心设计和应用工具,可以显著提升代理的智能化水平和实用性。

3.4.4　案例分析

本案例分析中,将探索如何构建一个智能代理,该代理整合了两种不同的工具来提供信息检索功能:一种是基于 Gemma 大模型的本地检索器,另一种是在线搜索工具。我们的目标是使代理能够根据用户的查询,在本地索引和在线资源中查找相关信息。

(1)本地检索器。首先,需要建立一个本地检索器,它将基于 Gemma 大模型创建索引并执行检索操作。下面将从一些源数据开始,如自己的数据库或文档集合。接着,将使用 Gemma 模型来嵌入这些文档,并使用 FAISS(一种高效的相似性搜索库)来建立向量索引,以便可以快速检索与查询最相关的文档。

```python
# 引入必要的库
from langchain.llms import Ollama as OllamaLLM
from langchain.document_loaders import TextLoader
from langchain.vectorstores import FAISS
from langchain.text_splitters import RecursiveCharacterTextSplitter
# 初始化 Gemma 模型和 FAISS 向量存储
gemma_model = OllamaLLM(model = "gemma:2b")
faiss_vector_store = FAISS()
# 加载并嵌入文档
loader = TextLoader("path/to/your/data")
docs = loader.load()
splitter = RecursiveCharacterTextSplitter(chunk_size = 1000, chunk_overlap = 200)
split_docs = splitter.split_documents(docs)
vectors = gemma_model.embed_documents([doc.page_content for doc in split_docs])
# 将嵌入向量存储到 FAISS 中
faiss_vector_store.add_documents(vectors)
```

(2)在线搜索工具。对于在线搜索工具,可以利用已有的搜索引擎 API。假设有一个 API 密钥用于访问这项服务,可以定义一个简单的工具来发送查询并接收结果。

```python
# 假设已有在线搜索工具 API 封装
from your_search_tool_api_wrapper import OnlineSearchAPIWrapper
```

```
online_search_tool = OnlineSearchAPIWrapper(api_key = "your_api_key")
```

（3）创建代理。现在已经定义了两个工具：本地检索器和在线搜索工具，接下来需要创建一个智能代理来决定如何使用这些工具。

```
＃使用 Gemma 模型和定义的工具创建代理
from langchain.agents import BasicAgent
＃定义代理决策逻辑
def agent_decision(input_text):
    if "本地" in input_text:
            ＃如果查询包含"本地"，则使用本地检索器
            return faiss_vector_store.search(input_text.replace("本地", ""))
    else:
            ＃否则，默认使用在线搜索工具
            return online_search_tool.search(input_text)
＃创建代理实例
agent = BasicAgent(decision_logic = agent_decision)
```

（4）运行代理并分析结果。通过定义的代理，可以对不同的查询进行处理，并根据查询的内容决定是调用本地检索器还是在线搜索工具。

```
＃示例查询
queries = ["本地如何上传数据集", "San Francisco 的天气如何"]
for query in queries:
    result = agent.invoke({"input": query})
    print(f查询: {query}\n 结果: {result}\n")
```

这个案例展示了如何通过整合不同的工具和智能决策逻辑来构建一个功能强大的智能代理。代理根据输入的查询内容，自动选择最合适的工具进行信息检索，无论是从本地数据源中查找还是通过在线搜索。这种方法不仅提高了信息检索的灵活性和准确性，也展示了如何利用 LangChain 框架和大模型技术来构建复杂的智能系统。

3.5　链

在 LangChain 框架中，链（Chains）扮演着至关重要的角色，它们是将不同功能模块串联起来，以实现复杂工作流程的基石。通过 LCEL（LangChain 表达式语言），开发者可以灵活构建出满足特定需求的链，从而在智能应用中实现高效的数据处理和决策支持。

（1）问答链（QA Chain）。假设需要构建一个问答系统，该系统能够从大量文档中检索到与用户问题最相关的信息，并基于这些信息提供答案。可以使用以下步骤构建一个问答链。

```
from langchain.chains import create_retrieval_chain
from langchain.llms import Ollama as OllamaLLM
from langchain.vectorstores import FAISS
＃初始化检索器和语言模型
retriever = FAISS.load_local("path/to/faiss_index")
llm = OllamaLLM(model = "gemma:2b")
＃构建问答链
qa_chain = create_retrieval_chain(retriever, llm)
＃执行问答链
query = "如何提高编程能力?"
```

```
result = qa_chain.invoke(query)
print(result)
```

（2）对话式文档问答链（Conversational Retrieval Chain）。在一些场景中，我们希望系统能够理解并记忆与用户的对话历史，以便在提供答案时考虑上下文信息。这就需要构建一个对话式的文档问答链：

```
from langchain.chains import ConversationalRetrievalChain
from langchain.llms import Ollama as OllamaLLM
from langchain.vectorstores import FAISS
#初始化检索器和语言模型
retriever = FAISS.load_local("path/to/faiss_index")
llm = OllamaLLM(model = "gemma:2b")
#构建对话式问答链
conv_qa_chain = ConversationalRetrievalChain(retriever = retriever, llm = llm)
#模拟对话
chat_history = []
while True:
    query = input("用户: ")
    result = conv_qa_chain.invoke({"question": query, "chat_history": chat_history})
    chat_history.append((query, result["answer"]))
    print(f"助手: {result['answer']}")
```

（3）多功能智能助手链。LangChain 的灵活性允许我们构建更为复杂的链，如一个集成了信息检索、数据分析、实时计算等多种功能的智能助手链。

```
from langchain.chains import MultiFunctionChain
from langchain.llms import Ollama as OllamaLLM
from langchain.vectorstores import FAISS
from langchain.tools import MathCalculator
#初始化组件
retriever = FAISS.load_local("path/to/faiss_index")
llm = OllamaLLM(model = "gemma:2b")
math_calculator = MathCalculator()
#构建多功能智能助手链
multi_func_chain = MultiFunctionChain(retriever = retriever, llm = llm, tools = [math_calculator])
#运行链以处理不同类型的查询
queries = ["北京的历史", "2 加 2 等于多少", "如何学习 Python"]
for query in queries:
    result = multi_func_chain.invoke(query)
    print(f"查询: {query}\n 结果: {result}\n")
```

随着 LangChain 生态的不断成熟和发展，开发者将能够利用更多预定义的链模板和组件，以及通过 LCEL 构建的自定义链，来创建功能更为丰富、响应更为灵活的智能应用。这些链不仅在特定场景下提供了极大的便利，而且它们的可组合性和可扩展性也意味着未来智能应用的可能性将变得无限广阔。

3.6 记　　忆

记忆（Memory）在构建语言模型应用中扮演着重要的角色，特别是在对话系统中。这种记忆功能使得对话系统能够参照过去的对话信息，从而更自然地与用户进行互动。

LangChain 提供了多样的工具来实现记忆功能,支持从简单的对话历史记录到复杂的世界模型构建。

(1)聊天记忆与聊天历史。

如图 3-5 所示,记忆系统需要支持两个基本操作:读取和写入。一般地,每个链都定义了一些核心执行逻辑,这些逻辑需要某些输入。其中一些输入直接来自用户,但有些输入可能来自记忆。在给定的运行中,链将与其记忆系统交互两次。第一次是在接收初始用户输入之后,但在执行核心逻辑之前,链将从其记忆系统中读取数据并扩充用户输入。第二次是在执行核心逻辑之后,但在返回答案之前,链会将当前运行的输入和输出写入记忆,以便将来的运行可以引用它们。

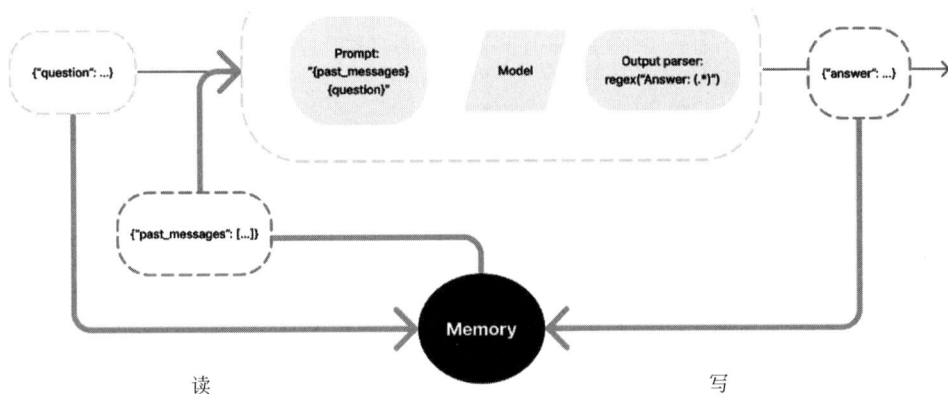

图 3-5　记忆系统的操作流程

在实现记忆功能时,一个核心考虑是如何有效地存储和查询对话的历史信息。LangChain 提供了 ConversationBufferMemory 等工具,使得开发者能够方便地存储用户和 AI 之间的互动记录。此外,通过使用本地大模型如 Gemma,开发者可以构建出更加智能的记忆系统,这些系统不仅能够回忆过去的对话内容,还能理解和提取其中的关键信息,如实体及其属性和关系。下面给出一个示例程序。

```python
from langchain.memory import ConversationBufferMemory
from langchain.llms import Ollama as OllamaLLM
# 初始化记忆存储和语言模型
memory = ConversationBufferMemory()
llm = OllamaLLM(model = "gemma:2b")
# 向记忆中添加对话信息
memory.chat_memory.add_user_message("你好!")
memory.chat_memory.add_ai_message("有什么可以帮到你的吗?")
# 演示如何加载记忆变量
print(memory.load_memory_variables({}))
```

(2)定制记忆系统。

对于更高级的应用,LangChain 允许开发者定制自己的记忆系统。例如,开发者可以设计一个记忆系统,该系统基于 NLP 技术提取对话中提到的实体,并构建实体之间的关系模型。以下示例展示了如何基于 Gemma 模型和 spacy 库构建一个能够理解和记忆实体信息的记忆系统。

【例 3-11】　定制记忆系统（参考代码 3.9. py）。

```
from langchain. schema import BaseMemory
from langchain. llms import Ollama as OllamaLLM
import spacy
nlp = spacy. load("zh_core_web_sm")
class EntityMemory(BaseMemory):
    def __init__(self, * args, ** kwargs):
        super(). __init__( * args, ** kwargs)
        self. entity_map = {}
    def extract_entities(self, text):
        doc = nlp(text)
        return [ent. text for ent in doc. ents]
    def update_memory(self, question, answer):
        entities = self. extract_entities(question)
        for entity in entities:
            if entity not in self. entity_map:
                self. entity_map[entity] = []
            self. entity_map[entity]. append(answer)
♯示例: 使用实体记忆系统
memory = EntityMemory()
llm = OllamaLLM(model = "gemma:2b")
```

在这个记忆系统中，使用 spacy 提取问题中的实体，然后将答案存储在与每个实体关联的列表中。这样，就可以跟踪每个实体的相关答案，并在需要时检索这些信息。然后，创建了一个 EntityMemory 的实例 memory，以及一个使用 Gemma:2b 模型的 OllamaLLM 实例 llm。这为使用实体记忆系统提供了基础设置。

注意，要运行这段代码，读者需要确保已经安装了所需的依赖项，特别是 spacy 和 zh_core_web_sm 模型。如果还没有安装，可以运行以下命令。

```
pip install spacy
python - m spacy download zh_core_web_sm
```

（3）链与记忆的整合。

LangChain 支持将记忆功能与链（Chains）整合，以实现更复杂的对话流程。以下是一个示例，展示了如何将 EntityMemory 集成到对话链中，使得 AI 能够根据之前的对话内容和提取的实体信息来生成更准确的回答。

```
from langchain. chains import LLMChain
from langchain. prompts import PromptTemplate
♯初始化提示模板
template = PromptTemplate(template = "根据之前的对话和实体信息,回答问题: {question}")
llm_chain = LLMChain(llm = llm, prompt = template, memory = memory)
♯使用链和记忆进行对话
result = llm_chain. invoke(question = "张三最喜欢的运动是什么?")
print(result)
```

LangChain 为开发聊天机器人和其他对话式应用提供了丰富的记忆功能，通过与提示模板、链条等组件的灵活组合，使得应用能够实现更加自然和连贯的多轮对话。记忆在构建智能对话系统中扮演着不可或缺的角色，它不仅能够降低加入记忆能力的难度，还让开发者更加专注于应用的核心逻辑。此外，LangChain 还提供了接口让开发者定制自己的记忆实现，从而大大增强了开发的灵活性。

在 LangChain 中,记忆是指在链条或代理执行之间持久保持的状态,为对话和交互式应用开发者提供了关键的优势。例如,通过将聊天历史上下文存储在记忆中,可以随着时间的推移提高 LLM 响应的连贯性和相关性。此外,记忆中的信息可以减少对 LLM 的重复调用,从而降低 API 使用成本,同时为代理或链条提供所需的上下文。

LangChain 提供了多种记忆选项,包括 ConversationBufferMemory、Conversation-BufferWindowMemory、ConversationKGMemory 等,用于存储模型历史中的所有消息或仅保留最近的消息。此外,LangChain 还集成了多种数据库选项,如 SQL 选项(Postgres 和 SQLite)、NoSQL 选择(MongoDB 和 Cassandra)、内存数据库 Redis,以及托管的云服务 AWS DynamoDB,用于持久存储。专为记忆服务器设计的 Remembrall 和 Motörhead 等工具提供了优化的对话上下文。选择合适的记忆方法取决于持久性需求、数据关系、规模和资源等因素,但在对话和交互式应用中强健地保持状态是至关重要的。

3.7　回　　调

在构建语言模型应用时,常常需要在模型运行的不同阶段执行一些额外的操作,如记录日志、监控进度、流式传输结果等。LangChain 提供了一个强大的回调(Callbacks)系统,让人们能够方便地在语言模型、链、工具、代理等组件的各个阶段插入自定义的处理逻辑。本节详细介绍 LangChain 的回调机制以及如何使用它来增强应用。

(1) 回调处理器。

要使用 LangChain 的回调功能,首先需要定义一个或多个回调处理器(CallbackHandler)。回调处理器是一个实现了特定接口的类,其中包含在不同事件发生时会被调用的方法。以下是一些常见的回调事件。

- on_llm_start：当语言模型开始运行时触发。
- on_llm_end：当语言模型运行结束时触发。
- on_llm_error：当语言模型运行出错时触发。
- on_chain_start：当链开始运行时触发。
- on_chain_end：当链运行结束时触发。
- on_tool_start：当工具开始运行时触发。
- on_tool_end：当工具运行结束时触发。
- on_agent_action：当代理执行动作时触发。

下面是一个简单的回调处理器示例,它在语言模型生成每个新 token 时打印出该 token。

```
from langchain.callbacks.base import BaseCallbackHandler
class MyHandler(BaseCallbackHandler):
    def on_llm_new_token(self, token: str, ** kwargs) -> None:
        print(f"New token generated: {token}")
```

(2) 使用回调处理器。

定义好回调处理器后,可以通过以下两种方式将其附加到语言模型应用的不同组件上。

① 构造时回调(Construct callbacks)：在初始化组件时,通过 callbacks 参数传入回调

处理器列表。在这种方式下,回调将在该组件的整个生命周期内生效。

```
from langchain_community.llms import Ollama as OllamaLLM
from langchain.chains import LLMChain
from langchain.prompts import PromptTemplate
handler = MyHandler()
llm = Gemma(callback = [handler])
prompt = PromptTemplate()
chain = LLMChain(llm = llm, prompt = prompt, callbacks = [handler])
```

② 请求时回调(Request callbacks):在调用组件的 run()/call()/apply() 等方法时,通过 callbacks 参数传入回调处理器列表。在这种方式下,回调仅在该次请求中生效。

```
chain.run("问题", callbacks = [handler])
```

(3)异步回调。

如果使用了异步的语言模型或链,则需要定义异步版本的回调处理器,即继承 AsyncCallbackHandler 类。

```
import asyncio
from langchain.callbacks.base import AsyncCallbackHandler
class MyAsyncHandler(AsyncCallbackHandler):
    async def on_llm_start(self, serialized: Dict[str, Any], prompts: List[str], ** kwargs:
Any) -> None:
        await asyncio.sleep(1)
        print("异步回调, LLM 开始运行")
```

使用异步回调处理器可以避免在异步运行流程中阻塞事件循环。

(4)流式传输。

回调的一个常见应用是实现语言模型的流式传输,即在模型生成 responses 的过程中实时返回中间结果。可以通过传入一个自定义的回调处理器并在 on_llm_new_token()方法中处理每个新生成的 token 来达到此目的。

下面的例子展示了如何使用 Gemma 语言模型和自定义回调处理器来实现流式传输。

```
from langchain_community.llms import Ollama as OllamaLLM
from langchain.callbacks.streaming_stdout import StreamingStdOutCallbackHandler
llm = Gemma(streaming = True, callbacks = [StreamingStdOutCallbackHandler()])
prompt = """
对爱好长跑的孩子说些鼓励的话,让他能坚持下去训练。以富有诗意的语言书写一段话,不少于
150 字。
"""
llm(prompt)
```

运行上述代码,将看到模型生成的文本被一个词一个词地实时打印出来,而不是等到生成完整段落后才一次性返回。

(5)记录日志。

另一个常见的回调应用是记录日志。除了使用内置的 StdOutCallbackHandler 将日志打印到控制台,还可以使用 FileCallbackHandler 将日志写入文件,或者自定义日志格式和存储方式。

下面的示例展示了如何将语言模型和链的运行日志记录到文件中。

```
from langchain_community.llms import Ollama as OllamaLLM
```

```
from langchain.chains import LLMChain
from langchain.prompts import PromptTemplate
from langchain.callbacks.file import FileCallbackHandler
handler = FileCallbackHandler("gemma.log")
llm = Gemma(callbacks = [handler])
prompt = PromptTemplate(
    input_variables = ["question"],
    template = "启动我的{question}需要哪些步骤?"
)
chain = LLMChain(llm = llm, prompt = prompt, callbacks = [handler])
chain.run("航天火箭")
```

运行后可以打开 gemma.log 文件查看详细的日志记录,其中包含 prompt 内容、生成过程、最终输出等信息。

(6) 多个回调处理器。

在实际项目中,可能需要同时使用多个回调处理器,例如,一个用于流式传输、一个用于记录日志。LangChain 支持传入一个回调处理器列表,系统会自动调用列表中的每一个处理器。

```
from langchain.agents import initialize_agent
from langchain.callbacks.base import BaseCallbackHandler
class CallbackOne(BaseCallbackHandler):
    def on_chain_start(self, serialized, inputs, ** kwargs):
        print("CallbackOne - Chain 开始运行")
class CallbackTwo(BaseCallbackHandler):
    def on_tool_end(self, output, ** kwargs):
        print("CallbackTwo - 工具执行结束")
agent = initialize_agent(
    ..., #其他初始化参数
    callbacks = [CallbackOne(), CallbackTwo()]
)
agent.run("帮我订一张从北京到上海的机票")
```

通过使用回调,可以在不修改核心逻辑的情况下,方便地扩展语言模型应用的功能,添加日志记录、流式传输、进度监控等附加特性。在实践中,可以根据实际需求选择使用内置的回调处理器,如 StdOutCallbackHandler、FileCallbackHandler 等,也可以通过继承 BaseCallbackHandler 或 AsyncCallbackHandler 来实现自定义的回调处理器。灵活运用回调机制,可以让语言模型应用更加健壮和易于管理。

【例 3-12】　回调函数综合演示(代码参见 3.10huidiao.py)。

```
import asyncio
from typing import Any, Dict, List
from langchain_community.llms import Ollama as OllamaLLM
from langchain.chains import LLMChain
from langchain.prompts import PromptTemplate
from langchain.callbacks.base import BaseCallbackHandler
from langchain.callbacks.streaming_stdout import StreamingStdOutCallbackHandler
from langchain.callbacks.file import FileCallbackHandler
from langchain.schema import LLMResult
#定义同步回调处理器
class SyncHandler(BaseCallbackHandler):
    def on_llm_start(self, serialized: Dict[str, Any], prompts: List[str], ** kwargs: Any) -> None:
        """
```

```
        当 LLM 开始运行时触发
        :param serialized: 序列化后的 LLM 参数
        :param prompts: 输入的提示信息列表
        :param kwargs: 其他参数
        """
        print(f"LLM 开始运行, Prompts: {prompts}")
    def on_llm_end(self, response: LLMResult, **kwargs: Any) -> None:
        """
        当 LLM 运行结束时触发
        :param response: LLM 的响应结果
        :param kwargs: 其他参数
        """
        print(f"LLM 运行结束, Response: {response}")
    def on_llm_new_token(self, token: str, **kwargs: Any) -> None:
        """
        当 LLM 生成新的 token 时触发
        :param token: 新生成的 token
        :param kwargs: 其他参数
        """
        print(f"New token generated: {token}", end = "", flush = True)
    def on_llm_error(self, error: Exception, **kwargs: Any) -> None:
        """
        当 LLM 运行出错时触发
        :param error: 异常对象
        :param kwargs: 其他参数
        """
        print(f"LLM 运行出错: {error}")
# 初始化 Gemma 模型
llm = OllamaLLM(
    model = "gemma:2b",
    callbacks = [SyncHandler(), StreamingStdOutCallbackHandler()],
    verbose = True,
)
# 定义提示模板
prompt = PromptTemplate(
    input_variables = ["product"],
    template = "请帮我撰写一段关于{product}的产品介绍,不少于 100 字。",
)
# 创建 LLMChain
chain = LLMChain(
    llm = llm,
    prompt = prompt,
    callbacks = [SyncHandler(), FileCallbackHandler("gemma.log")],
)
# 运行 LLMChain
chain.run("智能手表")
```

在这个案例中,展示了如何使用回调函数与本地大模型 Gemma 进行交互,涵盖了多个关键环节。首先,定义了同步回调处理器 SyncHandler,它实现了 on_llm_start() 和 on_llm_end() 方法,这些方法分别在 LLM(大语言模型)开始和结束运行时被触发,以便进行必要的操作。接着,引入了异步回调处理器 AsyncHandler,该处理器通过实现 on_llm_new_token() 和 on_llm_error() 方法,能够在 LLM 生成新的 token 和遇到运行错误时进行相应的响应。进一步地,初始化了 Gemma 模型,并通过 callbacks 参数传入 SyncHandler、AsyncHandler 以及 StreamingStdOutCallbackHandler,这样做启用了流式传输和详细输出,增强了用户与模型交互的实时性和透明度。然后，创建了 LLMChain，将 Gemma 模型、提示模板和回调处理器结合起来，其中，FileCallbackHandler 用于将运行日志写入文件，这是监控模型运行状态和输出的有效方式。最后，通过运行 LLMChain 并传入 product 参数，触发了回调函数，实现了对模型运行过程的全面控制。

运行该案例的结果表明，在控制台上可以实时打印出生成的 token，同时还能打印出 LLM 开始和结束运行的信息。如果 LLM 运行出现错误，相应的错误信息也会被立即打印到控制台。此外，生成的结果被有效地写入了 gemma.log 文件，方便用户后续的查阅和分析。

通过这个案例，用户可以深入了解如何利用 LangChain 的回调机制与本地大模型 Gemma 进行互动，实现了日志记录、流式传输、异步处理等多种功能。这种机制为用户提供了高度的自定义能力，可以根据实际需求调整回调处理器，满足不同的应用场景。

小　　结

本章全面介绍了 LangChain 框架的基础组件，展示了如何利用这些组件高效地构建 LLM 应用。首先通过一个快速入门案例，演示了如何使用 LLM 链、检索链、对话检索链和代理来构建基本的 LLM 应用。接着，详细探讨了 LangChain 中的关键组件，包括模型与提示模板、文档加载器与文本分割器、文本嵌入与向量存储、检索器与索引等。此外，本章还介绍了如何使用 LangChain 构建代理、链条和记忆系统，以实现更加智能和复杂的 LLM 应用。最后，讨论了回调机制在 LLM 应用开发中的重要作用。通过本章的学习，读者应该掌握了使用 LangChain 进行 LLM 应用开发的基本技能和思路。

思　考　题

一、简答题

1. 在 LangChain 中什么是链？

2. 什么是代理？

3. 什么是记忆？为什么需要它？

4. LangChain 中有哪些类型的工具？

5. LangChain 是如何工作的？

6. Gemma 等本地大模型与 OpenAI 等 API 模型相比，在应用开发中有哪些优势？

7. 在构建检索增强的问答系统时，应如何选择和优化文档切分策略？

8. 你认为未来工具（Tool）将在 LLM 应用开发中扮演怎样的角色？

二、实践题

使用 Gemma 本地 LLM 和维基百科的数据，构建一个能够回答关于中国历史人物的问题的智能助手。要求：

1. 使用维基百科的中文数据源，通过文档加载器和文本分割器，构建向量索引。

2. 使用 Gemma 的 embedding 接口生成文本嵌入向量。

3. 使用问答链实现检索增强的问答功能，并基于上下文完成多轮对话。

4. 使用回调实现聊天记录，并允许将聊天记录导出为 Markdown 文件。

## 第 4 章

LangChain 表达式语言

随着 LLM 的快速发展,如何高效地构建 LLM 应用成为一个热点话题。LangChain 作为一个专为 LLM 应用开发而设计的框架,提供了一整套工具和组件来简化和加速开发流程。其中,LangChain 表达式语言(LCEL)是一种声明式的方式,可以轻松地将链条组合在一起。LCEL 从一开始就被设计为支持将原型投入生产,无须更改代码,从最简单的"提示+大语言模型(LLM)"链条到最复杂的链条。

本章将深入探讨 LCEL 的核心理念和使用方法。本章将从几个快速入门的案例开始,演示如何使用 LCEL 构建基本的 LLM 应用。然后,系统地介绍 LCEL 的关键特性,如流式处理、异步执行、并行优化等,并通过丰富的代码示例展示如何在实践中运用这些特性。此外,本章还将涵盖多个常见的 LLM 应用场景,如检索增强生成、对话式交互、SQL 查询、代码编写等,帮助读者快速掌握使用 LCEL 构建复杂应用的技巧。

4.1　快速入门案例

本节介绍 LangChain 的声明式表达式语言(LCEL),用于轻松组合链条。LCEL 从一开始就被设计为支持将原型投入生产,无须更改代码,从最简单的"提示+大语言模型(LLM)"链条到最复杂的链条(已经有开发者成功地在生产中运行了含有上百步的 LCEL 链条)。

LCEL 支持流式处理、异步执行、优化的并行执行、重试和回退策略,以及访问中间结果等功能,极大地提高了开发效率和链条的可靠性。此外,LCEL 链条提供了输入和输出模式,使得在 LangServe 部署时,能够轻松地进行输入输出验证,确保数据的正确性。

为了更好地理解 LCEL 的强大功能和灵活性,将通过两个示例来演示如何使用 LCEL 构建链条。

1. 基本示例:提示+本地模型+输出解析器

最常见的用例是将提示模板、本地模型和输出解析器链接在一起。例如,创建一个链条来生成关于特定主题的笑话。

【例 4-1】　简单的链条(参考代码 4.1.py)。

```
from langchain_community.llms import Ollama as OllamaLLM
from langchain_core.output_parsers import StrOutputParser
from langchain_core.prompts import ChatPromptTemplate
prompt = ChatPromptTemplate.from_template("给我讲一个关于{topic}的短笑话")
# model = ChatGemma(model_path = "/path/to/gemma/model")
# 如果需要更换模型,只需要修改下列 model 的参数即可
```

```
model = OllamaLLM(model = "gemma:2b")
output_parser = StrOutputParser()
chain = prompt | model | output_parser
chain.invoke({"topic": "冰淇淋"})
```

这段代码使用 LCEL 的"|"符号,就像 UNIX 的管道操作符一样,将不同的组件链接在一起,使一个组件的输出成为下一个组件的输入。

如图 4-1 所示,输入用户对特定主题的查询,如{"topic": "冰淇淋"}。提示组件接收用户输入,利用主题构建提示后,用于构造 PromptValue。模型组件接收生成的提示,并将其传递给 LLM 进行评估。LLM 生成的输出是一个 ChatMessage 对象。最后,output_parser 组件接收一个 ChatMessage,并将其转换成一个 Python 字符串,该字符串通过调用方法返回。

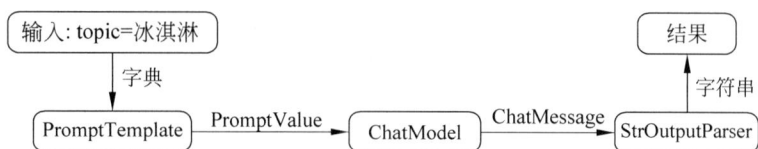

图 4-1　提示＋本地模型＋输出解析器模型

字典→PromptValue→ChatMessage→字符串

输入：topic＝冰淇淋

PromptTemplate→ChatModel→StrOutputParser→结果

注意,如果对任何组件的输出感到好奇,总是可以测试链的较小版本,例如,prompt 或 prompt|model,以查看中间结果。

```
input = {"topic": "冰淇淋"}
prompt.invoke(input)
#> ChatPromptValue(messages = [HumanMessage(content = '给我讲一个关于冰淇淋的短笑话')])
(prompt | model).invoke(input)
#> AIMessage(content = "为什么冰淇淋去了心理治疗?\n 因为它有太多的浇头,无法自控!")
```

2. RAG 搜索示例

接下来想运行一个检索增强的生成链条,以在回答问题时添加一些上下文。

【例 4-2】　检索增强的生成链条(参考代码 4.2.py)。

```
from langchain_community.llms import Ollama as OllamaLLM
from langchain_community.embeddings import OllamaEmbeddings
from langchain_community.vectorstores import DocArrayInMemorySearch
from langchain_core.output_parsers import StrOutputParser
from langchain_core.prompts import ChatPromptTemplate
from langchain_core.runnables import RunnableParallel, RunnablePassthrough
#初始化嵌入模型
embedding_model = OllamaEmbeddings(model = "gemma:2b")
#需要被嵌入的文本列表
texts = ["哈里森在肯肖工作", "熊喜欢吃蜂蜜"]
vectorstore = DocArrayInMemorySearch.from_texts(
    texts,
    embedding = embedding_model
)
retriever = vectorstore.as_retriever()
```

```
template = """根据以下上下文回答问题：{context} 问题：{question} """
prompt = ChatPromptTemplate.from_template(template)
model = OllamaLLM(model = "gemma:2b")
output_parser = StrOutputParser()
setup_and_retrieval = RunnableParallel(
    {"context": retriever, "question": RunnablePassthrough()}
)
chain = setup_and_retrieval | prompt | model | output_parser
result = chain.invoke("哈里森在哪里工作?")
print(result)
```

如图 4-2 所示，本例构建了一个由多个组件组成的链条：chain＝setup_and_retrieval｜prompt｜model｜output_parser。首先来解释这个链条的构成。提示模板接收上下文（context）和问题（question）作为输入值，这些值将被用于构建提示。在构建提示模板之前，希望检索与搜索相关的文档，并将其作为上下文的一部分。作为预备步骤，使用内存存储设置了一个检索器，该检索器可以基于查询检索文档。这也是一个可运行的组件，可以与其他组件链在一起，但读者也可以单独尝试运行它：retriever.invoke("哈里森在哪里工作?")。接着，使用 RunnableParallel 准备提示所需的输入，通过使用检索到的文档条目和原始用户问题，利用检索器进行文档搜索，以及 RunnablePassthrough 传递用户的问题。

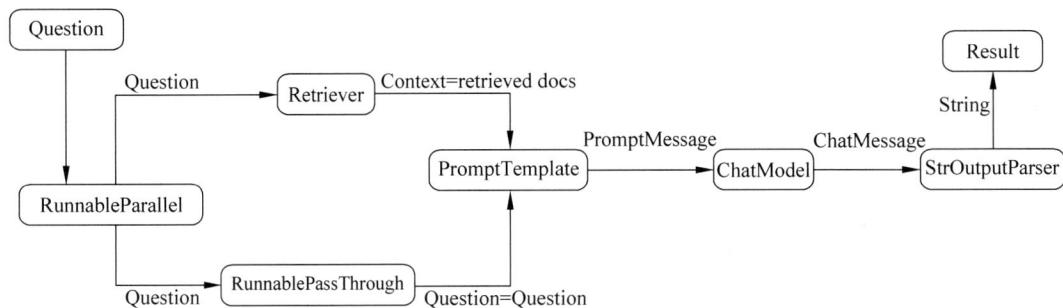

图 4-2　RAG 查找过程

```
setup_and_retrieval = RunnableParallel(
    {"context": retriever, "question": RunnablePassthrough()}
)
```

完整的链条如下。

```
setup_and_retrieval = RunnableParallel(
    {"context": retriever, "question": RunnablePassthrough()}
)
chain = setup_and_retrieval | prompt | model | output_parser
```

执行流程：第一步创建了一个 RunnableParallel 对象，包含两个条目。第一个条目是 context，包含检索器获取的文档结果。第二个条目是 question，包含用户的原始问题。为了传递问题，使用 RunnablePassthrough 复制这个条目。将上述步骤得到的字典输入提示组件。然后它取用户输入的问题以及检索到的文档作为上下文来构建提示，并输出一个 PromptValue。模型组件接收生成的提示，并将其传入 LLM 进行评估。LLM 生成的输出是一个 ChatMessage 对象。最后，output_parser 组件接收一个 ChatMessage，并将其转换成一个 Python 字符串，这个字符串通过 invoke()方法返回。当然，如果对任何组件的输出感到好奇,可以随时测试链条的一小部分,例如,prompt 或 prompt｜model,以查看中间结果。

```
input = {"topic": "冰淇淋"}
prompt.invoke(input)
# > ChatPromptValue(messages = [[HumanMessage(content = '给我讲一个关于冰淇淋的短笑话')]])
(prompt｜model).invoke(input)
# > AIMessage(content = "为什么冰淇淋从不被邀请到派对上?\n 因为事情一热就会融化!")
```

通过上述两个示例,可以看到 LCEL 如何简化复杂链条的创建过程,并支持实现高度定制和灵活组合的功能。使用 LCEL,开发者可以快速将原型推向生产,同时保证性能和可靠性,这对于构建智能对话系统和其他语言处理应用至关重要。

4.2　LCEL 简化 LLM 的开发

LCEL 是专为简化 LLM 应用开发而设计的声明式语言。它提供了一套统一的接口和丰富的组合原语,使得开发者能够以简洁、灵活的方式构建复杂的链(Chain)。相比于传统的命令式编程,LCEL 能够带来如下诸多益处。

(1)统一的 Runnable 接口。LCEL 中的每个对象都实现了 Runnable 接口,该接口定义了一组通用的调用方法,如 invoke()、ainvoke()、stream()等。这使得由 LCEL 对象组成的链自动支持这些调用方式。也就是说,任意一条由 LCEL 对象构成的链,本身也是一个 LCEL 对象。

(2)灵活的组合能力。LCEL 提供了一系列组合原语,可以方便地将链并行化、添加 fallback 逻辑、动态配置内部组件等,极大地提高了链的灵活性和适应性。

本节将通过对比 LCEL 与传统编程方法的差异,使用基于本地大模型 Gemma 的代码示例,全面展示 LCEL 的优势。

示例 1:给定一个话题,生成一个相关的笑话。

【例 4-3】　不使用 LCEL 的代码,参考代码 4.3.py。

```
from langchain_community.llms import Ollama as OllamaLLM
prompt_template = "给我讲一个关于{topic}的笑话。"
model = OllamaLLM(model = "gemma:2b")
def call_llm(prompt: str) -> str:
    response = model(prompt)
    return response
def invoke_chain(topic: str) -> str:
    prompt_value = prompt_template.format(topic = topic)
    return call_llm(prompt_value)
# 调用示例
result = invoke_chain("机器学习")
print(result)
```

【例 4-4】　使用 LCEL 的代码,参考代码 4.4.py。

```
prompt = PromptTemplate.from_template("给我讲一个关于{topic}的笑话。")
output_parser = StrOutputParser()
model = OllamaLLM(model = "gemma:2b")
chain = (
```

```
        {"topic": RunnablePassthrough()}
        | prompt
        | model
        | output_parser
)
# 调用示例
chain.invoke("机器学习")
```

可以看到,使用 LCEL 时,通过一系列运算符如"|"将 prompt、model、output_parser 等组件链接起来,形成了一个链对象。这种声明式的写法不仅简洁易读,而且让链的结构一目了然。接下来看看在实现更多功能时,LCEL 能带来哪些便利。

(1) 流式调用。

如果希望模型以流式方式实时返回结果,使用传统方式需要修改代码。

```
def stream_llm(prompt: str) -> Iterator[str]:
    for token in model.stream(prompt):
        yield token
def stream_chain(topic: str) -> Iterator[str]:
    prompt_value = prompt_template.format(topic = topic)
    yield from stream_llm(prompt_value)
# 流式调用示例
for chunk in stream_chain("机器学习"):
    print(chunk, end = "", flush = True)
```

而使用 LCEL,只需简单地将 invoke 改为 stream。

```
# 流式调用示例
for chunk in chain.stream("机器学习"):
    print(chunk, end = "", flush = True)
```

(2) 批量调用。

如果要并行处理一批输入,传统做法需要借助线程池等工具。

```
from concurrent.futures import ThreadPoolExecutor
def batch_chain(topics: List[str]) -> List[str]:
    with ThreadPoolExecutor() as executor:
        return list(executor.map(invoke_chain, topics))
# 批量调用示例
batch_chain(["机器学习", "深度学习", "强化学习"])
```

使用 LCEL,只需一行代码。

```
# 批量调用示例
chain.batch(["机器学习", "深度学习", "强化学习"])
```

(3) 异步调用。

如果希望以异步方式调用链,传统做法需要对代码做较大改动。

```
async def async_call_llm(prompt: str) -> str:
    return await model.ainvoke(prompt)
async def async_invoke_chain(topic: str) -> str:
    prompt_value = prompt_template.format(topic = topic)
    return await async_call_llm(prompt_value)
# 异步调用示例
await async_invoke_chain("机器学习")
```

而在 LCEL 中，只需将 invoke 换成 ainvoke。

```
＃异步调用示例
await chain.ainvoke("机器学习")
```

（4）模型配置与热插拔。

假设希望在运行时动态选择使用不同的 LLM，传统做法需要写一堆 if…else。

```
def invoke_configurable_chain(
    topic: str,
    *,
    model_name: str = "gemma2b"
) -> str:
    if model_name == "gemma2b":
        model = OllamaLLM(model = "gemma:2b")
    elif model_name == "gemma7b":
        model = OllamaLLM(model = "gemma:7b"))
    else:
        raise ValueError(f"不支持的模型:{model_name}")
    prompt_value = prompt_template.format(topic = topic)
    return model(prompt_value)
＃调用示例
invoke_configurable_chain("机器学习", model_name = "gemma7b")
```

使用 LCEL，通过 ConfigurableField 可以优雅地实现模型的热插拔。

```
from langchain_core.runnables import ConfigurableField
gemma2b = OllamaLLM(model = "gemma:2b")
gemma7b = OllamaLLM(model = "gemma:7b")
configurable_model = gemma2b.configurable_alternatives(
    ConfigurableField(id = "model"),
    default_key = "gemma2b",
    gemma7b = gemma7b,
)
configurable_chain = (
    {"topic": RunnablePassthrough()}
    | prompt
    | configurable_model
    | output_parser
)
＃调用示例
configurable_chain.invoke(
    "机器学习",
    config = {"model": "gemma7b"}
)
```

（5）日志记录。

如果想要记录链执行过程中的中间结果，传统做法需要在代码中手动添加日志语句。

```
def invoke_chain_with_logging(topic: str) -> str:
    print(f"输入:{topic}")
    prompt_value = prompt_template.format(topic = topic)
    print(f"Prompt:{prompt_value}")
    output = call_llm(prompt_value)
    print(f"输出:{output}")
    return output
```

```
# 调用示例
invoke_chain_with_logging("机器学习")
```

在 LCEL 中,每个组件都内置了与 LangSmith 的集成。只需设置两个环境变量,即可自动将所有链的执行轨迹记录到 LangSmith 中。

```
import os
os.environ["LANGCHAIN_API_KEY"] = "..."
os.environ["LANGCHAIN_TRACING_V2"] = "true"
# 调用示例
chain.invoke("机器学习")
```

(6) 添加 fallback。

如果希望在某个模型出错时,自动切换到另一个模型,传统做法需要加上 try…except。

```
def invoke_chain_with_fallback(topic: str) -> str:
    try:
        return invoke_chain(topic)
    except Exception:
        return invoke_chain_v2(topic)
# 调用示例
invoke_chain_with_fallback("机器学习")
```

使用 LCEL,添加 fallback 就像搭积木一样简单。

```
fallback_chain = chain.with_fallbacks([chain_v2])
# 调用示例
fallback_chain.invoke("机器学习")
```

以上通过代码示例展示了使用 LCEL 进行 LLM 应用开发的种种优势:统一的接口、灵活的组合能力、简洁的流式调用与批量调用、动态配置模型、自动日志记录、优雅的 fallback 支持等。可以看到,LCEL 能够显著降低应用开发的复杂度,提高开发效率。

总的来说,基于 LCEL 构建 LLM 应用链,就如同在搭建积木:每个组件都是一块积木,它们拥有标准的接口,可以灵活拼装。我们只需按照应用的需求,选择合适的组件,通过简单的声明式语法如"|"将它们链接起来,即可快速搭建出一个个复杂而强大的应用。

随着 LLM 技术的不断发展,对 LLM 应用的需求也变得越来越复杂多样。而 LCEL 提供的灵活性和可扩展性,使其能很好地适应这种变化。今天我们用 LCEL 拼装的是笑话链,明天可能就是对话链、文档问答链、知识图谱链等,LCEL 为 LLM 应用开发开辟了一条"搭积木"之路。

当然,LCEL 并非是万能的,它也有一些局限性,如调试时需要查看整条链的数据流、某些场景下声明式语法可能没有命令式语法直观等。但瑕不掩瑜,它为 LLM 应用开发树立了一种新的范式。可以预见,LCEL 必将在 LLM 的应用生态中扮演越来越重要的角色。

4.3　Runnable 接口

4.3.1　简介

在 LangChain 框架中,为了方便开发者创建自定义链,引入了一个称为"Runnable"的协议。大多数组件都实现了 Runnable 接口,这是一个标准接口,不仅使得定义自定义链变得容易,而且可以以标准方式调用它们。Runnable 接口为 LangChain 中的各种组件提供了一致的调用方式,使得组件之间可以灵活组合,构建出复杂的链。通过实现 Runnable 接口,自定义组件可以与 LangChain 的内置组件无缝集成,统一管理。

Runnable 接口定义了一系列标准方法,旨在简化响应式编程和事件驱动架构的实现。具体来说,该接口提供了 stream()方法,允许开发者以流的形式处理和返回数据块,这在处理大量数据或实时数据流时显得尤为重要。此外,invoke()方法使得开发者能够在特定的输入上执行调用链,而 batch()方法则支持在一系列输入上批量执行这些调用链。这些方法共同构成了 Runnable 接口的同步调用部分,使得开发者可以以一种直观和高效的方式构建处理逻辑链。

随着异步编程模型的普及,Runnable 接口进一步扩展了其功能,引入了相应的异步方法,以满足现代软件开发对非阻塞操作的需求。astream()方法提供了一种以异步方式流式处理数据块的能力,而 ainvoke()和 abatch()方法分别对应于其同步对应物的异步版本,允许在不阻塞当前执行线程的情况下,对单个输入或输入列表进行异步调用链处理。更进一步,astream_log()和 astream_events()方法分别允许开发者以流式方式捕获并返回处理过程中的日志信息和事件,这在调试和监控链式调用执行过程中极为有用。这些异步方法的引入,不仅极大地提升了应用的响应性和性能,也使开发者能够更加灵活地构建满足现代软件需求的响应式和事件驱动系统。

在一个复杂的系统中,各种组件根据其功能需要接收特定类型的输入并产生相应类型的输出,如表 4-1 所示。例如,Prompt 组件接收一个字典类型的输入,并产出 PromptValue 类型的输出,旨在生成特定的提示信息。ChatModel 组件则更为灵活,它可以接收单个字符串、聊天消息列表或 PromptValue 作为输入,并生成 ChatMessage 类型的输出,适用于处理聊天对话或自然语言处理任务。与 ChatModel 相似,LLM 也接收单个字符串、聊天消息列表或 PromptValue,但其输出为字符串,主要用于生成文本或执行文本转换任务。OutputParser 组件的功能在于解析 LLM 或 ChatModel 的输出,其输入为这两者的输出,而输出则根据解析器的设计而定,这使得可以根据需要对输出数据进行进一步的处理或转换。Retriever 组件专注于从给定的单个字符串输入中检索信息,输出为文档列表,常用于信息检索任务。Tool 组件的输入类型较为广泛,可以是单个字符串或字典,具体取决于所使用的工具,其输出也因工具而异,覆盖了广泛的用例和应用场景。

表 4-1 不同组件的输入输出类型

组　件	输　入　类　型	输　出　类　型
Prompt	字典	PromptValue
ChatModel	单个字符串、聊天消息列表或 PromptValue	ChatMessage
LLM	单个字符串、聊天消息列表或 PromptValue	字符串
OutputParser	LLM 或 ChatModel 的输出	取决于解析器
Retriever	单个字符串	文档列表
Tool	单个字符串或字典,取决于工具	取决于工具

为了方便开发者检查和验证这些组件的输入输出匹配性,所有的 Runnable 组件都公开了它们的输入模式(input_schema)和输出模式(output_schema)。这一设计不仅有助于保证组件间的正确交互,也使系统的扩展和维护变得更加容易。

4.3.2　输入输出模式

输入模式是对 Runnable 组件接收的输入的描述。它是一个基于组件结构动态生成的 Pydantic 模型（Pydantic 是一个 Python 库，用于数据解析和验证。通过定义数据模型，Pydantic 可以确保数据在程序中传输时拥有预期的结构和类型）。可以通过调用 input_schema.schema()方法获取其 JSONSchema 表示。以下是一个简单的 PromptTemplate 和 ChatModel 链的示例。

```
model = OllamaLLM(model = "gemma:2b")
prompt = ChatPromptTemplate.from_template("给我讲一个关于{topic}的笑话")
chain = prompt | model
```

可以通过以下方式查看链的输入模式（输出为 JSON 格式的字符串，略）。

```
chain.input_schema.schema()
```

输出模式是对 Runnable 组件产生的输出的描述，同样是一个基于组件结构动态生成的 Pydantic 模型。可以通过调用 output_schema.schema()方法获取其 JSONSchema 表示。

在上述示例中，链的输出模式取决于其最后一部分，即 OllamaLLM。OllamaLLM 输出一个 ChatMessage 对象。

```
chain.output_schema.schema()                    ♯输出略
```

4.3.3　Runnable 接口的方法

（1）流式调用（Stream）。stream()方法以流的方式返回响应块。例如：

```
for s in chain.stream({"topic": "熊猫"}):
    print(s.content, end = "", flush = True)
```

（2）单次调用（Invoke）。invoke()方法在单个输入上调用链，然后返回结果。例如：

```
chain.invoke({"topic": "熊猫"})
```

（3）批量调用（Batch）。batch()方法在输入列表上调用链，返回结果列表。例如：

```
chain.batch([{"topic": "熊猫"}, {"topic": "企鹅"}])
```

进一步，可以通过 max_concurrency 参数设置并发请求数。

```
chain.batch([{"topic": "熊猫"}, {"topic": "企鹅"}], config = {"max_concurrency": 5})
```

（4）异步流式调用（Async Stream）。astream()方法以异步方式流式返回响应块。例如：

```
async for s in chain.astream({"topic": "熊猫"}):
    print(s.content, end = "", flush = True)
```

（5）异步单次调用（Async Invoke）。ainvoke()方法在单个输入上异步调用链，返回结果。例如：

```
await chain.ainvoke({"topic": "熊猫"})
```

（6）异步批量调用（Async Batch）。abatch()方法在输入列表上异步调用链，返回结果列表。例如：

```
await chain.abatch([{"topic": "熊猫"}])
```

4.3.4　异步事件流

异步事件流（Async Stream Events）（langchain-core 0.2.0 中引入）是一个测试版的 API，根据反馈可能会有所变化。要正确使用 astream_events API，请注意以下几点：尽可能在整个代码中使用异步（包括异步工具等）；如果定义自定义函数 Runnable，则需要传播回调；在没有使用 LCEL 的情况下使用 Runnable 时，确保在 LLM 上调用.astream()而不是.ainvoke()，以强制 LLM 流式传输 tokens。

在复杂的软件系统中，各种 Runnable 对象在执行过程中会触发一系列事件，这些事件为系统的监控与互动提供了丰富的信息。例如，当聊天模型开始、进行流式处理或结束时，会分别触发 on_chat_model_start、on_chat_model_stream 和 on_chat_model_end 事件。这些事件携带的信息包括模型名称、处理的消息块、输入数据，以及在结束时生成的输出数据。同样地，LLM 也有开始、流式处理和结束的事件，分别是 on_llm_start、on_llm_stream 和 on_llm_end，它们提供了关于模型名称、输入文本、流式文本内容，以及最终输出文本的详细信息。

除了聊天模型和 LLM，系统中还有其他类型的 Runnable 对象触发的事件。例如，on_chain_start、on_chain_stream 和 on_chain_end 事件分别在文档处理链开始、处理中和结束时触发，关注的信息点包括处理的文档格式和内容。工具类 Runnable 对象（如 some_tool）和信息检索器（如检索器名称标示的 Runnable 对象）也类似地触发开始、流式处理和结束事件，这些事件携带关于工具的执行状态、输入参数、处理中的数据块，以及最终的输出结果的信息。模板启动和结束事件（如 on_prompt_start 和 on_prompt_end）则提供了关于模板名称、问题输入，以及最终产生的提示值的细节，这些事件共同构成了系统交互和执行监控的基础，使开发者能够更好地理解和调试系统行为。如果读者需要了解更为详细的内容，可以参考 LangChain 的文档。

【例 4-5】　使用 astream_events 获取检索器和 LLM 事件的示例（参考代码 4.5 (astream_events).py）。

```python
from langchain_community.vectorstores import FAISS
from langchain_core.output_parsers import StrOutputParser
from langchain_core.runnables import RunnablePassthrough
from langchain_core.prompts import ChatPromptTemplate
from langchain_community.llms import Ollama as OllamaLLM
from langchain_community.embeddings import OllamaEmbeddings
template = """请根据以下上下文回答问题：
{context}
问题：{question}
"""
prompt = ChatPromptTemplate.from_template(template)
vectorstore = FAISS.from_texts(
    ["哈里森在 kenshow 工作过"], embedding = OllamaEmbeddings()
)
retriever = vectorstore.as_retriever()
model = OllamaLLM(model = "gemma:2b")
retrieval_chain = (
    {
        "context": retriever.with_config(run_name = "检索器"),
```

```
            "question": RunnablePassthrough(),
        }
        | prompt
        | model.with_config(run_name = "gemma")
        | StrOutputParser()
)
async def main():
    async for event in retrieval_chain.astream_events(
        "哈里森在哪里工作过?", version = "v1", include_names = ["检索器", "gemma"]
    ):
        kind = event["event"]
        if kind == "on_chat_model_stream":
            print(event["data"]["chunk"].content, end = "|")
        elif kind in {"on_chat_model_start"}:
            print()
            print("LLM 开始流式输出:")
        elif kind in {"on_chat_model_end"}:
            print()
            print("LLM 完成流式输出。")
        elif kind == "on_retriever_end":
            print(" -- ")
            print("检索到以下文档:")
            print(event["data"]["output"]["documents"])
        elif kind == "on_tool_end":
            print(f"工具执行结束: {event['name']}")
        else:
            pass
import asyncio
```

asyncio.run(main())这个例子展示了如何在 LangChain 中使用 Runnable 接口,结合向量存储(FAISS)和本地大模型(Gemma)进行异步事件流处理。通过这种方式,可以实现高效、实时的 LLM 应用,同时避免了隐私和成本问题。

4.3.5 异步中间步骤流

所有的 Runnable 还有一个 astream_log()方法,用于流式传输(在发生时)链/序列的全部或部分中间步骤。这对于向用户展示进度、使用中间结果或调试链非常有用。读者可以流式传输所有步骤(默认),或按名称、标签或元数据包括/排除步骤。该方法产生 JSONPatch 操作,这些操作按接收顺序应用,构建 RunState。

(1)运行状态数据结构。

运行状态由两部分组成:LogEntry 和 RunState。

LogEntry 表示单个子运行的日志条目。

```
class LogEntry(TypedDict):
    id: str                              # 子运行的 ID
    name: str                            # 正在运行的对象名称
    type: str                            # 正在运行的对象类型,如 prompt、chain、llm 等
    tags: List[str]                      # 运行的标签列表
    metadata: Dict[str, Any]             # 运行的元数据键值对
    start_time: str                      # 运行开始的 ISO-8601 时间戳
    streamed_output_str: List[str]       # 此运行流式传输的 LLM tokens 列表(如果适用)
```

```
final_output: Optional[Any]          # 此运行的最终输出. 仅在运行成功完成后可用
end_time: Optional[str]              # 运行结束的 ISO-8601 时间戳. 仅在运行结束后可用
```

RunState 表示整个运行过程的状态。

```
class RunState(TypedDict):
    id: str                          # 运行的 ID
    streamed_output: List[Any]       # Runnable.stream()流式传输的输出块列表
    final_output: Optional[Any]      # 运行的最终输出,通常是聚合(`+`)streamed_output 的结
                                     # 果. 仅在运行成功完成后可用
    logs: Dict[str, LogEntry]        # 运行名称到子运行的映射。如果提供了过滤器,此列表
                                     # 将仅包含与过滤器匹配的运行
```

（2）流式传输 JSONPatch 块。

这在 HTTP 服务器中流式传输 JSONPatch 并在客户端重建运行状态时非常有用。LangServe 提供了工具,可以更轻松地从任何 Runnable 构建 Web 服务器。

下面是一个流式传输 JSONPatch 块的示例（输出略）。

```
async for chunk in retrieval_chain.astream_log(
    "哈里森在哪里工作过?", include_names=["检索器"]
):
    print("-" * 40)
    print(chunk)
```

（3）流式传输增量运行状态。

通过传递 diff=False,可以获取 RunState 的增量值。这会产生更多重复的详细输出。

```
async for chunk in retrieval_chain.astream_log(
    "哈里森在哪里工作过?", include_names=["检索器"], diff=False
):
    print("-" * 70)
    print(chunk)
```

4.3.6　并行执行

下面看看 LangChain 表达式语言如何支持并行请求。例如,当使用 RunnableParallel（通常写为字典）时,它会并行执行每个元素。

【例 4-6】　LangChain 并行执行：熊猫主题的笑话和诗歌生成。

```
from langchain_core.runnables import RunnableParallel
chain1 = ChatPromptTemplate.from_template("给我讲一个关于{topic}的笑话") | model
chain2 = ChatPromptTemplate.from_template("写一首关于{topic}的诗,2 行") | model
combined = RunnableParallel(joke=chain1, poem=chain2)
%%time
chain1.invoke({"topic": "熊猫"})
%%time
chain2.invoke({"topic": "熊猫"})
%%time
combined.invoke({"topic": "熊猫"})
```

注意：请参考代码 4.6.py。上述代码是为了方便解释,使用 IPython 魔法命令。在提供的代码中使用了 time 包。

输出结果类似如下。

```
CPU times: user 18 ms, sys: 1.27 ms, total: 19.3 ms
Wall time: 692 ms
ChatMessage(content = "怎么样,这个关于熊猫的笑话还不错吧?虽然有点冷,但还算幽默。
熊猫可是我们...")
...
```

可以看到,使用 RunnableParallel 可以显著减少执行时间。

Runnable 接口,作为强大的工具,提供了一系列功能来优化和简化编程任务,但要充分利用这些功能,需要通过不断的实践和经验积累来深化理解。首先,选择合适的组件对于任务的成功至关重要。LangChain 提供了多种内置组件,如 Prompt、ChatModel、LLM、OutputParser 和 Retriever 等,使得根据具体需求选择最合适的组件组合成为可能。在某些情况下,还可能需要开发自定义组件以满足特殊的业务逻辑需求。

在使用 Runnable 接口进行组件组合时,必须注意到每个组件的输入和输出类型必须相互匹配。这种匹配确保了数据能够正确传递,并形成一个连贯的处理链。此外,流式调用和异步调用的灵活使用可以针对大数据量或长时间运行的任务显著提高用户体验和系统效率。流式调用允许用户实时接收到部分结果,而异步调用则利用系统资源并发执行多个任务。

进一步地,通过中间步骤流和事件流的有效利用对于调试和优化执行链来说极为重要。这些功能提供了对每个组件的输入、输出和执行状态的清晰视图,有助于快速定位问题并解决。同时,对于那些可以并行处理的任务,利用 RunnableParallel 进行并行执行可以大幅减少总执行时间,尽管在这个过程中需要谨慎控制并发度以避免过度负载。

最后,结合向量数据库和本地模型的使用不仅可以增强功能,还可以在保护数据隐私和节省成本方面带来好处。同时,积极参与 LangChain 社区,关注其最新进展,并从其他开发者的实践中学习,对于推动个人和整个社区的发展都是非常有价值的。在这一过程中,将 Runnable 接口应用于实际项目中,不断实践和探索,是深入理解其工作原理并积累经验的最佳途径。

4.4　LangChain 中的流式处理

流式处理是构建基于 LLM 的应用时至关重要的一项技术,它可以显著提升应用的响应速度,让用户感受到更加流畅的交互体验。LangChain 作为一个专为 LLM 应用开发设计的框架,提供了强大的流式处理功能。本节将深入探讨如何在 LangChain 中进行流式处理,并通过多个实例来演示其具体用法。

4.4.1　Runnable 接口与流式处理方法

LangChain 中的核心组件,如 LLM、解析器、提示符、检索器和代理等,都实现了 Runnable 接口。该接口提供了两种通用的流式处理方法:其一是同步流(stream)和异步流(astream)。这是一种默认的流式处理实现,用于流式传输链的最终输出;其二是异步事件流(astream_events)和异步日志流(astream_log)。这两种方法提供了一种流式传输链的中间步骤和最终输出的方式。

【例 4-7】 使用 stream() 方法(参考代码 4.7.py)。

```
from langchain_core.prompts import ChatPromptTemplate
from langchain_community.llms import Ollama as OllamaLLM
# 定义模型,这里假设已经有了一个命名为 model 的 LLM
model = OllamaLLM(model = "gemma:2b")
prompt = ChatPromptTemplate.from_template("关于{topic}写一个笑话")
chain = prompt | model
for chunk in chain.stream({"topic": "编程"}):
    print(chunk, end = "", flush = True)
```

4.4.2 流式处理 LLM 和聊天模型

在基于 LLM 的应用中,LLM 和聊天模型通常是最耗时的组件。它们生成一个完整的响应可能需要几秒,远超用户可以感知的即时响应时间(通常为 200~300ms)。因此,流式处理 LLM 和聊天模型的输出就显得尤为重要。

以下是一个使用 Gemma 模型进行流式聊天的示例。

```
from langchain_gemma import GemmaChat
model = GemmaChat()
async for chunk in model.astream("你好,请介绍一下你自己"):
    print(chunk.content, end = "", flush = True)
```

4.4.3 构建支持流式处理的链

除了 LLM 和聊天模型,还经常需要将多个组件组合成一个链来完成复杂的任务。为了让整个链支持流式处理,需要确保链中的每一步都能正确处理输入流。这里的关键是使用合适的解析器。

【例 4-8】 使用 JsonOutputParser 来流式解析 JSON 输出(参考代码 4.8.py)。

```
from langchain_community.llms import Ollama as OllamaLLM
from langchain_core.output_parsers import JsonOutputParser
import asyncio
# 定义模型
model = OllamaLLM(model = "gemma:2b")
# 定义异步函数
async def get_fruits_info():
    chain = (
        model | JsonOutputParser()
    )
    async for json_chunk in chain.astream(
        "请以 JSON 格式输出苹果、香蕉、橙子三种水果的名称和价格,并将它们包装在 fruits 键下"
    ):
        print(json_chunk, flush = True)
# 运行异步函数
asyncio.run(get_fruits_info())
```

4.4.4 处理不支持流式处理的组件

有些内置组件,如检索器,本身并不支持流式处理。当我们尝试对这些组件进行流式处理时,它们会直接返回最终结果,而不是一个流。对于这种情况,可以使用 astream_events

API 来获取支持流式处理的中间步骤的结果。以下是一个示例。

【例 4-9】 LangChain 流式追踪案例(使用 astream_events 实现,参考代码 4.9.py)。

```python
from langchain_community.vectorstores import FAISS
from langchain_core.output_parsers import StrOutputParser
from langchain_core.prompts import ChatPromptTemplate
from langchain_core.runnables import RunnablePassthrough
from langchain_community.llms import Ollama as OllamaLLM
from langchain_community.embeddings import OllamaEmbeddings
import asyncio
model = OllamaLLM(model = "gemma:2b")
template = """基于以下上下文回答问题:
{context}
问题: {question}
"""
prompt = ChatPromptTemplate.from_template(template)
vectorstore = FAISS.from_texts(
    ["哈里森在 Gemma 公司工作"], embedding = OllamaEmbeddings()
)
retriever = vectorstore.as_retriever()
retrieval_chain = (
    {
        "context": retriever.with_config(run_name = "Retriever"),
        "question": RunnablePassthrough(),
    }
    | prompt
    | model.with_config(run_name = "Gemma")
    | StrOutputParser()
)
async def process_events():
    async for event in retrieval_chain.astream_events(
        "哈里森在哪里工作?", version = "v1", include_names = ["Retriever", "Gemma"]
    ):
        kind = event["event"]
        if kind == "on_chat_model_stream":
            print(event["data"]["chunk"].content, end = "|")
        elif kind in {"on_chat_model_start", "on_retriever_start"}:
            print(f"\n{kind}")
        elif kind in {"on_chat_model_end", "on_retriever_end"}:
            print(f"\n{kind}")
        else:
            pass
# 运行异步函数
asyncio.run(process_events())
```

可以看到,尽管检索器本身不支持流式处理,但仍然可以通过 astream_events API 获取其他支持流式处理的组件(如 LLM)的事件流。

4.4.5　事件过滤

在使用 astream_events API 时,可能会得到大量的事件。为了便于处理和分析,LangChain 提供了事件过滤功能,让我们可以按照组件名称、标签或类型来过滤事件。

【**例 4-10**】 一个按组件类型过滤事件的示例(完整的代码参见 4.10.py)。

```python
max_events = 0
async for event in retrieval_chain.astream_events(
    "哈里森在哪里工作?", version = "v1", include_types = ["chat_model"]
):
    print(event)
    max_events += 1
    if max_events > 10:
        print("...")
        break
```

通过 include_types 参数,只获取了名为"Gemma"的聊天模型组件产生的事件。

4.4.6 在自定义工具中传播回调

在构建智能体系统的过程中,自定义工具的设计与实现至关重要。自定义工具的实现可以基于异步事件流,也可以基于异步回调机制;前者适用于模块化和可组合的工具链场景(参考代码 4.11.py),后者适用于轻量级事件追踪与逻辑封装(参考例 4-11)。

【**例 4-11**】 基于异步回调机制的自定义工具示例(参考代码 4.12.py)。

```python
# 自定义的异步工具函数,支持回调传播
async def reverse_text_with_callback(text: str, callback = None):
    # 初始化回调处理器
    handler = CallbackHandler(callback)
    # 生成开始事件
    await handler.process_event({'event': 'start', 'text': text})
    # 模拟处理过程并生成结果事件
    reversed_text = text[:: - 1]
    await handler.process_event({'event': 'result', 'text': reversed_text})
    # 生成结束事件
    await handler.process_event({'event': 'end'})
# 定义异步回调函数
async def my_callback(event):
    print(f"Received event: {event}")
# 主异步函数,运行自定义工具并处理事件流
async def main():
    await reverse_text_with_callback("hello", callback = my_callback)
# 运行主函数
asyncio.run(main())
```

如代码所示,reverse_text_with_callback 函数接收一个文本字符串和一个可选的回调函数。在函数内部,它首先生成一个表示操作开始的事件,然后计算文本的逆序并生成一个包含结果的事件,最后生成一个表示操作结束的事件。每个事件都通过回调函数传递给外部处理器,这里是 CallbackHandler 的实例。CallbackHandler 类负责处理事件:它接收一个回调函数,并在 process_event()方法中异步调用这个回调函数来处理每个事件。自定义工具(reverse_text_with_callback 函数)不仅能生成数据处理的结果,还能通过回调函数异步地生成和传播事件流,从而支持流式处理。

4.4.7 使用 RunnableParallel 操作输入输出

在构建复杂的链时,经常需要对一个 Runnable 的输出进行处理,使其与下一个

Runnable 的输入格式匹配。RunnableParallel 可以帮助人们方便地实现这一点。以下是一个使用 RunnableParallel 来获取检索器结果并将其与用户输入一起传递给提示模板的示例。

【例 4-12】 使用 RunnableParallel(完整代码参考代码 4.13.py)。

```
# 模型
model = OllamaLLM(model = "gemma:2b")
vectorstore = FAISS.from_texts(
    ["哈里森在 DELL 公司工作"], embedding = OllamaEmbeddings()
)
retriever = vectorstore.as_retriever()
template = """基于以下上下文回答问题:
{context}
问题: {question}
请用{language}回答
"""
prompt = ChatPromptTemplate.from_template(template)
# 使用 RunnableParallel 处理输入,并将结果传递给下一个 Runnable
chain = RunnableParallel(
    context = itemgetter("question") | retriever,
    question = RunnablePassthrough(),
    language = RunnablePassthrough()
) | prompt | model | StrOutputParser()
result = chain.invoke({"question": "哈里森在哪里工作", "language": "英语"})
print(result)
```

代码创建了一个 RunnableParallel 实例来同时处理多个输入:从输入字典中提取 "question"和"language"字段,以及使用检索器 retriever 基于"question"字段检索相关上下文。然后,这些信息被合并并传递给 prompt,prompt 根据模板生成一个完整的提示文本。最后,这个提示文本被传递给 model 进行处理,通过 StrOutputParser 解析模型的输出。

在这个示例中,使用 itemgetter 配合 RunnableParallel,从输入的字典中提取出所需的键值,并将它们传递给提示模板。这使得链的构建和调用变得非常简洁和清晰。

4.4.8 并行执行

RunnableParallel 除了可以帮助人们操作输入输出外,还可以实现多个 Runnable 的并行执行。这对于提升链的执行效率非常有帮助。

【例 4-13】 一个使用 RunnableParallel 并行执行笑话链和诗歌链的示例(完整代码请参考代码 4.14.py)。

```
# 定义笑话链和诗歌链
joke_chain = ChatPromptTemplate.from_template("关于{topic}讲一个笑话") | model
poem_chain = ChatPromptTemplate.from_template("写一首关于{topic}的诗,4 行") | model
# 并行执行
parallel_chain = RunnableParallel(joke = joke_chain, poem = poem_chain)
# 测量执行时间的函数
def measure_time(chain, input):
    start = time.time()
    result = chain.invoke(input)
    end = time.time()
    print(f"执行时间: {end - start} 秒")
    return result
```

```
#分别测量执行时间
print("笑话链执行时间:")
measure_time(joke_chain, {"topic": "春天"})
print("\n诗歌链执行时间:")
measure_time(poem_chain, {"topic": "春天"})
print("\n并行链执行时间:")
measure_time(parallel_chain, {"topic": "春天"})
```

代码示例使用了 time.time() 函数来获取当前时间,从而测量执行某段代码所需的时间。这是一个简单的方法,适用于大多数情况。如果代码是在 Jupyter Notebook 中执行的,则可以直接使用%%timeit 魔法命令来替换 measure_time 函数的调用。

4.5　使用 LangChain 表达式语言完成常见的任务

本节通过一系列示例代码,展示如何使用 LCEL 来实现常见的 LLM 应用功能。这些示例涵盖了从基础的提示+LLM 到复杂的代理和代码生成等多个主题。

4.5.1　Prompt + LLM

Prompt 和 LLM 是构建 LLM 应用的基础组件。通过组合 PromptTemplate、LLM 和 OutputParser,可以实现多种功能。本节代码参考 4.15.py。

(1) Prompt 和 LLM 的基本组合。

创建一个简单的链,它将用户输入加入到 Prompt 中,然后将这个加工后的 Prompt 传递给 LLM,并返回 LLM 的原始输出。

```
from langchain_core.prompts import PromptTemplate
from langchain_community.llms import Ollama as OllamaLLM
prompt = PromptTemplate.from_template("写一首关于{topic}的诗。")
#初始化模型
model = OllamaLLM(model = "gemma:2b")
chain = prompt | model
print(chain.invoke({"topic": "春天"}))
```

(2) 绑定 LLM 参数。

我们可以在创建链时为 LLM 绑定一些参数,如停止序列和函数调用信息。这样可以更好地控制 LLM 的行为和输出格式。例如:

```
#绑定停止序列参数示例
chain = prompt | model.bind(stop = [","])
print(chain.invoke({"topic": "夏日"}))
```

(3) 添加 OutputParser 进行输出解析。

除了 LLM 的原始输出外,往往需要对输出进行解析和提取,以便获取结构化的信息。通过添加 OutputParser,可以方便地实现这一点。

```
from langchain.output_parsers.regex import RegexParser
#假设的 LLM 调用输出
llm_output = "今天天气晴朗,28 摄氏度,东南风 3 - 4 级。"
#初始化 RegexParser
#注意,这里的 regex 需要根据实际的输出格式来定制
```

```
regex = r"天气:(?P<weather>. * ?),气温:(?P<temperature>. * ?),风力:(?P<wind>. * )"
output_keys = ["weather", "temperature", "wind"]
parser = RegexParser(regex = regex, output_keys = output_keys)
# 使用 RegexParser 解析 LLM 输出
parsed_output = parser.parse(llm_output)
# 打印解析后的输出
print(parsed_output)
```

（4）使用 JsonOutputParser 处理特定函数签名的输出。

如果希望 LLM 返回特定函数签名的输出，可以使用 JsonOutputParser 或 SimpleJsonOutputParser，其他解析器可以参考 https://github. com/langchain-ai/langchain/blob/master/libs/core/langchain_core/output_parsers/__init__. py。

```
from langchain_core. output_parsers import JsonOutputParser
prompt = PromptTemplate. from_template("写一首关于{topic}的诗。")
model = OllamaLLM(model = "gemma:2b")
chain = prompt | model | JsonOutputParser()
prompt_str = "春天"
print(chain. invoke({"topic": prompt_str}))
prompt_str = "What's the weather like in New York today? Give the temperature in Fahrenheit."
print(chain. invoke({"topic": prompt_str}))
```

（5）简化链的调用。

为了让链的调用更加简单，可以使用 RunnableParallel 来自动创建提示所需的输入字典。

```
# 示例 1: 使用 JsonOutputParser
prompt1 = PromptTemplate. from_template("写一首关于{topic}的诗。")
model1 = OllamaLLM(model = "gemma:2b")
chain1 = prompt1 | model1 | JsonOutputParser()
prompt_str1 = "春天"
print(chain1. invoke({"topic": prompt_str1}))
prompt_str2 = "What's the weather like in New York today? Give the temperature in Fahrenheit."
print(chain1. invoke({"topic": prompt_str2}))
# 示例 2: 使用 RunnableParallel 简化链的调用
prompt2 = PromptTemplate. from_template("关于{topic}的内容:")
model2 = OllamaLLM(model = "gemma:2b")
output_parser2 = SimpleJsonOutputParser()
parallel_map = RunnableParallel(topic = RunnablePassthrough())
chain2 = parallel_map | prompt2 | model2 | output_parser2
# 调用链,这里的输入需要是字典形式以匹配 RunnableParallel 的期望
print(chain2. invoke({"topic": "Write a poem about the ocean."}))
```

4.5.2　RAG

检索增强生成（Retrieval-Augmented Generation，RAG）是一种利用外部知识来改进 LLM 生成效果的技术。通过将检索步骤添加到提示和 LLM 中，可以让 LLM 根据检索到的相关文档生成更加准确和信息丰富的响应。

检索增强生成（RAG）是一种利用外部知识来改进 LLM 生成效果的技术。通过将检索步骤添加到提示和 LLM 中，可以让 LLM 根据检索到的相关文档生成更加准确和信息丰富的响应。

【例 4-14】 检索增强生成（RAG）（参考代码 4.16.py）。

```python
from operator import itemgetter
from langchain_community.vectorstores import FAISS
from langchain_core.output_parsers import StrOutputParser
from langchain_core.prompts import ChatPromptTemplate
from langchain_core.runnables import RunnablePassthrough
from langchain_community.embeddings import OllamaEmbeddings
from langchain_community.llms import Ollama as OllamaLLM
vectorstore = FAISS.from_texts(
    ["LangChain 是一个用于开发 LLM 应用的开源框架。"], embedding = OllamaEmbeddings(model =
"gemma:2b")
)
retriever = vectorstore.as_retriever()
template = """基于以下背景信息回答问题:
{context}

问题: {question}

"""
prompt = ChatPromptTemplate.from_template(template)
model = OllamaLLM(model = "gemma:2b")
chain = (
    {"context": retriever, "question": RunnablePassthrough()}
    | prompt
    | model
    | StrOutputParser()
)
print(chain.invoke("Langchain 是什么?"))
```

上述程序演示了如何使用 LangChain 框架和 Ollama 模型构建一个基于向量数据库的问答系统。首先，它使用 Ollama 嵌入模型将一段关于 LangChain 的文本转换为向量，并将其存储在 FAISS 向量数据库中。然后，它定义了一个包含背景信息和问题的提示模板，并使用 Ollama 语言模型创建了一个问答链。最后，它调用该链，传入一个关于 LangChain 的问题，并打印出模型生成的答案。这个程序展示了如何利用 LangChain 框架和 Ollama 模型快速构建一个智能问答系统。

4.5.3　对话式检索链

在对话场景中，经常需要根据对话的上下文来检索相关信息。对话式检索链可以帮助实现这一点，它会将当前问题和之前的对话历史一起作为检索的依据。

【例 4-15】 对话式检索链（下列为部分代码，完整代码请参考 4.17.py）。

```python
_template = """给定以下对话历史和一个后续问题,请将后续问题转述为一个独立的问题,使用原始语言。
对话历史:
{chat_history}
后续问题: {question}
独立问题:"""
CONDENSE_QUESTION_PROMPT = ChatPromptTemplate.from_template(_template)
template = """基于以下背景信息回答问题:
{context}
```

```
问题：{question}
"""
prompt = ChatPromptTemplate.from_template(template)
model = OllamaLLM(model = "gemma:2b")
vectorstore = FAISS.from_texts(
    ["LangChain 是一个用于开发 LLM 应用的开源框架。它提供了许多有用的工具和组件，如提示
模板、记忆体系、索引等，帮助开发者更轻松地构建 LLM 应用。"],
    embedding = OllamaEmbeddings(model = "gemma:2b")
)
retriever = vectorstore.as_retriever()
_inputs = RunnableParallel(
    chat_history = RunnablePassthrough(),
    question = (
        {"question": RunnablePassthrough(), "chat_history": lambda x: get_buffer_string(x
["chat_history"])}
        | CONDENSE_QUESTION_PROMPT
        | model
        | StrOutputParser()
    ),
)
_context = {
    "context": itemgetter("question") | retriever | (lambda docs: format_document(Document
(page_content = "\n".join(doc.page_content for doc in docs), metadata = {"context": "\n".join
(doc.page_content for doc in docs), "question": None}), prompt)),
    "question": lambda x: x["question"],
}
conversational_qa_chain = _inputs | _context | prompt | model
chat_history = [
    HumanMessage(content = "LangChain 是什么？"),
    AIMessage(content = "LangChain 是一个用于开发 LLM 应用的开源框架。"),
    HumanMessage(content = "那么 LangChain 有哪些主要功能？"),
]
print(conversational_qa_chain.invoke({"question": "LangChain 有哪些特点？", "chat_history":
chat_history}))
```

上述程序展示了如何使用 LangChain 框架构建一个基于本地语言模型 Gemma 和向量数据库 FAISS 的对话式问答系统。首先，程序使用 OllamaEmbeddings 将背景知识文本嵌入向量空间，并存储在 FAISS 向量数据库中。然后，它定义了两个提示模板：一个用于将对话历史中的后续问题转换为独立问题，另一个用于根据检索到的背景信息回答问题。在问答流程中，程序首先并行处理对话历史和用户问题。

示例程序使用 CONDENSE_QUESTION_PROMPT 模板和 Gemma 模型将后续问题转换为独立问题。然后，程序使用检索器从 FAISS 中检索与问题相关的背景信息，并将其格式化为一个 Document 对象。最后，程序将格式化后的背景信息、独立问题和 Gemma 模型组合成一个问答链，并调用该链来生成最终的答案。

4.5.4　多链组合

Runnables 使得将多个链串联成一个完整的工作流变得非常简单。可以通过管道操作符"|"来组合不同的链，实现复杂的应用逻辑。

【例 4-16】 多链组合(参考代码 4.18.py)。

```python
from langchain_community.llms import Ollama as OllamaLLM
from langchain_core.prompts import ChatPromptTemplate
from langchain_core.output_parsers import StrOutputParser
from langchain_core.runnables import RunnablePassthrough, RunnableParallel
prompt1 = ChatPromptTemplate.from_template("{product}的优点有哪些?")
prompt2 = ChatPromptTemplate.from_template("基于以下优点,创作一条{product}的广告语:\n
{advantages}")
model = OllamaLLM(model = "gemma:2b")
chain1 = prompt1 | model | StrOutputParser()
chain2 = {"advantages": chain1, "product": RunnablePassthrough()} | prompt2 | model |
StrOutputParser()
print(chain2.invoke({"product": "iPhone"}))
prompt1 = ChatPromptTemplate.from_template("以下是一家餐厅的基本信息:\n{basic_info}\n 请
根据这些信息,生成一段营销文案,突出餐厅的特色和优势,吸引顾客光临。")
prompt2 = ChatPromptTemplate.from_template("以下是一家餐厅的基本信息:\n{basic_info}\n 请
根据这些信息,提出 3 条经营建议,帮助餐厅改进服务,提高竞争力。")
prompt3 = ChatPromptTemplate.from_template("以下是一家餐厅的营销文案和经营建议:\n 营销文
案:{marketing}\n 经营建议:{advice}\n 请对这两方面工作提出评价和指导意见,帮助餐厅更好地
开展营销和经营活动。")
model_parser = model | StrOutputParser()
chain1 = prompt1 | model_parser
chain2 = prompt2 | model_parser
chain = (
    {"basic_info": RunnablePassthrough()}
    | {
        "marketing": chain1,
        "advice": chain2,
    }
    | prompt3
    | model
)
basic_info = """
本餐厅是一家主打健康养生的中式餐厅。主要特色:
1. 食材新鲜,有机蔬菜直接从农场采购。
2. 烹饪注重养生,少油少盐,保留食材原汁原味。
3. 环境雅致,设有包厢,适合家庭聚餐和商务宴请。
4. 服务友善专业,定期举办针对老年人的健康饮食讲座。
5. 交通便利,地铁二号线旁,商圈附近,车位充足。
"""
print(chain.invoke({"basic_info": basic_info}))
```

这个程序展示了如何使用 LangChain 框架和 Ollama 语言模型,通过管道操作符和
Runnables 组件构建多步骤的自然语言处理工作流。

第一个例子演示了一个两步的工作流:首先,根据给定的产品生成其优点;然后,基于
这些优点创作一条广告语。这个过程通过将两个链(chain1 和 chain2)与管道操作符连接,
并使用 RunnablePassthrough 组件传递额外的输入来实现。第二个例子展示了一个更复杂
的工作流,用于生成和评估一家餐厅的营销文案和经营建议。首先,程序并行生成营销文案
(chain1)和经营建议(chain2),分别对应于 prompt1 和 prompt2。然后,它将这两个结果合
并,作为 prompt3 的输入,由 LLM 生成最终的评价和指导意见。这个并行处理和合并的过
程通过在管道操作符中嵌套字典来实现。

这个程序体现了 LangChain 的核心理念：将不同的 LLM 组件（如提示模板、LLM、解析器等）封装为标准化的可重用模块，并通过管道操作符和 Runnables 实现灵活组合，从而快速构建复杂的自然语言处理应用。这种模块化和组合性使得开发者可以专注于应用逻辑的设计，而不必过多关注底层细节的实现。

4.5.5　查询 SQL 数据库

LLM 可以帮助人们根据自然语言问题生成相应的 SQL 查询。通过将数据库模式传递给 LLM，可以让其了解数据库的结构，从而生成更加准确的 SQL 语句。

【例 4-17】　查询 SQL 数据库（参考代码 4.19.py）。

```python
from langchain_core.prompts import ChatPromptTemplate
from langchain_community.llms import Ollama as OllamaLLM
from langchain_community.utilities import SQLDatabase
from langchain_core.runnables import RunnableLambda, RunnablePassthrough
from langchain_core.output_parsers import StrOutputParser
template = """以下是一个餐厅订单数据库的模式：
{schema}
根据这个模式,编写一条 SQL 查询语句来回答用户的问题。
问题：{question}
SQL 查询语句："""
prompt = ChatPromptTemplate.from_template(template)

# Assuming SQLDatabase and db.get_table_info() are correctly implemented
db = SQLDatabase.from_uri("sqlite:///./restaurant.db")
def get_schema(_):
    schema_info = db.get_table_info()
    return {"schema": schema_info if schema_info else "无法获取模式信息。"}
model = OllamaLLM(model = "gemma:2b")
query_chain = (
    {"schema": RunnableLambda(get_schema), "question": RunnablePassthrough()}
    | prompt
    | model.bind(stop = ["\nSQLResult:"])
    | StrOutputParser()
    | RunnableLambda(lambda x: {"query": x} if x.strip() else {"query": "无法生成有效的 SQL
查询语句。"})
)
result = query_chain.invoke({"question": "2022 年销售总额最高的是哪个菜品?"})
print(result)
template = """以下是一个餐厅订单数据库的模式：
{schema}
问题：{question}
SQL 查询语句：{query}
SQL 查询结果：{result}
根据以上信息,用自然语言回答最初的问题。"""
prompt = ChatPromptTemplate.from_template(template)
def get_result(input_dict):
    query = input_dict.get("query")
    if not query or query == "无法生成有效的 SQL 查询语句。":
        return {"result": "无法执行查询因为没有生成有效的 SQL 查询语句。"}
    try:
        result = db.run(query)
```

```
            return {"result": result if result else "查询未返回结果。"}
        except Exception as e:
            return {"result": f"查询执行错误: {str(e)}"}
result_chain = (
    {"schema": RunnableLambda(get_schema), "question": RunnablePassthrough(), "query":
lambda _: result.get("query"), "result": RunnableLambda(get_result)}
    | prompt
    | model
    | StrOutputParser()
)
final_result = result_chain.invoke({"question": "2022 年销售总额最高的是哪个菜品?"})
print(final_result)
```

这个程序展示了如何使用 LangChain 框架和 Ollama 语言模型,根据自然语言问题生成相应的 SQL 查询,并将查询结果转换为自然语言回答。首先定义了一个包含数据库模式信息的提示模板,用于生成 SQL 查询语句。然后,创建一个 SQLDatabase 实例,连接到一个 SQLite 数据库,并定义一个 get_schema 函数,用于获取数据库的表信息。接下来,构建一个 query_chain,将数据库模式和用户问题传递给提示模板,然后由 Ollama 语言模型生成相应的 SQL 查询语句。为了将查询结果转换为自然语言,定义了另一个提示模板,包含数据库模式、用户问题、SQL 查询语句和查询结果。最后,构建一个 result_chain,将 query_chain 的输出作为输入,再次传递给提示模板和 LLM,生成最终的自然语言回答。

通过这种方式,程序实现了从自然语言问题到 SQL 查询,再到自然语言回答的端到端处理。这展示了如何利用 LangChain 的模块化组件和灵活的组合方式,快速构建复杂的自然语言处理应用。需要特别注意,执行该程序需要提前创建相应的数据库,请参考代码 createSqlite3.py。

4.5.6　代理

代理(Agents)是一种可以根据给定工具自主决策和行动的系统。可以将 Runnable 传递给代理,让其学会使用这些工具解决问题。构建基于 Runnable 的代理通常需要以下步骤。

(1) 定义工具列表。

(2) 选择代理提示模板。

(3) 实现中间步骤的数据处理逻辑。

(4) 指定代理使用的模型。

(5) 实现代理输出的解析逻辑。

【例 4-18】　代理(Agents)。

```
from langchain import hub
from langchain.agents import AgentExecutor, tool
from langchain.agents.output_parsers import XMLAgentOutputParser
from langchain_core.runnables import RunnableLambda, RunnablePassthrough
from langchain_community.llms import Ollama as OllamaLLM
model = OllamaLLM(model = "gemma:2b")
@tool
def get_order_status(order_id: str) -> str:
    """获取订单状态"""
```

```
        # 模拟查询订单状态
        return f"订单{order_id}的状态是:已发货"
@tool
def get_delivery_time(order_id: str) -> str:
    """获取订单预计送达时间"""
        # 模拟查询订单送达时间
        return f"订单{order_id}预计在 3 天内送达"
tools = [get_order_status, get_delivery_time]
template = hub.pull("kwc3388/zh-agent-template")
def process_steps(steps):
    return "\n".join([f"{step[0]}: {step[1]}" for step in steps])
agent = (
    {"input": RunnablePassthrough(), "intermediate_steps": process_steps}
    | template.partial(tools = "\n".join([f"{tool.name}: {tool.description}" for tool in
tools]))
    | model
    | XMLAgentOutputParser()
)
executor = AgentExecutor(agent = agent, tools = tools)
print(executor.invoke({"input": "我的订单号是 DS1234,能帮我查下状态吗?大概什么时候能
收到?"}))
```

在上述代码示例中,构建了一个基于 Runnable 的代理系统,通过整合一系列定义好的工具(Tools)、选定的代理提示模板、数据处理逻辑、指定的模型以及输出解析逻辑,使得代理能够自主进行决策和行动。这个代理系统具体处理了关于订单状态和预计送达时间的查询,展现了其在自动化处理用户查询方面的能力。通过@tool 装饰器定义的工具函数 get_order_status 和 get_delivery_time 模拟了查询订单状态和送达时间的操作,而代理提示模板的选择则通过 hub.pull()方法从 LangChain 库中获取预定义模板实现。

为了使代理能够高效地执行其任务,实现了一个名为 process_steps 的函数来处理和格式化代理执行过程中的中间步骤结果,确保数据的逻辑流能够顺畅地传递。同时,模型(model)的选择和配置对于代理的行为和输出有着直接的影响,需要根据实际使用的 LangChain 版本或其他机器学习框架来适当地进行初始化。此外,考虑到代理输出可能涉及特定格式(如 XML),使用了 XMLAgentOutputParser 来解析代理的输出,这一步骤确保了输出信息的正确解析和利用。

总之,通过定义一组特定的工具函数、选择合适的提示模板、实现数据处理和输出解析逻辑,成功创建了一个可以自主决策和行动的代理系统。这种系统不仅可以处理用户查询,还可以自动执行特定的操作,展示了基于 Runnable 的代理系统在自动化任务处理和执行方面的强大潜力。这种方法的灵活性和可扩展性使其成为开发自动化解决方案的一个有效途径。

需要注意的是,要运行此例,需要能够访问以下网址。

https://api.hub.langchain.com/commits/kwc3388/zh-agent-template/?limit=100&offset=0

4.5.7　使用工具

Runnable 可以方便地集成各种外部工具,扩展 LLM 应用的能力边界。例如,可以用 SerpAPISearch 来执行网络搜索(注意：直接使用它需要一个有效的 API 密钥和网络连接)。

【例 4-19】　使用工具（参考代码 4.21.py）。

```
from langchain_community.llms import Ollama as OllamaLLM
from langchain_core.output_parsers import StrOutputParser
# 假设或模拟的 SerpAPISearch 实现
class SerpAPISearch:
    def run(self, query):
        # 模拟网络搜索操作
        return f"模拟搜索结果 for query: {query}"
from langchain_core.runnables import RunnableLambda, RunnablePassthrough
search = SerpAPISearch()
model = OllamaLLM(model = "gemma:2b")
prompt = "请将以下查询转换为适合搜索引擎的搜索关键词:\n{query}\n 搜索关键词:"
# 搜索链的构建
chain = (
    {"query": RunnablePassthrough()}
    | RunnableLambda(lambda x: prompt.format( ** x))
    | RunnableLambda(model)
    | StrOutputParser()
    | RunnableLambda(search.run)
)
# 测试搜索链
print(chain.invoke({"query": "Python 编程"}))
```

这段代码展示了如何结合 langchain_core 库的 Runnables 概念与模拟工具和模型来构建处理搜索查询的流程。通过模拟的 SerpAPISearch 类和 GemmaModel 类，能够从一个简单的查询生成搜索关键词，并执行网络搜索。SerpAPISearch 类模拟了网络搜索操作，接受查询并返回模拟的搜索结果，而 GemmaModel 通过其 __call__ 方法模拟了根据输入提示生成搜索关键词的过程。

在构建搜索链的过程中，首先导入了 RunnableLambda 和 RunnablePassthrough 类，它们是构建可执行任务链的关键。实例化 SerpAPISearch 和 GemmaModel 后，定义了一个字符串模板作为提示，并通过一系列的 RunnableLambda 链式调用，将用户查询转换为模型可理解的提示，进而生成搜索关键词，并最终通过模拟的搜索类执行搜索。

整个示例通过从查询到获取搜索结果的模拟过程，展示了使用 langchain_core 的 Runnables 来构建复杂的数据处理和模型交互流程的方法。这种模式的灵活性和可扩展性使其成为构建基于 LLM 的自动化工具和应用的有效途径，允许开发者灵活定义和组合处理步骤以适应不同的自动化任务需求。

4.5.8　代码编写

除了自然语言交互外，LLM 还可以根据需求编写代码。借助 PythonREPL 这样的代码执行环境，可以让 LLM 生成的 Python 代码实际运行起来。

```
from langchain_core.runnables import RunnableLambda, RunnablePassthrough
from langchain_community.llms import Ollama as OllamaLLM
from langchain_core.output_parsers import StrOutputParser
model = OllamaLLM(model = "gemma:2b")
# 模拟 PythonREPL 实现
class PythonREPL:
    def run(self, code):
```

```
        #简单的模拟执行代码逻辑,这里仅返回传入的代码
        return f"执行代码: {code}"
def extract_code(code):
    #从 Markdown 格式中提取代码
    return code.strip("```python").strip("```").strip()
#假设的模型响应,生成 Python 代码
model_response = "```python\nfib = lambda n: n if n <= 1 else fib(n-1) + fib(n-2)\nprint
(fib(5))\n```"
prompt = "请编写一段 Python 代码来解决以下问题:\n{problem}\n 只返回代码,不要有其他解释。
请用 Markdown 格式封装代码,例如:"
#代码执行链的构建
chain = (
    {"problem": RunnablePassthrough()}
    | RunnableLambda(lambda x: prompt.format(**x))
    | RunnableLambda(lambda _: model_response)
    | StrOutputParser()
    | RunnableLambda(extract_code)
    | PythonREPL().run
)
#测试代码执行链
problem = "实现一个函数,用于计算斐波那契数列的第 n 项。"
print(chain.invoke({"problem": problem}))
```

在这段代码中,通过构建一个简化的执行链来演示如何使用 LLM 生成并执行 Python
代码。这个过程开始于定义一个能够接受自然语言问题并生成 Python 代码的模拟环境。
使用 OllamaLLM 作为核心模型,它假定能够根据给定的问题生成相应的 Python 代码。此
外,通过模拟的 PythonREPL 类,展现了如何模拟执行生成的代码,并观察其输出,以此来
模拟一个实际的 Python 运行环境。

代码执行的流程是通过一系列 Runnables 实现的,这些 Runnables 包括对输入问题的
处理、模型的调用、输出的解析,以及代码的执行。首先,RunnablePassthrough 直接传递问
题到下一个步骤,然后 RunnableLambda 将问题格式化成模型所需的格式。模型响应被设
定为返回固定的代码示例,接着通过另一个 RunnableLambda 将模型输出的代码从
Markdown 格式中提取出来。最后,提取的代码被传递给模拟的 PythonREPL 执行环境,其
中模拟执行代码并返回执行结果。

这个过程不仅演示了如何在理想化的环境中使用 LLM 来生成和执行代码,而且还突
出了 LangChain 库在构建复杂数据处理流程中的灵活性和功用。通过这种方式,可以实现
从自然语言问题到代码执行的端到端自动化,为进一步开发基于 LLM 的编程辅助工具和
其他自动化解决方案提供了一个基础框架。此示例虽然简化了 LLM 的生成过程和代码执
行环境,但它揭示了利用 LLM 进行编程和自动化的巨大潜力。

思考题:在运行 4.22.py 的时候是否发现并不是直接出现实际的结果,例如,5 的阶乘
是 120。请参考 4.23.py 的部分代码,修改一下,使其能够得到这一结果。

小　　结

本章全面介绍了 LangChain 表达式语言(LCEL)的核心理念、关键特性和使用方法。
通过一系列生动的案例和代码示例,展示了如何使用 LCEL 快速构建各种 LLM 应用,涵盖

了从基础的提示＋LLM 到复杂的代理和代码生成等多个主题。

首先通过几个快速入门的例子,演示了 LCEL 的基本用法,让读者对 LCEL 有一个直观的认识。接着,系统地讲解了 LCEL 的关键特性,如流式处理、异步执行、并行优化等,并通过大量的代码示例展示如何在实践中运用这些特性,显著提升应用的性能和效率。

在介绍 LCEL 的同时,本章还详细讲解了 Runnable 接口的设计理念和使用方法。Runnable 接口是 LCEL 的核心组成部分,它为各种 LLM 组件提供了统一的调用方式,极大地提高了组件的可复用性和灵活性。通过实现 Runnable 接口,可以方便地将自定义组件集成到 LCEL 中,扩展 LCEL 的功能。

此外,本章还展示了如何使用 LCEL 构建多个常见的 LLM 应用,如检索增强生成、对话式交互、SQL 查询、代码编写等。这些示例不仅展示了 LCEL 的应用广度,也为读者提供了宝贵的实践参考。

思　考　题

一、简答题

1. 简述 LCEL 在 LLM 应用开发中的核心优势。

2. RunnableParallel 在 LCEL 中有什么作用?请举例说明。

3. 请列举 LCEL 支持的三种异步操作方式,并简述其适用场景。

二、实践题

请使用 LCEL 和 Gemma 模型构建一个智能助手,它能根据用户的问题从给定的文档集合中检索出相关的段落,并据此生成回答。要求:

1. 使用 python-docx 库加载一组 .docx 文件,提取其文本内容并存入文档对象中。

2. 利用 Gemma 模型和 FAISS 对文档对象进行向量化,并构建索引。

3. 设计合适的提示模板,接收问题和检索到的上下文,生成回答。

4. 将问题处理、段落检索、问答生成等步骤封装为 Runnable 组件。

5. 使用 LCEL 将各组件链接成一个完整的问答链条,并提供流式问答接口。

## 第 5 章

LangChain 实战：构建智能问答系统

智能问答系统旨在理解用户以自然语言表达的问题，并根据自身的知识库给出准确、相关的答案，从而实现人机之间的自然交互。LangChain 作为一个灵活、强大的 LLM 应用开发框架，为构建智能问答系统提供了丰富的组件和工具。本章将详细介绍如何使用 LangChain 构建一个基于 LLM 的智能问答系统。首先分析智能问答的关键任务和挑战，然后系统讲解如何使用 LangChain 实现端到端的问答流程，包括提问分析、知识检索、答案生成、多轮对话等环节。本章还将探讨如何持续优化和扩展问答系统，引入反馈学习、知识增强、多模态交互等高阶功能。通过学习本章，不仅能巩固 LangChain 的基本用法，更能体会到 LLM 在智能问答中的巨大潜力。

5.1 智能问答系统概述

5.1.1 什么是智能问答系统

智能问答系统（Intelligent Question Answering System，IQAS）是一类能够自动理解用户自然语言问题并给出相关答案的人工智能系统。与传统的基于关键词匹配的问答系统不同，智能问答系统利用自然语言处理、知识表示、机器推理等技术，能够深入理解问题的语义、意图和上下文，从海量非结构化数据中提取和推理出最相关的答案，实现更加智能、自然的人机问答交互。

智能问答系统的核心任务可以概括为"理解问题、检索知识、生成答案"三个步骤。首先，系统需要准确理解用户提出的自然语言问题，包括问题的语义、意图、重点等。然后，系统需要在自身的知识库中检索与问题相关的知识碎片，这些知识可能来自结构化数据如知识图谱，也可能来自非结构化数据如文档、网页等。最后，系统需要基于检索到的知识，生成一个连贯、自然、准确的答案，并以适当的方式呈现给用户。

构建智能问答系统是一个复杂、系统的工程，涉及自然语言处理、信息检索、知识表示、机器学习等多个人工智能子领域。传统的构建方式需要大量的人工特征工程和模板定制，开发效率低下，且难以适应不同领域和场景的需求变化。而 LangChain 的出现，为智能问答系统的构建带来了新的曙光。

LangChain 通过封装 LLM（如 GPT 系列）和知识增强技术，提供了一系列开箱即用的问答链和代理，使得开发者能够快速搭建端到端的问答系统。同时，LangChain 提供了灵活的组件化结构和统一的接口规范，方便开发者定制、扩展问答系统的各个模块，实现个性化的功能需求。一个典型的智能问答系统如图 5-1 所示。

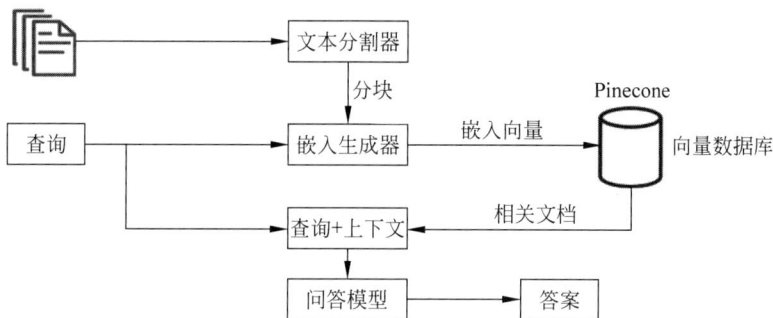

图 5-1　智能问答系统

5.1.2　智能问答系统的应用场景和价值

智能问答系统在各行各业都有广泛的应用前景，它可以极大地提升信息获取和知识服务的效率，改善用户体验，降低人力成本。下面是一些典型的应用场景。

（1）智能客服。通过智能问答，自动解答用户的常见问题，提供 7×24 小时不间断服务，大幅减少人工客服的工作量。当遇到复杂问题时，还可以无缝转接人工客服，实现人机协同。

（2）企业知识库。通过智能问答，员工可以快速检索和获取企业内部的各种知识，如产品手册、操作指南、案例分析等，提高工作效率和决策质量。

（3）医疗助手。通过智能问答，为医生和患者提供医疗知识查询和辅助诊断服务，帮助医生快速了解病情，制定治疗方案，同时为患者提供权威、可靠的医疗知识。

（4）教育助手。通过智能问答，为学生提供个性化的学习辅导和知识答疑服务，根据学生的学习进度和薄弱环节，推荐合适的学习资料和练习题，提高学习效果。

（5）金融顾问。通过智能问答，为用户提供投资理财、风险评估、政策解读等个性化金融咨询服务，帮助用户做出明智的财务决策。

（6）法律助手。通过智能问答，为用户提供法律知识查询、案例分析、文书撰写等服务，满足企业和个人的日常法律需求。

智能问答系统不仅能够显著提升业务效率，降低运营成本，还能够通过 7×24 小时的即时响应、个性化服务、海量知识支持等优势，极大地提升用户体验和满意度，从而增强企业和品牌的核心竞争力。随着人工智能和自然语言处理技术的快速发展，智能问答系统必将成为各行各业数字化转型和智能化升级的重要支撑。而 LangChain 这样易用、灵活、高效的开发框架，将为智能问答系统的广泛应用注入强大动力。

5.1.3　构建智能问答系统的关键技术和挑战

构建智能问答系统需要综合运用多种自然语言处理和人工智能技术，涉及问题理解、知识表示、语义检索、机器阅读理解、自然语言生成等多个环节。以下是一些关键技术。

（1）问题理解。智能问答系统首先需要准确理解用户提出的自然语言问题。这涉及分词、词性标注、命名实体识别、句法分析、语义角色标注等基础 NLP 技术，以及意图识别、实体链接等高层语义理解技术。问题理解的准确性直接影响后续答案检索和生成的质量。

（2）知识表示。智能问答系统需要从海量异构数据源中提取和表示知识,形成结构化、规范化的知识库。知识表示需要解决实体对齐、关系抽取、知识融合等问题,构建高质量的知识图谱或知识向量空间。知识表示的覆盖面、丰富度、准确性是问答系统的核心竞争力。

（3）语义检索。面对用户的问题,智能问答系统需要在海量知识中快速、准确地检索出相关的答案片段。这需要建立高效的倒排索引,利用 query-document 相似度算法如 BM25、语义向量空间模型等进行初步召回,再通过深度语义匹配模型如 DSSM、Bert 等进行精排序,找出最相关的答案候选。语义检索的效率和准确率是问答系统的关键性能指标。

（4）机器阅读理解。对于复杂的非事实型问题,智能问答系统需要对检索到的文档进行深度阅读理解,推理出隐含的答案。机器阅读理解需要建立形式化的推理逻辑,融合常识和背景知识,处理指代消解和多跳推理等复杂语言现象。预训练的 LLM 如 GPT 在机器阅读理解任务上取得了显著成功。

（5）自然语言生成。智能问答系统最后需要根据推理出的结果,生成一个自然、流畅、连贯的答案文本。传统的答案生成多采用基于模板、规则的方法,难以生成灵活多变的答案。近年来,基于大规模预训练语言模型的生成式方法如 GPT 取得了显著进展,能够根据上下文生成高质量的自然语言文本。但如何掌控生成过程,确保答案的准确性、相关性和逻辑一致性仍然是巨大挑战。

构建智能问答系统不仅涉及关键技术的应用,还面临诸多挑战,包括如何从大量非结构化数据中高效且自动化地提取知识以构建和维护一个高质量的知识库,处理知识的更新问题;在多轮对话中理解需求、管理对话上下文,同时保持问答效率和交互自然度的平衡;根据不同用户的需求和偏好提供个性化的答案和对话体验,包括建立用户画像的方法;增强智能问答系统的可解释性,降低其作为 AI 系统的"黑盒"风险,提高输出内容的可信度;以及确保数据安全,防止隐私泄露和恶意攻击。这些挑战要求开发者在设计和实现智能问答系统时,需要综合考虑技术、用户体验、安全等多方面因素。

LangChain 框架在知识获取、语义检索、机器阅读理解、自然语言生成等关键环节提供了丰富的工具集,大大降低了智能问答系统的构建门槛。但在个性化、多轮对话等方面还有待进一步增强。此外,LangChain 作为一个开源框架,其数据安全性和模型可解释性仍有待提高。这需要 LangChain 与其他隐私计算、可解释 AI 技术进行融合创新。

5.2　基于 LangChain 的问答系统架构

在 LangChain 框架下构建智能问答系统,需要根据其独特的链式（Chain）架构和丰富的即用组件,设计一个灵活、高效、可扩展的系统架构。本节将重点介绍基于 LangChain 的问答系统的整体架构、关键组件和数据流程,帮助读者建立一个全局的视角。

5.2.1　问答系统的整体架构和流程

智能问答系统通常包括问题理解、知识检索、答案生成等多个环节。而 LangChain 则提供了一种基于链式（Chain）的编程模型,将各个环节封装为独立的组件,开发者可以灵活地组合和定制这些组件,构建端到端的问答流程。

图 5-2 展示了一个基于 LangChain 的更为具体的智能问答系统的典型架构。

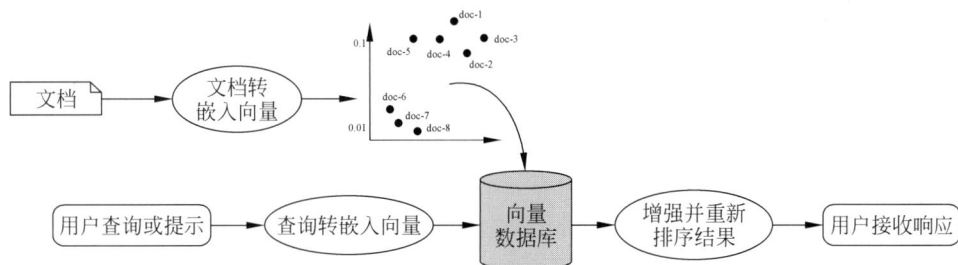

图 5-2　基于 LangChain 的智能问答系统架构图

在这个架构中，各个组件的功能如下。

（1）问题理解（Question Understanding）。该模块负责对用户输入的自然语言问题进行分析和理解，提取关键信息如意图、实体、关系等。可以使用 LangChain 的 Agent 工具实现，结合 OpenAI 等 LLM 进行 Few-Shot Learning。

（2）知识检索（Knowledge Retrieval）。该模块负责根据问题理解的结果，在知识库中检索相关的答案片段。知识库可以是本地的向量数据库如 Chroma、FAISS，也可以是云端的知识库服务如 Pinecone、Weaviate 等。检索过程通常分为召回（Recall）和排序（Rank）两个阶段，可以使用 LangChain 的 Retriever 接口封装不同的检索算法。

（3）答案生成（Answer Generation）。该模块负责根据检索到的答案片段，生成一个自然、连贯、完整的答案文本。可以使用 LangChain 的 LLMChain，接入 GPT-3、ChatGLM 等大语言模型，并通过 Prompt 模板实现对答案的优化和可控生成。

（4）多轮对话管理（Multi-turn Dialogue Management）。该模块负责管理多轮问答对话的上下文，记录重要的历史信息，以支持上下文相关的追问和闲聊。可以使用 LangChain 的 ConversationChain，并结合 ConversationBufferMemory 等 Memory 组件实现。

（5）数据连接器（Data Connector）。该模块负责连接外部数据源，如企业内部数据库、知识库等，实现知识的自动化提取和更新。可以使用 LangChain 的 Document Loader 加载不同格式的文档，如 PDF、Word、CSV 等。

（6）应用接口（Application Interface）。该模块负责封装整个问答系统，提供易用的 API，供外部应用程序调用。可以使用 LangChain 的 Chain 和 Agent 实现，也可以用 FastAPI、Flask 等 Web 框架封装成 RESTful API。

（7）前端界面（Frontend UI）。该模块负责实现问答系统的用户交互界面，如 Web 页面、移动 APP、智能音箱等。前端通过调用应用接口，实现问答的输入输出交互。

这些组件之间通过清晰的接口定义和数据格式规范，以松耦合的方式协作，共同完成智能问答的任务。数据在组件之间流动，经过层层处理和转换，最终形成自然、准确、连贯的答案呈现给用户。

基于 LangChain 的架构具有以下优点。

（1）模块化。每个组件都有明确的职责边界和接口规范，可以独立开发、测试和部署，提高了开发效率和可维护性。

（2）可扩展。通过替换或新增组件，可以方便地扩展系统的功能，引入更先进的算法模型。不同的组件组合，可以应对不同的业务场景需求。

（3）高性能。关键组件如知识检索、LLM 等都可以采用高性能的实现，通过缓存、预处理等优化进一步提升响应速度。

（4）可定制。每个组件都提供了丰富的配置选项，开发者可以根据需求灵活定制，实现个性化的智能问答功能。

（5）易集成。基于 LangChain 的问答系统可以方便地集成到企业已有的业务系统中，如客服系统、员工培训系统、决策支持系统等，赋能传统业务流程。

当然，这只是一个基础架构，在实际开发中还需要考虑更多因素，如数据安全、隐私保护、系统可用性、用户体验等。下面将逐一展开这些组件的设计和实现细节。

5.2.2　LangChain 在问答系统中的角色和优势

LangChain 是一个专为开发 LLM 应用而设计的开源框架，它在智能问答系统的构建中扮演着关键的角色。下面重点分析 LangChain 的几大特性以及它们在问答系统中的优势。

（1）大语言模型集成。LangChain 原生支持 OpenAI、Anthropic、Hugging Face、Cohere、AI21 等主流 LLM 提供商的 API，开发者可以轻松地调用各种强大的语言模型。这些模型在问题理解、知识表示、答案生成等关键环节提供了强大的语义理解和自然语言生成能力，是智能问答系统的核心引擎。LangChain 允许在一个应用中集成多个 LLM，扬长避短，提升系统的鲁棒性。

（2）丰富的即用组件。LangChain 提供了丰富的即用（out-of-the-box）组件，覆盖了智能问答系统构建的各个环节。如问题分析的 Agent、知识检索的 Retriever 和 VectorStore、自然语言生成的 PromptTemplate、多轮对话管理的 ConversationChain 等。这些组件经过精心设计和优化，开箱即用，大大降低了系统的开发难度和工作量。同时，这些组件也提供了灵活的接口，方便开发者进行定制和扩展。

（3）知识库连接。LangChain 支持多种知识库和向量数据库，可以将非结构化数据转换为 LLM 可以理解和检索的向量表示。内置的 Retriever 接口可以方便地集成 Chroma、FAISS、Pinecone、Weaviate、Milvus 等流行的向量数据库，实现高效的语义检索。DocumentLoader 接口可以加载 PDF、Word、CSV、JSON、HTML 等多种格式的文档。LangChain 还支持对接企业内部的知识库和数据仓库。

（4）语义搜索。LangChain 在知识检索环节提供了 Similarity Search 的能力，即基于向量相似度的语义搜索。传统的关键词搜索容易产生语义鸿沟，而语义搜索可以打破字面匹配的限制，检索出语义相关的内容。LangChain 采用 Embedding 模型将问题和答案映射到同一个语义向量空间，然后通过向量相似度排序，快速找到最相关的答案。LangChain 支持多种相似度算法，如点积、余弦、Euclidean 等。

（5）链式调用。LangChain 最核心的特性是链式（Chain）调用。Chain 允许以任意顺序组合 LLM 和其他组件，构建复杂的多步骤应用逻辑。Chain 支持顺序（Sequential）、分支（If-Else）、循环（Loop）、映射（Map）等控制流。每个 Chain 的输入输出都有统一的接口规范，可以任意嵌套和组合。这种链式架构赋予了问答系统极大的灵活性和可扩展性。开发者可以通过组合基础 Chain，快速实现问题分类、多文档检索、多步推理等复杂功能，而无须手工编排冗长的 Prompt。

（6）内存管理。LangChain 提供了 Memory 组件，用于在链式调用中传递和存储中间状态。

这在多轮对话场景下尤其重要。LangChain 支持多种 Memory 实现，如 ConversationBufferMemory、ConversationBufferWindowMemory、ConversationKGMemory 等，可以存储和索引对话历史，实现多轮对话的上下文管理。开发者还可以定制 Memory 的存储、检索、遗忘等策略，实现个性化的对话体验。

（7）可观察性。LangChain 提供了可观察性（Observability）的机制，可以在链式调用的各个环节嵌入 Callback，实现运行过程的监控、日志记录、数据分析等。这对于问答系统的调试、优化和监控非常重要。开发者可以实时查看每个组件的输入输出，评估系统的性能瓶颈，持续优化模型和策略。

这些特性使得 LangChain 成为搭建智能问答系统的利器。开发者可以站在巨人的肩膀上，利用 LangChain 提供的丰富组件和灵活架构，快速构建出高质量、个性化的问答应用，而无须从零开始手工搭建各种 NLP 模型。LangChain 正在成为智能问答领域的标准工具和生态平台。

5.2.3　问答系统的核心组件和功能

本节介绍基于 LangChain 的智能问答系统的几个核心组件，剖析其内部原理和实现方法。通过学习这些组件，读者可以全面掌握 LangChain 在智能问答中的应用，并针对自己的业务需求进行灵活定制。

（1）问题理解组件。

问题理解是智能问答的第一个环节，其目标是准确理解用户输入的自然语言问题，提取关键信息，为后续的知识检索提供输入。LangChain 没有提供现成的问题理解组件，但可以利用其 Agent 工具，结合 LLM 的 Few-Shot Learning 能力，轻松构建一个问题理解 Agent。代理是一种组合 LLM 和工具的方法，用于解决复杂的任务。代理的工作原理是将问题分解为多个步骤，并使用适当的工具来完成每个步骤，最终生成最终答案。

【例 5-1】　问题理解组件（代码 5.1.1.py）。

```python
from langchain.agents import Tool, initialize_agent
from langchain_community.llms import Ollama
import logging
# 定义问题分类工具
def classify_question(input_text: str) -> str:
    """将问题分类为事实型、观点型、程序型等"""
    logging.info("问题分类工具被调用")
    return "事实型"
# 定义实体识别工具
def extract_entities(input_text: str) -> list:
    """从问题中提取关键实体，如人名、地名、时间等"""
    logging.info("实体识别工具被调用")
    return ["美国", "总统"]
# 定义意图识别工具
def recognize_intent(input_text: str) -> str:
    """识别问题的意图，如查询、比较、判断等"""
    logging.info("意图识别工具被调用")
    return "查询"
# 定义问题理解 Agent 并为每个工具添加描述
tools = [
```

```
    Tool(name = "Classify Question", func = classify_question, description = "将问题分类为事
实型、观点型、程序型等"),
    Tool(name = "Extract Entities", func = extract_entities, description = "从问题中提取关键
实体,如人名、地名、时间等"),
    Tool(name = "Recognize Intent", func = recognize_intent, description = "识别问题的意图,如
查询、比较、判断等"),
]
llm = Ollama(model = "gemma:2b")
#初始化 Agent
agent = initialize_agent(tools, llm, agent = "zero - shot - react - description", verbose =
True, handle_parsing_errors = True)
#使用 Agent 进行问题理解
question = "Who is the president of the United States?"
result = agent(question)
#打印结果
print(result)
```

上述代码定义了三个工具函数,具体包括 classify_question:将问题分类为事实型、观点型、程序型等。extract_entities:从问题中提取关键实体,如人名、地名、时间等。recognize_intent:识别问题的意图,如查询、比较、判断等。然后,将这些工具函数封装到 Tool 对象中,并提供了相应的名称和描述。接下来,使用 initialize_agent 函数创建了一个代理。这个函数接收以下参数。tools:一个包含工具对象的列表。llm:大语言模型,在这里是使用 Ollama 加载的 gemma:2b 模型。agent:代理的类型,这里使用的是"zero-shot-react-description"。verbose:一个布尔值,指示代理是否应该生成详细的输出。handle_parsing_errors:一个布尔值,指示代理在解析输出时是否应该处理错误。当我们调用 agent(question)时,代理会执行如下步骤:代理将问题作为输入,并使用 LLM 生成一个初始的行动计划。这个行动计划包括要使用的工具、每个工具的输入以及一些中间思考过程。代理按照行动计划,依次调用相应的工具函数,并将工具的输出作为观察结果。代理根据观察结果更新其思考过程,并决定下一步要采取的行动。这可能包括使用另一个工具、生成最终答案或进一步完善行动计划。代理重复上述步骤,直到生成最终答案或达到某个停止条件。最后,代理返回其生成的最终答案。在这个例子中,代理的行动计划是首先使用 Extract Entities 工具提取问题中的关键实体,然后基于提取到的实体生成最终答案。

(2)知识检索组件。

知识检索是智能问答的核心环节,其目标是从海量知识库中快速、准确地检索出与问题相关的答案片段。LangChain 在这方面提供了强大的支持。可以使用其 Retriever 接口封装各种语义检索算法,使用 VectorStore 接口对接各种向量数据库。

【例 5-2】 利用 LangChain 实现知识检索(代码 5.2.py)。

```
from langchain_community.vectorstores import Chroma
from langchain.text_splitter import CharacterTextSplitter
from langchain_community.document_loaders import TextLoader
from langchain.chains import RetrievalQA
from langchain_community.llms import Ollama as OllamaLLM
from langchain_community.embeddings import OllamaEmbeddings
#加载知识库文档
loader = TextLoader("doc.txt")
documents = loader.load()
```

```
#利用 CharacterTextSplitter 将文档分割成更小的文本块
text_splitter = CharacterTextSplitter(chunk_size = 1000, chunk_overlap = 0)
texts = text_splitter.split_documents(documents)
#将文档向量化
embeddings = OllamaEmbeddings(model = "gemma:2b")
docsearch = Chroma.from_texts([text.page_content for text in texts], embeddings)
#初始化检索器
retriever = docsearch.as_retriever(search_type = "similarity", search_kwargs = {"k": 2})
#初始化问答 Chain
llm = OllamaLLM(model = "gemma:2b")
qa = RetrievalQA.from_chain_type(
    llm = llm,
    chain_type = "stuff",
    retriever = retriever,
    return_source_documents = True
)
#进行问答检索
query = "What did the president say about Ketanji Brown Jackson"
result = qa({"query": query})
print(result['result'])
print(result['source_documents'])
```

上述代码的主要功能分析。第一步，导入所需的类和模块：导入 Chroma 类，用于创建向量数据库。导入 Ollama 类，用于创建嵌入对象。导入 CharacterTextSplitter 类，用于将文档拆分为块。导入 TextLoader 类，用于加载文本文档。导入 RetrievalQA 类，用于创建问答链。导入 Ollama 类并重命名为 OllamaLLM，用于创建语言模型对象。第二步，加载知识库文档：使用 TextLoader 加载名为"docs.txt"的文本文件。使用 CharacterTextSplitter 将加载的文档拆分为块，每个块的大小为 1000 个字符，没有重叠。第三步，将文档向量化：创建一个 Ollama 嵌入对象，使用"gemma:2b"作为模型。使用 Chroma.from_documents 方法将文档块转换为向量，并存储在 Chroma 向量数据库中。第四步，初始化检索器：使用 docsearch.as_retriever 方法创建一个检索器对象，指定搜索类型为"similarity"，并设置搜索参数 $k = 2$，表示返回前两个最相似的结果。第五步，初始化问答链：创建一个 OllamaLLM 对象，使用"gemma:2b"作为模型。使用 RetrievalQA.from_chain_type 法创建一个问答链对象，指定使用的大语言模型为 llm，链的类型为"stuff"，检索器为之前创建的 retriever，并设置 return_source_documents＝True 以返回源文档。最后进行问答检索：定义一个查询字符串 query，内容为"What did the president say about Ketanji Brown Jackson"。将查询字符串传递给问答链对象 qa，执行问答检索。将检索结果存储在 result 变量中。

（3）答案生成组件。

答案生成是智能问答的最后一个关键环节，其目标是根据检索到的内容，生成一个自然、流畅、准确的答案。LangChain 通过 LLMChain、PromptTemplate 等组件提供了灵活的答案生成能力，可以充分利用 LLM 的自然语言生成能力。

【例 5-3】　答案生成组件（参见代码 5.3.py）。

```
from langchain_community.llms import Ollama as OllamaLLM
from langchain.chains import LLMChain
from langchain.prompts import PromptTemplate
```

```
# 初始化语言模型
llm = OllamaLLM(model = "gemma:2b")
# 定义答案生成的 Prompt 模板
template = """基于以下已知信息,用中文回答问题。如果无法从中得到答案,就说 "根据已知信息
无法回答该问题"。
已知信息:
{context}
问题:
{question}
答案:"""
prompt = PromptTemplate(
    input_variables = ["context", "question"],
    template = template
)
# 初始化答案生成链
chain = LLMChain(llm = llm, prompt = prompt)
# 设置上下文信息和问题
context = "清华大学是中国著名高等学府,成立于 1911 年,位于北京市海淀区。清华大学的校训是
'自强不息,厚德载物'。"
question = "清华大学位于哪个城市?"
# 生成答案
result = chain.invoke({"context": context, "question": question})
answer = result['text']
print(answer)
```

在这个示例中,首先定义了一个答案生成的"PromptTemplate",它有两个输入变量
"context"和"question",分别表示已知信息和问题。Prompt 中的模板定义了具体的答案生
成逻辑,要求 LLM 根据已知信息用中文回答问题,如果无法回答则给出标准提示。这个
Prompt 本身是一种 Few-Shot Learning,告诉 LLM 如何根据上下文完成任务。接着,用
OpenAI 初始化了一个 LLM,用之前定义的"PromptTemplate"初始化了一个"LLMChain"。
"LLMChain"将 Prompt 和 LLM 连接起来,可以方便地进行推理。最后,用一个关于清华大
学的问题测试答案生成效果。在实际开发中,可以将前面的知识检索和答案生成串联起来,
形成一个完整的问答 Chain。还可以对答案生成的 Prompt 进行精细优化,引入更多的指令
和约束,控制 LLM 的行为,提高答案质量。例如,要求 LLM 对答案的来源进行标注,对多
个信息源进行综合等。LangChain 提供的语言模型套件使得这些优化变得简单直观。

（4）多轮对话管理组件。

在实际问答场景中,用户往往会提出多轮关联的问题,单次问答很难满足其完整的信息
需求。因此智能问答系统需要具备多轮对话管理的能力,能够理解和管理对话的上下文,记
住之前的问答历史,从而支持上下文相关的答复和询问澄清。LangChain 通过
"ConversationChain"和"Memory"组件提供了多轮对话管理的解决方案。

【例 5-4】 多轮对话管理组件(代码 5.4.py)。

```
from langchain_community.llms import Ollama as OllamaLLM
from langchain.chains import ConversationChain
from langchain.memory import ConversationSummaryMemory
# 初始化 LLM
llm = OllamaLLM(model = "gemma:2b")
# 初始化 Conversation Memory
memory = ConversationSummaryMemory(llm = OllamaLLM(model = "gemma:2b"))
```

```
memory.save_context({"input":"你好,我是小明。"}, {"output":"你好小明,很高兴认识你。"})
memory.save_context({"input":"我想了解一下清华大学。"}, {"output":"好的,清华大学是中国
著名高等学府,成立于 1911 年,坐落于北京。你想了解什么方面的信息呢?"})
# 初始化 ConversationChain
conversation = ConversationChain(
    llm = llm,
    memory = memory,
    verbose = True
)
# 进行多轮对话
output = conversation.predict(input = "清华大学的校训是什么?")
print(output)
output = conversation.predict(input = "那你知道北京大学的校训吗?")
print(output)
```

本例首先使用 OllamaLLM 初始化了一个本地的 Gemma LLM——llm。然后,初始化
了一个 ConversationSummaryMemory 对象 memory,用于存储对话的上下文信息。通过
save_context 方法预先保存了两轮对话的输入和输出。接下来,使用 llm 和 memory 初始
化了一个 ConversationChain 对象 conversation,并设置 verbose＝True 以便查看详细的对
话过程。最后,使用 conversation.predict 方法进行多轮对话。在第一次对话中,询问清华
大学的校训是什么;在第二次对话中,询问北京大学的校训是什么。通过使用
ConversationSummaryMemory,可以在多轮对话中保持上下文信息,使得 LLM 能够根据之
前的对话历史生成更加准确和相关的答复。这个示例展示了如何使用 LangChain 的
ConversationChain 和 ConversationSummaryMemory 组件,结合本地的 Gemma LLM,实现
多轮对话管理的功能。

本节讲解了一个基于 LangChain 的智能问答系统的核心组件和实现思路。可以看到,
LangChain 提供的各种链式组件可以灵活地组合,构建端到端的问答流程。只需要定义每
个环节的输入输出,选择合适的实现模块,然后将它们像积木一样拼装起来,就能快速搭建
一个 SmartQA 系统的原型。当然,一个成熟的智能问答系统还需要考虑更多因素,如鲁棒
性、可解释性、伦理安全等。我们需要在 LangChain 的基础上,针对具体业务场景进行个性
化的优化和改进,这需要不断实践和迭代。但 LangChain 毫无疑问为我们提供了一个很好
的起点,帮助我们站在巨人的肩膀上,用更低的成本、更短的周期构建智能问答应用。

5.3　数据准备和预处理

要让 LLM 回答各种领域的问题,首先需要给它灌输足够的"知识"。在 LangChain 中,
知识库通常以向量数据库的形式存在,需要将原始的非结构化数据转换为 LLM 可以理解
和检索的向量表示。这个过程涉及数据收集、清洗、格式转换等一系列数据准备和预处理工
作。本节将详细介绍如何使用 LangChain 提供的工具高效完成这些任务。

5.3.1　构建知识库的数据来源和格式

智能问答系统的知识库数据可以来自多种来源,如企业内部的文档、手册、知识库,公开
的网页、百科、论文等。这些数据呈现出不同的格式,如 PDF、Word、HTML、Markdown、

CSV 等。需要将这些异构数据转换为统一的文本格式,才能进行后续的语义分析和向量化。图 5-3 给出了常用的 LangChain 支持的格式。

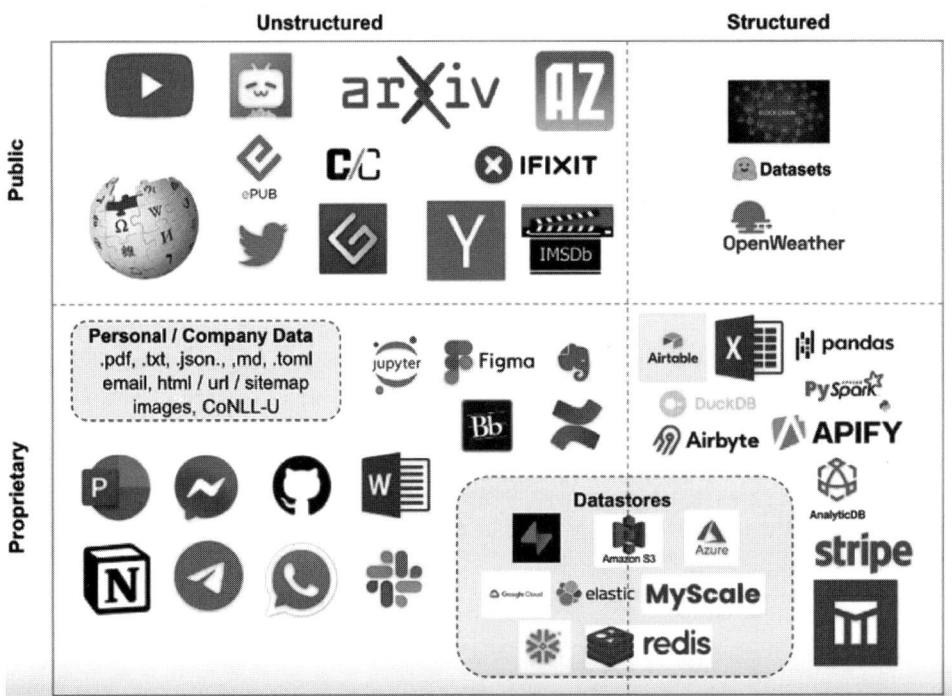

图 5-3　LangChain 支持的文档格式类型

具体包括:本地文件,如 PDF、Word、TXT、Markdown 等文档文件,CSV、JSON、Excel 等结构化数据文件;在线文档,如 Google Docs、Notion、Confluence 等在线协作文档平台;网页,如百科页面、新闻文章、博客文章、论坛讨论等公开网页;数据库,如 MySQL、MongoDB、Elasticsearch 等结构化或半结构化数据库;API,如提供结构化数据或非结构化数据的 RESTful API 或 GraphQL 接口。

在收集数据时,要关注数据的质量和权威性。对于企业内部数据,要确保数据的时效性和准确性,对于公开数据,要甄别数据源的可信度,避免引入错误、过时或有偏见的内容。还要关注数据的版权和隐私问题,确保合规使用数据。此外,还要考虑数据的可维护性。知识库的构建不是一蹴而就的,而是一个持续更新和优化的过程。需要建立数据管理的机制和流程,如版本控制、增量更新等,以适应不断变化的数据源。

5.3.2　使用 LangChain 的 Document Loader 加载数据

在构建智能问答系统或知识库应用时,通常需要处理来自各种渠道的大量非结构化数据,如文档、网页、PDF 等。将这些原始数据高效地集成到 LangChain 中是一个关键步骤。LangChain 提供了一系列强大的 Document Loader 工具,可以方便地将不同格式的数据加载为统一的 Document 对象,为后续的语义分析和向量化做好准备。

下面通过几个具体的小案例,来看看如何使用 LangChain 的 Document Loader 处理不同类型的数据。

案例 1：加载本地文本文件。

```
from langchain.document_loaders import TextLoader
loader = TextLoader('example.txt')
documents = loader.load()
print(documents[0].page_content)
```

在这个例子中，使用 TextLoader 加载了一个本地的纯文本文件 example.txt，通过 loader.load() 方法获得了一个包含 Document 对象的列表，并打印出第一个 Document 的文本内容。

案例 2：加载 PDF 文档。

```
from langchain.document_loaders import PDFMinerLoader
loader = PDFMinerLoader("example.pdf")
documents = loader.load()
print(len(documents))
print(documents[0].metadata)
```

这里使用 PDFMinerLoader 加载了一个 PDF 文档 example.pdf，通过 len(documents) 查看加载得到的 Document 对象数量，并打印出第一个 Document 的元数据信息，如文件名、页码等。

案例 3：递归加载目录下所有文本文件。

```
from langchain.document_loaders import DirectoryLoader
loader = DirectoryLoader('data/', glob = "**/*.txt")
documents = loader.load()
for doc in documents:
    print(doc.metadata['source'])
```

在这个例子中，使用 DirectoryLoader 递归加载了"data/"目录下的所有文本文件。通过设置 glob 参数为"**/*.txt"，可以匹配目录及其子目录中的所有 .txt 文件。加载后，遍历所有的 Document 对象，并打印出每个文档的源文件路径。

案例 4：加载 Notion 数据库。

```
from langchain.document_loaders import NotionDirectoryLoader
loader = NotionDirectoryLoader("Notion_DB")
documents = loader.load()
print(documents[0].page_content[:100])
```

这里使用 NotionDirectoryLoader 加载了一个 Notion 数据库。通过指定数据库的 ID 或 URL，可以将整个数据库的内容加载为 Document 对象。打印出第一个 Document 的前 100 个字符，以预览其内容。

以上案例展示了 LangChain 的 Document Loader 在处理不同数据源时的简洁性和灵活性。无论是本地文件、在线资源，还是笔记应用，都可以用统一的方式将它们转换为 Document 对象，为后续的语义分析和查询建立基础。

总之，LangChain 的 Document Loader 是连接原始数据与智能应用的重要桥梁。通过将非结构化数据转换为统一的 Document 表示，可以更高效地利用 LangChain 提供的各种工具，如语义检索、问答系统、聊天机器人等。同时，LangChain 也在不断丰富其 Loader 生态，支持更多的数据源和格式，使得我们可以更轻松地将各类数据引入智能应用的开发中。

5.3.3　使用 LangChain 的 Text Splitter 分割文本

在实际应用中,从 Document Loader 获取的原始文档长度往往不固定,有些文档可能非常长,远超过主流 LLM(如 GPT-3、ChatGLM 等)的单次输入限制(通常在 2048～4096 个 token 之间,1 个英文单词为 1～2 个 token)。为了有效处理长文档,需要在将文档向量化之前,先对其进行切分,确保每个文本片段都在 LLM 的最大输入长度之内。

LangChain 提供了灵活的 Text Splitter 接口,支持多种文本分割策略,可以根据不同的场景和需求选择合适的 Splitter。常见的 Splitter 如下。

(1) CharacterTextSplitter:按字符数分割文本,可指定块大小(chunk_size)和重叠长度(chunk_overlap)。

(2) RecursiveCharacterTextSplitter:递归地按字符数分割文本,直到每个块小于指定的最大长度。可通过 separators 参数指定分隔符的优先级。

(3) MarkdownTextSplitter:按 Markdown 语法分割文本,保留 Markdown 格式。

(4) LatexTextSplitter:按 LaTeX 语法分割文本,适用于科研文献。

(5) PythonCodeTextSplitter:按 Python 代码语法分割文本,适用于处理代码文档。

(6) TokenTextSplitter:按 token 数分割文本,可指定具体的 tokenizer,精准控制每个块的长度。

下面通过几个具体的案例,说明如何使用不同的 Text Splitter 处理长文档。

案例 1:使用 CharacterTextSplitter 分割文本。

```python
from langchain.text_splitter import CharacterTextSplitter
text_splitter = CharacterTextSplitter(
    separator = "\n",
    chunk_size = 1000,
    chunk_overlap = 200,
    length_function = len,
)
texts = text_splitter.split_text(documents[0].page_content)
```

在这个案例中,使用 CharacterTextSplitter 对文本进行分割。通过指定 separator、chunk_size、chunk_overlap 等参数,可以控制分割的粒度和重叠程度。length_function 参数用于自定义长度计算方式。

案例 2:使用 RecursiveCharacterTextSplitter 递归分割文本。

```python
from langchain.text_splitter import RecursiveCharacterTextSplitter
text_splitter = RecursiveCharacterTextSplitter(
    chunk_size = 1000,
    chunk_overlap = 200,
    length_function = len,
    separators = ["\n\n", "\n", " ", ""]
)
texts = text_splitter.split_text(documents[0].page_content)
```

RecursiveCharacterTextSplitter 支持递归地按字符数分割文本,通过 separators 参数指定分隔符的优先级,先尝试按优先级高的分隔符分割,如果分割后的块仍超过指定的 chunk_size,则递归地使用优先级低的分隔符进一步分割,直到每个块都小于最大长度。

案例 3：使用 MarkdownTextSplitter 处理 Markdown 文本。

```
from langchain.text_splitter import MarkdownTextSplitter
text_splitter = MarkdownTextSplitter(chunk_size = 1000, chunk_overlap = 0)
texts = text_splitter.split_text(documents[0].page_content)
```

MarkdownTextSplitter 专门用于处理 Markdown 格式的文本，可以识别 Markdown 的各种语法元素，在适当的位置进行分割，确保分割后的文本片段仍然保留完整的 Markdown 格式。

案例 4：使用 TokenTextSplitter 按 token 数分割文本。

```
from langchain.text_splitter import TokenTextSplitter
from transformers import GPT2TokenizerFast
tokenizer = GPT2TokenizerFast.from_pretrained("gpt2")
text_splitter = TokenTextSplitter(chunk_size = 1024, chunk_overlap = 256, tokenizer =
tokenizer)
texts = text_splitter.split_text(documents[0].page_content)
```

与按字符数分割不同，TokenTextSplitter 按 token 数对文本进行分割。通过指定具体的 tokenizer（如 GPT2TokenizerFast），可以精确控制每个文本块的 token 数量，确保生成的片段长度符合 LLM 的输入要求。

在实际应用中，需要根据具体的数据特点、模型要求以及任务目标，选择合适的 Text Splitter 和分割参数。合理的分割策略可以在保证信息完整性的同时提高 LLM 的处理效率和生成质量。通常需要通过实验和调优，找到最佳的分割方案。

总之，LangChain 的 Text Splitter 接口提供了多样化的文本分割策略，可以灵活地将长文档切分为适合 LLM 处理的文本片段，为后续的文本向量化和语义分析做好准备。

5.4　构建知识库索引

构建知识库索引是智能问答系统建立可扩展知识库的关键步骤之一。为了实现基于相似度的快速检索，原始文档的文本需转换为语义向量，这一过程称为索引（Indexing）。LangChain 提供了一系列工具，以便方便地完成文档的向量化和向量数据库的构建。

5.4.1　什么是向量数据库和嵌入

传统的数据库大都是基于关键词（Keyword）的匹配查询，无法处理自然语言的语义相似度。例如，用户输入"如何学好 Python"，结果往往只会返回包含"Python"关键词的记录，而可能漏掉许多语义相关的结果，如"Python 学习路线""编程入门指南"等。

向量数据库（Vector Database）则是一类专门为高维向量数据设计的数据库，它基于向量之间的距离或相似度来构建索引，实现快速、近似的最近邻（Nearest Neighbor）搜索。将文本编码为语义向量之后，用户的自然语言查询与知识库中每个文档的相似度就能够量化计算了，这大大提升了查全率（Recall）。

那么如何将文本转换为语义向量呢？这就需要嵌入（Embedding）技术了。嵌入将离散、高维的文本数据映射到一个连续、低维的向量空间，同时保留文本的语义信息。处于向量空间中距离越近的文本，其语义也就越相似。常见的文本嵌入模型有 Word2Vec、GloVe、

FastText 等,它们大都基于分布式假设(Distributional Hypothesis),即上下文相似的词其语义也相似。

近年来,基于 Transformer 的语言模型如 BERT、RoBERTa、T5 等在下游任务上取得了巨大成功。这些 LLM 在预训练阶段就学习到了丰富的语义信息,其内部的隐藏层能够作为高质量的文本嵌入。相比传统的静态嵌入,LLM 的上下文相关的动态嵌入能够更好地捕捉语义的微妙差别。

关键词搜索是一种针对文档语料库的简单关键词查找。系统会从数据库中检索所有包含查询中任何关键词的文档。我们可以设置约束条件,例如,查询中的所有单词都必须出现在检索结果中,或者文档中只需出现一个单词就足以将其列出。这种方法的一个缺点是,检索系统不会关心关键词在文档和查询中的语义,它只会简单地返回所有包含用户指定关键词的文档。这种类型的搜索可能会返回无关的虚假阳性结果。

如图 5-4 所示,图中的每个小框显示包含指定术语(例如"A")的文档。该图展示了用户输入的查询"raining cats and dogs"以及系统如何检索与它们使用的术语相关的文档。在这种情况下,系统检索了所有包含"raining""cats""and""dogs"的文档,并将其显示给用户。但是,"raining cats and dogs"是英语中用来描述大雨的常用短语。这个系统也可能会得到一些相关结果,但这些结果数量会非常少,并且可能会随机排序(取决于数据库结构)。此外,查询中的每个词都独立发挥作用,而不考虑其与周围词的关系。语义搜索则与关键词搜索不同,语义搜索会根据单词的上下文含义进行检索。在语义搜索中,文档的潜在向量表示会在训练过程中被推断出来,并投影到潜在空间。在推理时,传入的查询会转换成相同的潜在空间表示,并投影到文档已经投影到的空间。空间中与查询最近的点会被检索为与查询相似的文档。

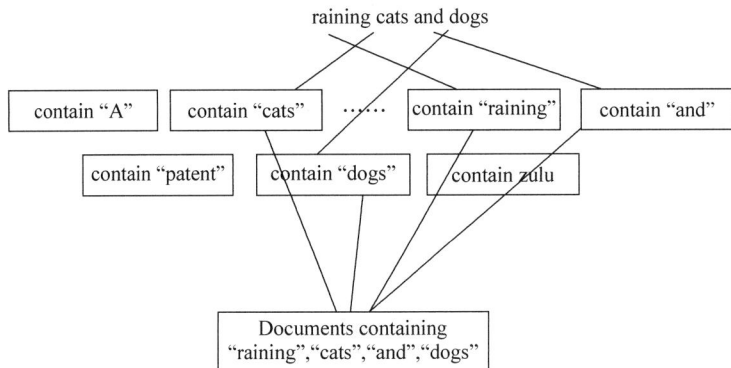

图 5-4 语义查找和关键词查找

LangChain 支持多种主流的文本嵌入模型,并提供了统一的接口。开发者可以根据需要灵活选择和切换不同的嵌入器(Embedder),充分利用最新的语言模型来构建知识库索引。

5.4.2 使用 LangChain 的 Embedding 类创建嵌入

LangChain 提供了 Embedding 类,封装了如下多个常用的文本嵌入模型。

OpenAIEmbeddings:使用 OpenAI 的 Ada 模型生成嵌入,维度为 1536。

　　HuggingFaceEmbeddings：使用 Hugging Face 的预训练语言模型生成嵌入，支持 BERT、RoBERTa、XLM 等。

　　TensorflowHubEmbeddings：使用 TensorFlow Hub 上的 Universal Sentence Encoder 模型生成嵌入。

　　SentenceTransformerEmbeddings：使用 SBERT（Sentence BERT）类模型生成嵌入，支持多语言。

　　CohereEmbeddings：使用 Cohere 的预训练模型生成嵌入。

　　JinaEmbeddings：使用 Jina 的预训练模型生成嵌入，支持文本和跨模态检索。

　　LlamaCppEmbeddings：使用 Facebook 的 LLaMA 模型的 C++ 版本生成嵌入。

　　SagemakerEndpointEmbeddings：使用 Amazon SageMaker 部署的自定义模型生成嵌入。

　　SelfHostedEmbeddings：使用自己托管的本地模型生成嵌入。

　　HuggingFaceLocalEmbeddings：使用本地部署的 Hugging Face 模型生成嵌入。

　　下面是使用 LangChain 的 Embedding 类创建文本嵌入的示例。

```
# 使用 OpenAI 生成嵌入
from langchain.embeddings import OpenAIEmbeddings
embeddings = OpenAIEmbeddings()
text_embedding = embeddings.embed_query("This is a test document.")
doc_embeddings = embeddings.embed_documents(["This is a test document.", "This is another
test document."])
# 使用 Hugging Face 生成嵌入
from langchain.embeddings import HuggingFaceEmbeddings
model_name = "sentence-transformers/all-mpnet-base-v2"
embeddings = HuggingFaceEmbeddings(model_name=model_name)
text_embedding = embeddings.embed_query("This is a test document.")
# 使用 SentenceTransformer 生成多语言嵌入
from langchain.embeddings import HuggingFaceEmbeddings
model_name = "sentence-transformers/paraphrase-multilingual-mpnet-base-v2"
embeddings = HuggingFaceEmbeddings(model_name=model_name)
text_embedding = embeddings.embed_query("Das ist ein Testdokument.")
# 使用 Cohere 生成嵌入
from langchain.embeddings import CohereEmbeddings
embeddings = CohereEmbeddings()
text_embedding = embeddings.embed_query("This is a test document.")
# 使用自托管模型生成嵌入
from langchain.embeddings import SelfHostedEmbeddings
embeddings = SelfHostedEmbeddings(model_load_fn=model_load_fn, model_callable=model_
callable)
text_embedding = embeddings.embed_query("This is a test document.")
```

　　可以看到，使用不同的嵌入模型非常简单，只需要实例化对应的 Embedding 类，然后调用 embed_query()或 embed_documents()方法即可。embed_query()用于单个文本的嵌入，embed_documents()用于批量嵌入，返回的是一个嵌入向量列表。有些嵌入模型如 OpenAI Embeddings 需要 API 密钥，可以通过环境变量或显式传参的方式提供。Hugging Face Embeddings 和 SentenceTransformer Embeddings 可以通过指定 model_name 来使用不同的预训练模型，适配不同的任务场景。SelfHostedEmbeddings 允许我们使用自己训练或部署的本地模型,完全控制数据隐私和推理成本。

【例 5-5】 使用 LangChain 的 Embedding 类将文本转换为语义向量(参见代码 5.5.py)。

```
from langchain_community.llms import Ollama
from langchain_community import embeddings
embedding = embeddings.ollama.OllamaEmbeddings(model = 'gemma:2b')
text = "这是一个测试文本"
embeddings = embedding.embed_query(text)
print(embeddings)
```

输出类似于图 5-5(只列出一小部分)。

```
[0.6497934460639954, -0.5090503692626953, 0.511724054813385,
1.2926768064498901, 2.87579345703125, -0.03546291962265968, -
2.276413917541504, 0.33846062421798706, -1.4877406358718872, -
1.1834737062454224, 0.5764615535736084, 0.3717312216758728,
1.513338327407837, 0.1926816999912262, -0.6409558057785034,
0.9302074313163757, 0.1848432570695877, 0.9277995228767395,
0.052784163504838943, 0.5990618467330933, 2.6112427711486816,
0.5143425464630127, 0.0637299120426178, -0.012116292491555214,
0.5415661931037903, -1.3472988605499268, -0.047638073563575745,
```

图 5-5　嵌入式生成

选择合适的嵌入模型需要权衡效果、效率和成本等因素。一般来说,模型规模越大,预训练语料越丰富,生成的嵌入质量就越高,但推理速度和费用也会更高。可以通过实验对比不同模型在自己的数据集上的表现,选择最优的方案。此外,还可以通过指标如 SAL (Semantic Alignment Leakage)(https://arxiv.org/abs/2305.18208)来判断现有模型产生的嵌入是否与下游任务需要的语义空间对齐,从而决定是否需要重新训练或微调。需要注意的是,对于不同批次生成的嵌入,其向量空间可能不完全一致。因此在把新文档添加到已有的向量数据库之前,最好重新生成所有文档的嵌入,以保证一致性。此外,如果嵌入模型更新了,也需要重新生成所有嵌入向量。

5.4.3　使用 LangChain 的 Vector Store 类创建向量数据库

文本嵌入向量化是第一步,要实现高效的相似度搜索,还需要将这些嵌入存入专门的向量数据库(或向量索引)。LangChain 提供了 Vector Store 类,对接了如下多个常用的向量数据库后端实现。

Chroma:一个开源的、基于本地文件或云存储的向量数据库,支持多种相似度算法。

Pinecone:一个完全托管的向量数据库,提供高可用性和弹性扩展。

Weaviate:开源的、基于 GraphQL 的向量搜索引擎,支持跨模态搜索。

FAISS:由 Facebook 开发的用于密集向量的高效相似度搜索库。

Milvus:一个开源的可扩展向量数据库,提供更高的吞吐和并发。

Qdrant:一个支持高级过滤和 CRUD 操作的开源向量搜索引擎。

Pandas DataFrame:将向量存储在内存的 Pandas DataFrame 中,主要用于测试和小规模数据。

Annoy:一个用于近似最近邻搜索的 C++ 库,使用随机投影树。

Elasticsearch:一个基于 Apache Lucene 的开源搜索引擎,支持向量相似度搜索。

下面是使用 LangChain 的 Vector Store 类创建向量数据库索引的示例。

```
# 使用 Chroma 创建向量数据库
from langchain.embeddings import OpenAIEmbeddings
from langchain.vectorstores import Chroma
texts = ["This is a test document.", "This is another test document."]
embeddings = OpenAIEmbeddings()
docsearch = Chroma.from_texts(texts, embeddings)
# 使用 Pinecone 创建向量数据库
from langchain.embeddings import OpenAIEmbeddings
from langchain.vectorstores import Pinecone
pinecone.init(api_key = os.getenv("PINECONE_API_KEY"), environment = os.getenv("PINECONE_ENV"))
embeddings = OpenAIEmbeddings()
Pinecone.from_texts(texts, embeddings, index_name = "langchain - demo")
# 使用 FAISS 创建向量数据库
from langchain.embeddings import OpenAIEmbeddings
from langchain.vectorstores import FAISS
embeddings = OpenAIEmbeddings()
db = FAISS.from_texts(texts, embeddings)
```

这里展示了使用 Chroma、Pinecone 和 FAISS 三种向量数据库存储文本嵌入的流程。它们都提供了一个 from_texts()方法，接收文本列表 texts 和嵌入器 embeddings，在内部完成文本到向量的转换，并将文本和向量一并存入数据库。对于已经生成好的嵌入向量，也可以使用 from_embeddings()方法直接导入。

【例 5-6】　向量数据库的建立。

```
from langchain_community import embeddings
from langchain.vectorstores import Chroma
texts = ["This is a test document.", "This is another test document."]
embedding = embeddings.ollama.OllamaEmbeddings(model = 'gemma:2b')
# 查询某个嵌入向量
docsearch = Chroma.from_texts(texts, embeddings)
query = "test4"
docs = docsearch.similarity_search(query)
print(docs)
```

不同的向量数据库在功能、性能和适用场景上各有特点，如表 5-1 所示。

表 5-1　不同向量数据库比较

特性/数据库	Chroma	Pinecone	FAISS	Weaviate	Milvus	Elasticsearch
数据规模	数百万	数十亿	适中	适中到大	数十亿到千亿	适中到大
查询性能	高	高	非常高	高	高	中等
部署方式	单机/云存储	完全托管云服务	主要是单机	单机/集群	单机/集群	单机/集群
适用场景	个人知识库、文档检索	企业级语义搜索、推荐系统	实时问答、人脸识别	知识图谱、多媒体检索	日志分析、欺诈检测	现有 ES 集群扩展
特点	支持本地文件或 S3 云存储，方便的数据管理	提供动态扩缩容、数据备份与恢复等云服务	多种索引类型，优化查询性能和内存使用	结合向量和结构化数据查询，支持跨模态搜索	先进的向量压缩和分布式索引，高效存储和查询	近期支持向量搜索，低迁移成本

续表

特性/数据库	Chroma	Pinecone	FAISS	Weaviate	Milvus	Elasticsearch
易用性和维护	较高	高	中等	高	中等到高	高
数据安全	取决于存储选择	完全托管提供高安全性	高,需自行管理	高,需自行管理	高,需自行管理	高,依赖 ES 安全特性

在实际选择向量数据库时,除了功能和性能,还要考虑易用性、可维护性、数据安全等非功能需求。例如,对数据隐私要求高的场景适合使用自托管的 Chroma 或 Milvus,对开发效率要求高的场景适合使用 Pinecone 的托管服务。可以通过对比实验或 proof of concept 来评估不同方案。

LangChain 的 Vector Store 类提供了一致的接口规范,可以用很低的切换成本在不同的向量数据库之间迁移。这为应对数据规模、性能需求和部署环境的变化提供了很大的灵活性。总之,通过 Embedding 和 Vector Store,可以将非结构化的文本数据转换为语义向量,并高效地存储和检索。这是智能问答系统构建可扩展知识库的基石。

5.5　实现问答流程

有了索引好的知识库,就可以实现端到端的问答流程了。LangChain 提供了一系列问答链(Question Answering Chain),将问题理解、知识检索、答案生成等环节连接起来,显著降低了问答系统的开发复杂度。

5.5.1　问题理解和分析

问题理解是问答流程的第一步,其目标是从用户的自然语言输入中准确提取出查询意图和关键信息,为后续的知识检索提供依据。这里主要关注三个任务:问题分类、实体识别和问题扩展。

(1) 问题分类和意图识别。

问题分类就是判断用户输入的问题属于哪种类型,常见的类型有事实型、定义型、观点型、过程型、比较型等。不同类型的问题对应着不同的答案生成逻辑。例如,事实型问题适合直接从知识库中检索答案,而观点型问题则需要生成有论据支撑的主观判断。此外,还需要识别用户提问的具体意图,常见的意图有查询、请求服务、寒暄、闲聊等。不同意图的问题需要调用不同的对话技能(如知识问答、任务协助、关系维护等)来处理。

LangChain 中可以使用 HumanChatMessage 和 SystemChatMessage 组成的聊天记录,外加 few-shot examples,来实现 Few-Shot 的问题分类和意图识别。

【例 5-7】　问题分类和意图识别(代码 5.6.py)。

```
from langchain import PromptTemplate
from langchain.schema import HumanMessage
from langchain_community.llms import Ollama
# 创建 PromptTemplate
human_template = """
As an intelligent assistant, your task is to determine the category and intent of a user's query.
Here are some common query categories and intents:
```

```
Categories:
- Factual: Asking for objective facts or information.
- Opinion: Seeking subjective views or recommendations.
- Procedural: Asking how to complete a task or achieve a goal.
- Banter: Non-purposeful conversation for entertainment or socializing.
Intents:
- Information Request: Seeking specific facts, data, or knowledge.
- Recommendation Request: Seeking advice on products, services, or decisions.
- Action Request: Seeking guidance or help to complete a task.
- Entertainment Request: Seeking fun, humorous, or engaging interaction.
Now, please determine the category and intent of the following user query:
Query: {query}
Please respond using the following format:
Category: [query category]
Intent: [query intent]
Do not generate any other text, simply fill in the category and intent.
"""
human_prompt = PromptTemplate(
    input_variables = ["query"],
    template = human_template
)
# 创建 Ollama 实例
gemma = Ollama(model = "gemma:2b")
def classify_query(query):
    # 创建 HumanMessage 对象
    human_message = HumanMessage(content = human_prompt.format(query = query))
    # 提取内容作为字符串
    data_to_serialize = human_message.content
    # 使用 gemma.generate 生成响应
    response = gemma.generate([data_to_serialize])
    # 从 LLMResult 对象中提取生成的文本
    generated_text = response.generations[0][0].text.strip()
    print(f"Model's raw response:\n{generated_text}\n")
    # 解析类别和意图
    lines = generated_text.split('\n')
    category = "Unknown"
    intent = "Unknown"
    for line in lines:
        if line.startswith("Category:"):
            category = line.split(':')[1].strip()
        elif line.startswith("Intent:"):
            intent = line.split(':')[1].strip()
    return category, intent
# 测试函数
queries = [
    "What's the weather like today?",
    "How do I bake a chocolate cake from scratch?",
    "Which is better for gaming, PlayStation or Xbox?",
    "Tell me a funny joke.",
    "Who was the first president of the United States?",
    "What are the best restaurants in New York City?",
    "How can I improve my public speaking skills?",
    "What's the meaning of life?",
    "How tall is the Eiffel Tower?",
```

```
        "Can you recommend a good book to read?"
    ]
    for query in queries:
        category, intent = classify_query(query)
        print(f"Query: {query}")
        print(f"Category: {category}, Intent: {intent}\n")
```

程序利用 LangChain 和 GEMMA-2B 模型实现了一个简单的查询分类器，它可以根据用户的自然语言查询，判断查询的类别和意图。程序的核心是一个精心设计的提示模板（Prompt Template），它定义了模型的任务、上下文以及期望的输出格式。具体包括：①任务定义，模板明确指出，模型的角色是一个智能助手，任务是判断用户查询的类别和意图；②上下文信息，模板提供了常见查询类别（Categories）和意图（Intents）的定义，作为模型判断的参考框架。类别包括事实类（Factual）、意见类（Opinion）、程序类（Procedural）和闲聊类（Banter）；意图包括信息请求（Information Request）、推荐请求（Recommendation Request）、操作请求（Action Request）和娱乐请求（Entertainment Request）。

输入占位符：模板使用{query}作为输入占位符，表示实际的用户查询将在此处插入。输出格式：模板明确指示模型使用以下格式进行响应。

```
Category: [query category]
Intent: [query intent]
```

其中，[query category]和[query intent]分别表示模型判断的查询类别和意图。模板还强调，模型只需填写类别和意图，不要生成其他任何文本。

提示模板的设计体现了以下几点。

① 明确的任务定义有助于模型理解其角色和目标，减少歧义和误解。

② 提供上下文信息（如类别和意图的定义）可以引导模型进行更准确、更一致的判断。这体现了 Few-Shot Learning 的思想，即通过少量示例来引导模型完成任务。

③ 使用占位符可以方便地将实际查询插入模板中，实现动态生成提示的效果。

④ 指定明确的输出格式可以减少模型生成无关文本的可能性，提高响应的质量和可解析性。

在实现中，程序使用 LangChain 的 PromptTemplate 类将提示模板封装为一个可重用的对象，并使用 HumanMessage 将实际查询插入模板中，生成完整的提示。然后，程序调用 Gemma-2B 模型（Ollama 实例）来生成响应，并从响应中解析出类别和意图信息。

为了评估模型的性能，程序使用了一组覆盖不同类别和意图的测试查询，并打印出每个查询的原始响应以及解析结果。这种系统的测试方法可以帮助人们全面评估模型的表现，发现可能的问题和改进空间。

该程序展示了如何使用 LangChain 和 LLM（如 Gemma-2B）来构建一个简单但有效的查询分类器。提示模板的设计是关键，它通过明确的任务定义、上下文信息和输出格式来引导模型生成所需的响应。同时，程序还展示了如何使用测试查询来评估模型的性能，这对于开发高质量的语言应用至关重要。

（2）命名实体识别和连接。

命名实体识别（Named Entity Recognition）就是从问题中提取出关键的实体术语，如人名、地名、机构名、时间、数字等。这些实体信息是检索知识库的重要线索。实体链接

（Entity Linking）则是将问题中的实体映射到知识库中的规范化实体，消除指代歧义。LangChain 中可以使用 HumanChatMessage 和 SystemChatMessage 组成的聊天记录，外加 RegexParser，来实现实体识别和连接。

【例 5-8】 实体识别和连接（代码 5.7.py）。

```python
from langchain.schema import (
    HumanMessage,
    SystemMessage
)
from langchain.output_parsers import RegexParser
from langchain_community.llms import Ollama
from langchain import PromptTemplate

output_parser = RegexParser(
    regex = r"Entities:\n*((?:.*\n*)*)",
    output_keys = ["entities"]
)
system_template = """
You are an entity recognition model. Your task is to extract key entities from the user's
question and represent them as a list.
Entities mainly include person names, place names, organization names, times, dates, numbers,
etc. If there are pronouns, please replace them with the actual entities they refer to.
Different entity types are identified by prefixes, as shown below:
Person (PER): John Smith
Location (LOC): New York
Organization (ORG): Stanford University
Time (TIME): 12 o'clock
Date (DATE): May 18, 2023
Number (NUM): 42
Please use the format "EntityType: Prefix EntityName" for each entity, and put each entity on a
separate line. The output should start with "Entities:" followed by a newline, and then list the
entities, each on its own line.
"""
human_template = """
Here is a question from the user. Please extract the key entities from it:
Question: {query}
"""
system_message_prompt = PromptTemplate(
    input_variables = [],
    template = system_template
)
human_message_prompt = PromptTemplate(
    input_variables = ["query"],
    template = human_template
)
# Create an Ollama instance
gemma = Ollama(model = "gemma:2b")
def extract_entities(query):
    system_message = SystemMessage(content = system_message_prompt.format())
    human_message = HumanMessage(content = human_message_prompt.format(query = query))
    response = gemma.generate([system_message.content, human_message.content])
    generated_text = response.generations[0][0].text.strip()
    parsed_response = output_parser.parse(generated_text)
```

```
        entities = parsed_response['entities'].split('\n')
        return [entity.strip() for entity in entities if entity.strip()]
# Test the function
query = "Yesterday, I went to Peking University to attend a lecture by the famous history
professor Wu Xiaobo."
print(extract_entities(query))
```

上述代码实现了一个基于 Gemma-2B 模型的实体识别功能。它利用 LangChain 库提供的工具，如 PromptTemplate、HumanMessage、SystemMessage 和 RegexParser 来构建一个完整的实体识别流程。

首先，代码定义了两个提示模板：系统提示模板 system_template 和人类提示模板 human_template。系统提示模板详细说明了实体识别模型的任务、实体类型及其前缀、输出格式等，为模型提供了明确的指导。人类提示模板则简单地包含用户的问题。这两个提示模板都使用了 PromptTemplate 类，以便将实际的问题动态插入模板中。然后，代码创建了一个 Ollama 实例，用于加载和调用 Gemma-2B 模型。

其次，代码定义了一个 extract_entities 函数，用于执行实体识别的主要逻辑。该函数接收一个查询字符串作为输入，并使用之前定义的提示模板生成系统消息和人类消息。然后，它将这些消息传递给 Gemma-2B 模型进行推理，获取生成的文本输出。接下来，函数使用 RegexParser 提取输出中的实体列表，并对实体字符串进行清理和过滤。最后，函数返回提取到的实体列表。为了测试 extract_entities 函数，代码还提供了一个示例查询，并打印出识别到的实体。

总的来说，这段代码展示了如何使用 LangChain 和 Gemma-2B 模型构建一个实体识别管道。通过精心设计的提示模板和解析逻辑，代码能够引导模型生成符合预期格式的输出，并从中提取出关键的实体信息。这种方法可以帮助人们从非结构化的文本数据中获取结构化的实体知识，为进一步的分析和应用奠定基础。

（3）问题扩展和重写。

为了提高检索的查全率（Recall），有时需要对用户的原始问题进行扩展，添加一些同义词、上下位词、相关词等，增加问题表达的多样性。这可以通过词典或知识图谱实现。还可以对一些非常口语化、简略的问题进行重写，补全其完整语义，如将"老美国总统"重写为"美国前总统"。在 LangChain 中，可以使用由 HumanMessage 和 SystemMessage 组成的聊天记录，外加 related_words 词表，来实现问题扩展和重写。

【例 5-9】 问题扩展和重写（代码 5.8.py）。

```
from langchain.schema import (
    HumanMessage,
    SystemMessage
)
from langchain_community.llms import Ollama
from langchain import PromptTemplate
related_words = {
    'China': ['People\'s Republic of China', 'Mainland China', 'Shenzhou', 'Huaxia'],
    'Beijing': ['Beiping', 'Jingcheng', 'Capital'],
    'University': ['Academy', 'College'],
    'Professor': ['Prof', 'Professor'],
    'Historian': ['History scholar']
```

```
}
system_template = """
You are a query expansion model. Your task is to generate synonymous rephrases for the user's
question.
Keep the core semantics of the original question unchanged, but replace the keywords with some
synonyms to generate queries that are similar in meaning but slightly different in expression.
Each query should start with "Q:" on a new line.
In the new queries, annotate the replaced words and synonyms in parentheses, in the format of
(original word -> synonym).
"""
human_template = """
Here is the original question from the user:
{query}
Generate synonymous rephrases:
"""
system_message_prompt = PromptTemplate(
    input_variables = [],
    template = system_template
)
human_message_prompt = PromptTemplate(
    input_variables = ["query"],
    template = human_template
)
# Create an Ollama instance
gemma = Ollama(model = "gemma:2b")
def extract_entities(query):
    #假设已经有了一个命名实体识别函数,它返回查询中的实体列表
    #为了简单起见,这里只是进行了一个模拟
    entities = []
    for word in related_words.keys():
        if word in query:
            entities.append(word)
    return entities
def expand_query(query, related_words):
    system_message = SystemMessage(content = system_message_prompt.format())
    human_message = HumanMessage(content = human_message_prompt.format(query = query))
    response = gemma.generate([system_message.content, human_message.content])
    generated_text = response.generations[0][0].text.strip()
    rephrased_queries = generated_text.split('\n')
    rephrased_queries = [q[3:] for q in rephrased_queries if q.startswith("Q:")]
    ner_query = extract_entities(query)
    for old in ner_query:
        if old in related_words:
            new = related_words[old]
            query = query.replace(old, f"{old}({'/'.join(new)})")
    expanded_queries = [query] + rephrased_queries
    return expanded_queries
# Test the function
query = "Yesterday, I went to Peking University to attend a lecture by the famous historian
Professor Wu Xiaobo."
print(expand_query(query, related_words))
```

在上述代码中,首先定义了系统提示模板 system_template 和人类提示模板 human_template,分别用于指导模型进行问题改写和获取用户的原始问题。还定义了一个 related_ words 词表,包含一些关键实体及其近义词。extract_entities 函数作为命名实体识别的占位符。为了简单起见,这个函数只是在 related_words 词表中查找查询中出现的单词,并将其作为识别到的实体返回。在实际应用中,需要替换这个函数,使用真正的 NER 模型或工具来识别查询中的实体。在 expand_query 函数中,首先调用 extract_entities 函数获取查询中的实体列表 ner_query。然后,遍历 ner_query 中的每个实体,检查其是否在 related_words 词表中有对应的近义词。如果有,将查询中的实体替换为带有近义词标记的格式。

接下来,创建了一个 Ollama 实例,用于加载和调用本地的 Gemma-2B 模型。在 expand_query 函数中,使用提示模板生成系统消息和人类消息,并将其传递给 Gemma-2B 模型进行推理。我们从模型生成的文本中提取出以"Q:"开头的行,作为改写后的问句。此外,还对原始查询进行命名实体识别,并使用 related_words 词表中的近义词对识别出的实体进行扩展,以"(实体→近义词)"的格式标记在原查询中。最后,将带标记的原查询和改写后的查询组合成一个扩展后的查询列表并返回。进一步地,还可以让模型生成更极端的改写,如反问、否定等,以覆盖更多可能的提问方式。对于较长的问题,还可以进行压缩、归纳,提取关键信息点,缩小检索范围。

通过对用户问题进行系统的分析和扩展,可以更准确地理解查询意图,并为下游的知识检索提供更丰富的线索。LangChain 大大简化了问题理解环节的开发流程,使人们可以充分利用强大的 LLM,用少量样例和提示就实现复杂的 NLP 处理。

5.5.2 知识检索和答案生成

理解了用户问题之后,下一步就是从知识库中检索相关的答案片段。LangChain 提供了几种开箱即用的问答链,将知识检索和答案生成无缝地整合在一起。

(1) RetrievalQA。

RetrievalQA 是 LangChain 中最基础的问答链,它将知识检索和答案生成解耦为两个独立的步骤:首先用 Retriever 从向量数据库中检索出与问题最相关的 K 个文档,然后将这 K 个文档连同问题一起输入 LLM 中,生成最终答案。

【例 5-10】 RetrievalQA(代码 5.9.py)。

```
from langchain_community.embeddings import OllamaEmbeddings
from langchain.vectorstores import Chroma
from langchain.document_loaders import TextLoader
from langchain.text_splitter import CharacterTextSplitter
from langchain_community.llms import Ollama as OllamaLLM
# 加载文档并创建向量索引
loader = TextLoader("doc.txt")
documents = loader.load()
text_splitter = CharacterTextSplitter(chunk_size = 1000, chunk_overlap = 0)
texts = text_splitter.split_documents(documents)
# 初始化 embeddings 对象
embeddings = OllamaEmbeddings(model = "gemma:2b")
# 直接传递 embeddings 对象给 Chroma 的 from_documents()方法
docsearch = Chroma.from_texts([text.page_content for text in texts], embeddings)
from langchain.chains import RetrievalQA
# 初始化 Retrieval QA 管道
# 初始化问答 Chain
```

```
# stuff 和 map-reduce 的区别
llm = OllamaLLM(model = "gemma:2b")
qa = RetrievalQA.from_chain_type(
    llm = llm,
    chain_type = "map_reduce",
    retriever = docsearch.as_retriever(search_kwargs = {"k": 2})
)
# 提问
query = "What is the capital of France?"
result = qa({"query": query})
print(result['result'])
```

这里首先加载文档数据，并将其划分为多个块，创建向量索引 docsearch。然后初始化一个 RetrievalQA 链，指定使用 map_reduce 的问答策略，将 docsearch 封装为检索器，并设定检索的文档数 K 为 2。发送问题后，RetrievalQA 会自动调用检索器从 docsearch 中检索出最相关的两个文档块，然后将问题和这两个文档块一起输入 LLM 中。LLM 会对每个文档块生成一个答案（map），再将这些答案综合为最终答案（reduce）。这种 map-reduce 的方式可以处理问题答案跨越多个文档的情况。除了 map_reduce，RetrievalQA 还支持其他几种问答策略。

stuff：将所有检索到的文档连缀成一个长文本，一次性输入 LLM 中生成答案。适合答案比较集中的情况。

refine：对检索到的文档进行迭代式的答案生成和优化。适合答案有 Progressive Structure 的情况。

map_rerank：先对每个文档生成一个答案，然后对这些答案进行重排序，选出最佳答案。适合多个文档都包含答案的情况。

读者可以根据知识库的特点和问题的类型，选择合适的问答策略。一般来说，"map_reduce"是最均衡的选择。当然，也可以实现自定义的问答策略，更精细地控制答案生成。例如，根据问题意图选择不同的 prompt。

（2）ConversationalRetrievalChain。

ConversationalRetrievalChain 是 RetrievalQA 的一个变体，它支持多轮对话。ConversationalRetrievalChain 会跟踪对话历史，并将其与当前问题一起输入 LLM 中。这样 LLM 就可以根据对话上下文生成更连贯、更个性化的答案。ConversationalRetrievalChain 的接口与 RetrievalQA 类似，多出了一个 memory 参数，用于指定对话历史的存储方式。

【例 5-11】　使用 ConversationalRetrievalChain 与记忆机制实现多轮对话（参考代码 5.10.py）。

```
from langchain.chains import ConversationalRetrievalChain
from langchain.memory import ConversationBufferMemory
# 初始化 Conversational RetrievalQA 管道
qa = ConversationalRetrievalChain.from_llm(
    llm,
    docsearch.as_retriever(search_kwargs = {"k": 2}),
    memory = ConversationBufferMemory(memory_key = "chat_history", return_messages = True)
)
# 多轮对话
chat_history = []
```

```
while True:
    query = input("Human: ")
    if query == "exit":
        break
    result = qa({"question": query, "chat_history": chat_history})
    chat_history.append((query, result['answer']))
print(f"Assistant: {result['answer']}")
```

这里创建了一个 ConversationalRetrievalChain,使用 ConversationBufferMemory 存储对话历史。在对话循环中,不断将新的问答对添加到 chat_history 中,并将其传入 qa 函数。这样 ConversationalRetrievalChain 就可以基于完整的对话上下文生成答案,避免了信息丢失和语境混乱。

读者还可以使用其他类型的 Memory,如 ConversationBufferWindowMemory 只保留最近 N 轮对话,ConversationSummaryMemory 使用另一个 LLM 对对话历史进行总结压缩,以及 ConversationKGMemory 将对话历史解析为知识图谱等。选择合适的 Memory 策略可以在对话流畅性和计算开销之间取得平衡。

(3) QA-With-Sources Chain。

有时希望在生成答案的同时,输出支撑答案的原始文档片段,即答案的来源(Source)。这对于一些对可解释性和可信度要求较高的场景很有帮助,如医疗、法律领域。QA-With-Sources Chain 在 RetrievalQA 的基础上添加了对来源的追踪。

```
from langchain.chains import load_qa_with_sources_chain
from langchain.docstore.document import Document
# 初始化 QA with Sources Chain
chain = load_qa_with_sources_chain(llm, chain_type = "map_reduce")
# 提问
docs = [
    Document(page_content = "Harrison Chase is the founder of LangChain."),
    Document(page_content = "Langchain is a framework for developing applications powered by
language models.")
]
query = "Who founded LangChain?"
result = chain({"input_documents": docs, "question": query}, return_only_outputs = True)
print(result['answer'])
print(result['sources'])
```

这里 load_qa_with_sources_chain() 会自动选择合适的 prompt 来生成带来源的答案。在最后的输出结果中,除了 answer 字段外,还多了一个 sources 字段,包含支撑答案的原始文档片段。还可以通过设置 chain 的 return_source_documents 参数,让 QA-With-Sources Chain 直接返回完整的源文档对象,而不仅仅是片段。这样就可以方便地获取更多源文档的元信息。

(4) 其他问答链。

除了以上介绍的几种通用问答链,LangChain 还提供了以下针对特定任务的问答链。

VectorDBQAWithSourcesChain:在知识库中检索答案并给出来源文档,同时支持追问和引用前面的对话内容。

ChatVectorDBChain:端到端的聊天式问答链,集成了向量数据库索引构建、检索、答案生成等步骤,并优化了聊天场景下的 prompt。

GraphQAChain：基于知识图谱的问答链，先在图谱中检索相关实体，再根据实体属性生成答案。

RetrievalQAWithSourcesChain：支持将原始文档分割为多个 chunk 进行检索，并根据 chunk 生成带来源的答案。

ReverseChatGPT：模拟 ChatGPT 的问答链，但可以使用自己的数据进行训练和部署。

LangChain 社区还在不断贡献新的问答链，如利用图像、视频等多模态信息辅助问答的 MMQA 链；对接 Wolfram Alpha 进行数学和科学计算的 WolframAlphaQAChain 等。开发者也可以继承 BaseChain 实现自定义的问答逻辑。

5.5.3　答案过滤和排序

LLM 生成的原始答案可能存在冗余、不一致，甚至违反常识或伦理的问题。为了进一步提高答案质量，可以在答案生成后再进行一轮过滤和排序。

（1）答案去重和过滤。

由于知识库中可能存在重复或高度相似的内容，而 LLM 又倾向于在生成过程中复读这些内容，因此答案中往往会出现重复的信息。我们可以对答案进行简单的文本去重，将完全一致的句子合并；也可以基于语义相似度进行过滤，去除表达相同含义的句子。

此外，还需要过滤掉一些与问题无关、信息量过低的答案，如"我不知道""这个问题没有标准答案"等。最简单的方法是基于关键词匹配，但更好的方式是使用 LLM 判断问题和答案的相关性，去除相关性低于阈值的答案。

还要过滤掉一些虽然相关但可能有误导、违反事实或伦理的答案。这需要利用外部的知识图谱或规则引擎进行事实核查和合规性检查。例如，答案中提到的人物关系在知识图谱中不存在，或者生成了一些暴力、色情、政治敏感的内容。

（2）答案排序和优选。

过滤后的答案可能仍然较多，需要从中优选出最佳答案。一种简单的方式是基于答案长度、关键词覆盖度等启发式规则，为每个答案打分，然后选取得分最高的前 N 个。但更好的方式是利用 LLM 对答案的流畅度、信息量、可读性等维度进行打分。还可以让多个 LLM 分别对答案进行打分，然后将不同模型的分数进行加权平均，以得到更加客观、全面的评估。这种集成的方式可以减少个别模型的偏差和错误。

对于列表类问题（如"列举五大名校"），还需要考虑答案的多样性和代表性。我们希望优选出的答案能够尽可能覆盖不同的方面，而不是过于集中于某一方面。主题模型、聚类等算法可以帮助我们发现答案中的主题结构，从不同主题中选取最相关的答案。

【例 5-12】　使用 LLM 和集成进行答案评分和优选（参考代码 5.11.py）。

```
import re
from langchain.chains import LLMChain
from langchain_community.llms import Ollama as OllamaLLM
from langchain.prompts import PromptTemplate
# 定义答案评分的 Prompt
score_prompt = PromptTemplate(
    input_variables = ["question", "answer"],
    template = """
    请对以下答案进行评分，评分范围为 0 到 5 分，5 分为最佳。
```

```
        评分时请考虑答案的相关性、完整性、流畅性和专业性等因素。
        问题: {question}
        答案: {answer}
        评分:"""
)
# 定义答案评分的 Chain
llm = OllamaLLM(model = "gemma:2b")
score_chain = LLMChain(
    llm = llm,
    prompt = score_prompt,
    output_key = "score"
)
# 定义 Ensemble 评分函数
def ensemble_score(question, answer, chains):
    scores = []
    for chain in chains:
        result = chain.run(question = question, answer = answer)
        match = re.search(r'(\d + (\.\d + )?)', result)
        if match:
            score = float(match.group())
            scores.append(score)
        else:
            print(f"Warning: Could not extract score from: {result}")
    return sum(scores) / len(scores) if scores else 0
# 优选答案
def select_best_answers(question, answers, top_k = 1):
    scored_answers = [(answer, ensemble_score(question, answer, [score_chain])) for answer
in answers]
    return sorted(scored_answers, key = lambda x: x[1], reverse = True)[:top_k]
# 测试
question = "What is the capital of France?"
candidate_answers = [
    "The capital of France is Paris.",
    "Paris is the capital and most populous city of France.",
    "France is a country in Europe."
]
best_answers = select_best_answers(question, candidate_answers, top_k = 2)
for answer, score in best_answers:
    print(f"Answer: {answer}")
    print(f"Score: {score}")
```

这个程序实现了一个基于 LLM 的答案评分和选择系统。它的主要目的是从候选答案中选出最佳答案,根据答案的相关性、完整性、流畅性和专业性等因素进行打分和排序。程序的主要组成部分如下。

答案评分的 Prompt 模板:使用 PromptTemplate 定义了一个用于答案评分的模板,该模板接收问题和答案作为输入,并要求模型对答案进行 0~5 分的打分,同时考虑答案的各个方面。

答案评分的 LLMChain:使用本地的 Ollama 语言模型(加载 Gemma 模型)和答案评分的 Prompt 模板,构建了一个用于答案评分的 LLMChain。该 Chain 接收问题和答案作为输入,并输出对应的评分。

Ensemble 评分函数:定义了一个 ensemble_score 函数,用于综合多个评分链的打分结果。该函数对每个评分链的输出进行正则表达式匹配,提取数字评分,并计算所有评分的平均值作为最终的 Ensemble 评分。如果无法从任何评分链的输出中提取数字评分,则返回 0 分。

优选答案函数:定义了一个 select_best_answers 函数,用于从候选答案中选择得分最高的答案。该函数对每个候选答案调用 Ensemble 评分函数进行打分,然后按照得分从高到低排序,返回得分最高的 top_k 个答案及其对应的得分。

测试代码:提供了一个问题和三个候选答案,调用 select_best_answers 函数选择得分最高的两个答案,并打印答案内容和对应的得分。

这个程序展示了如何使用 LangChain 和本地的 LLM(如 Gemma)来构建一个答案评分和选择系统。通过定义合适的 Prompt 模板和评分逻辑,读者可以利用 LLM 的知识和理解能力,对候选答案进行定量评估和排序。

当然,这只是一个基本的问答流程和组件示例。在实际应用中,还需要考虑更多因素,如多轮对话、个性化、知识更新等。LangChain 提供了灵活的组件组合和定制能力,开发者可以基于应用场景和用户需求,对问答流程进行扩展和优化。例如,引入更多的提示模板和 Chain 类型,对接更多外部工具和服务,优化向量索引和查询性能等。

5.6　优化和改进问答系统

构建智能问答系统并非一蹴而就,而是一个持续迭代、不断优化的过程。读者需要在收集真实用户反馈的基础上,对系统的问答能力进行针对性提升。本节将介绍几种常见的优化策略和 LangChain 实现。

5.6.1　引入反馈机制和交互设计

没有反馈,优化就是盲人摸象。我们需要建立用户反馈收集和分析机制,以洞察系统在实际使用中的问题和不足。常见的反馈形式如下。

(1) 显式反馈:用户主动对答案的相关性、完整性、可读性等打分或评价,或举报有问题的答案。

(2) 隐式反馈:分析用户的后续交互行为,如是否进行了追问、是否较快结束了会话等,来间接评估答案质量。

(3) 人工反馈:由人工客服或审核员对答案质量进行专业评估,提供改进意见。

除了被动等待用户反馈,还可以主动引导用户参与反馈。一种做法是在答案的末尾添加反馈引导语,请用户对答案进行评价。例如,"这个回答是否解决了您的问题? 请评价该答案的星级。"另一种做法是设计交互式问答流程,在多轮对话中渐进式地引导和满足用户需求。例如,在给出初步答案后,主动询问用户是否还有其他相关问题,或提供知识卡片等形式的扩展信息。

【例 5-13】 利用 LangChain 生成反馈引导语(代码 5.12.py)。

```
from langchain.prompts import PromptTemplate
from langchain_community.llms import Ollama as OllamaLLM
feedback_prompt = PromptTemplate(
```

```
        input_variables = ["answer"],
        template = """给定以下答案,请生成一个反馈引导,要求用户对答案进行评分:
答案: {answer}
反馈引导:"""
)
#初始化本地 LLM
llm = OllamaLLM(model = "gemma:2b")
#生成反馈引导
answer = "巴黎是法国的首都和最大城市,据统计,2019 年巴黎市区面积超过 105 平方公里,常住人
口约为 2,165,423 人。"
feedback_guidance = llm(feedback_prompt.format(answer = answer))
print(feedback_guidance)
```

部分运行结果如图 5-6 所示。

```
**反馈引导:**

    1. 您认为该答案对巴黎城市信息的多少方面进行了描述呢?
        a. Very good
        b. Good
        c. Fair
        d. Poor

    2. 您认为该答案对巴黎市区面积和人口的多少方面进行了描述呢?
        a. Very good
        b. Good
        c. Fair
        d. Poor

    3. 您认为该答案对巴黎城市信息的内容丰富程度如何?
        a. Very good
        b. Good
        c. Fair
        d. Poor
```

图 5-6　反馈引导语示例

还可以将反馈引导语生成逻辑封装为一个自定义 Chain,插入问答流程的末尾,实现反馈的自动化收集。当积累了足够的用户反馈数据后,就可以对其进行统计分析,发现系统在答案的相关性、完整性、可读性等各个维度的优劣,并有针对性地改进问题环节。

除了被动的反馈收集,还可以利用 LangChain 构建主动的交互式问答流程。下面是一个简单的例子。

```
from langchain.chains import ConversationChain
from langchain.prompts import PromptTemplate
from langchain_community.llms import Ollama as OllamaLLM
interactive_prompt = PromptTemplate(
        input_variables = ["history", "input"],
        template = """以下是一个人类与 AI 助手之间的对话。助手对人类的问题给出有帮助的、详细
的和友好的回答,并提出相关的后续问题,以更好地理解人类的需求。
对话历史:
{history}
{input}
AI 助手:"""
)
llm = OllamaLLM(model = "gemma:2b")
```

```
interactive_chain = ConversationChain(
    llm = llm,
    prompt = interactive_prompt,
    verbose = True
)
# 开始对话
output = interactive_chain.run("法国的首都是哪里？")
print(f"AI 助手：{output}")
while True:
    human_input = input("人类：")
    if human_input == "exit":
        break
    output = interactive_chain.predict(input = human_input)
    print(f"AI 助手：{output}")
```

这里定义了一个交互式的对话 Prompt，让 AI 助手在回答问题的同时，也主动提出后续问题，引导多轮对话。我们用 ConversationChain 封装了这一交互逻辑，实现了持续的人机交互。通过在问答流程中引入反馈和交互环节，可以更好地了解和适应用户的真实需求，优化系统的问答策略和知识库，带来更加个性化和人性化的问答体验。LangChain 提供了灵活的接口来实现这些人机交互逻辑，增强了智能问答系统的可用性和连续学习能力。

5.6.2　持续学习和知识更新

知识不是一成不变的，新的事实和见解在不断涌现。一个智能问答系统需要与时俱进，持续吸收和学习新知识，以跟上不断变化的世界。这就要求人们建立一套知识库更新的流程和机制。

一种思路是定期全量更新。我们从可信的数据源（如权威百科、学术论文库等）爬取最新的文档，清洗和过滤后，重新生成知识库的文档嵌入和索引。全量更新可以彻底刷新知识库，但成本较高，难以频繁执行，适合版本化的知识库管理。

另一种思路是增量更新。我们监控外部知识源的变化（如新闻、社交媒体等），实时获取增量数据，动态添加或更新知识库中相关的文档。增量更新可以低成本、低延迟地保持知识库的新鲜度，但对数据质量控制和索引维护提出了挑战。

除了被动地从外部汲取新知识，还可以让智能问答系统主动学习和生成知识。一种方式是从累积的问答历史中挖掘新的知识碎片（如新概念、新观点、新事实等）添加到知识库中。这需要我们使用命名实体识别、关系抽取等技术，从海量对话中发现和结构化新知识；另一种方式是利用 LLM 的知识生成能力，直接让其生成指定领域、指定话题的知识文本，再将其添加到知识库中。这需要我们精心设计生成 Prompt，引导模型输出高质量、可靠的文本。

下面是一个利用 LangChain 实现简单知识生成的示例。

```
from langchain.prompts import PromptTemplate
from langchain_community.llms import Ollama as OllamaLLM
knowledge_generation_prompt = PromptTemplate(
    input_variables = ["topic"],
    template = """你是{topic}领域的专家。请就该主题生成一份全面权威的知识文档,内容涵盖
其定义、历史、关键概念、最新进展和未来趋势。文档应结构清晰、逻辑连贯、易于理解。请同时引用
可靠的信息源以支持你的陈述。
```

```
知识文档:"""
)
#初始化本地大模型
llm = OllamaLLM(model = "gemma:2b")
#生成新知识
topic = "虚拟现实"
new_knowledge = knowledge_generation_prompt.format(topic = topic)
new_knowledge = llm(new_knowledge)
print(new_knowledge)
```

本示例定义了一个知识生成的 Prompt 模板,让语言模型以主题专家的身份,生成关于该主题的全面权威的知识文档。通过调整主题和 Prompt 的细节,可以控制生成知识的领域、范围、风格等。将这一知识生成逻辑封装为 Chain,就可以实现知识库的自动扩充。当然,语言模型生成的"知识"可能存在错误、偏见甚至编造等问题,需要谨慎对待。可以考虑将其作为待审核的知识候选,经过人工筛选和校验后,再正式入库。除了更新知识库,还需要持续优化问答模型。一方面,当知识库规模变大后,需要重新训练嵌入模型以适应新的语料分布;另一方面,要利用新的问答样本数据,微调问答模型的参数,提升其检索和生成的效果。对于较大的模型,可以采用增量学习的策略,在保留原有知识的基础上,小批量地学习新样本,兼顾效率和效果。

总之,通过持续学习和更新,我们可以让智能问答系统紧跟时代的步伐,拥有与日俱新的知识储备和问答能力。LangChain 在知识爬取、清洗、嵌入等方面提供了丰富的工具,使得知识库更新的自动化成为可能。结合定制化的 Prompt,我们还可以让语言模型发挥"知识生成器"的角色,以更加智能、灵活的方式来扩充知识。持续学习能力将是智能问答系统保持活力和竞争力的关键。

5.6.3　扩展问答系统的功能和应用

单纯的问答只是智能对话系统的一种应用形态。随着用户需求的日益多样化,我们还可以考虑扩展问答系统的功能,将其打造为一个多场景、多任务的智能助手。LangChain 在这方面提供了良好的扩展性。以下是一些常见的扩展方向。

(1)多语言支持:为全球化的用户提供多语言的问答服务,既可以将非英语问题翻译为英语再调用 LLM,也可以利用多语言的语言模型端到端地生成非英语答案。

(2)跨域问答:集成多个领域的知识库,提供跨学科、跨场景的问答能力。不同领域的检索结果可以交叉引用和增强,形成更加丰富、多元的答案。

(3)多模态交互:引入语音、图像、视频等非文本模态,支持语音问答、visual question answering 等高级交互。LangChain 可以与语音识别、语音合成、图像理解等多模态模型无缝对接。

(4)任务型对话:从单纯的知识型问答,扩展到任务型对话,如助手可以帮用户订餐、安排行程、购物等。这需要我们在问答流程中引入任务型对话管理、API 调用、多轮状态跟踪等组件。

(5)个性化服务:针对不同用户提供个性化的问答服务,如根据用户的年龄、性别、职业、兴趣等属性,定制答案的语言风格、知识偏好等。这需要我们建立用户画像,引入推荐算法。

（6）情感支持：在问答中体现同理心、幽默感，甚至提供心理疏导等情感支持。这需要我们精细地设计 Prompt，让 LLM 学会换位思考、情绪识别等。

总的来说，智能问答系统并不是一个孤立的产品，而应该融入更大的智能对话生态中。利用 LangChain 的组件化和扩展性，我们可以将问答能力与其他 AI 技术和应用场景相结合，为用户提供更加全面、便捷、智能的服务。未来，智能问答将不再局限于"知识检索"，而是成为人机交互的"总入口"，用多种方式满足用户的信息和任务需求。

小　　结

本章详细讲解了如何利用 LangChain 构建一个智能问答系统。首先分析了问答系统的关键组成部分和技术挑战，然后介绍了 LangChain 中的问答特定组件，如问答链、检索器、向量存储等。接着，以一个端到端的问答流程为例，展示了如何使用 LangChain 组装各个部件，实现问题理解、知识检索、答案生成等核心步骤。还探讨了如何持续优化问答系统，如引入反馈机制、支持增量学习等。最后，展望了智能问答的未来发展方向，如语音问答、个性化问答、任务型对话等。

通过本章的学习，相信读者已经掌握了使用 LangChain 构建智能问答系统的基本方法和思路。当然，真实世界的问答系统往往要考虑更多因素，如多语言支持、知识图谱构建、对话管理等。这需要在 LangChain 的基础上，融入更多先进的 NLP 技术和工程实践。但无论如何，LangChain 提供了一个很好的起点，让我们能够以更低的成本、更快的速度构建原型系统，验证和迭代我们的想法。

思　考　题

一、简答题

1. 请简要说明智能问答系统的基本工作原理和流程。

2. LangChain 在构建智能问答系统中扮演什么角色？它的主要优势有哪些？

3. 请列举并简要说明实现问答流程的关键步骤。

4. 对比 RetrievalQA 和 ConversationalRetrievalChain 的区别和适用场景。

5. 如何利用 LLM 实现问题的扩展和改写？请给出一个简单的示例。

二、实践题

使用 LangChain 实现一个基于 Wikipedia 的智能问答系统。要求：

1. 使用 Wikipedia API 作为知识源。

2. 利用 embedding 和向量数据库实现语义检索。

3. 对 query 进行必要的预处理和扩展。

4. 利用 LLM 生成自然语言答案。

5. 对答案进行必要的过滤和排序。

第6章

LangChain 实战：构建智能文档助手

随着企业数字化转型的不断深入，非结构化数据如文档、报告、合同等呈爆发式增长。如何从海量文档中快速获取所需信息，如何利用文档中的知识辅助业务决策，成为亟待解决的痛点。智能文档助手应运而生。本章将重点介绍如何使用 LangChain 构建一个智能文档助手，帮助用户实现文档智能检索、问答、写作辅助等多种服务，提升文档驱动型工作的效率。

6.1　智能文档助手概述

6.1.1　什么是智能文档助手

智能文档助手是一类基于自然语言处理（NLP）和机器学习（ML）技术，能够自动理解和分析非结构化文档并基于文档内容提供智能服务的应用系统。它可以帮助用户快速检索文档内容、准确定位关键信息，用自然语言回答文档相关问题，自动生成文档摘要，对文档进行分类、聚类和语义关联等。智能文档助手通过赋能文档全生命周期管理，让非结构化数据真正释放价值，成为企业知识管理和业务运营的得力助手。

传统的文档管理系统主要提供文档的存储、检索等基础功能，难以满足用户对文档内容深度利用的需求。而智能文档助手融合了知识图谱、语义检索、智能问答、文本生成等多项人工智能技术，实现了从"管理文档"到"激活知识"的跨越。

一个成熟的智能文档助手应具备以下核心能力。

（1）文档理解。能够处理多种文件格式，自动提取文档结构（如章节、段落、列表等）和元数据（如标题、作者、关键词等）信息，并对文档内容进行语义理解。

（2）信息抽取。能够从文档中识别关键实体（如人名、地名、机构名等）、关系（如企业的CEO、产品的价格等）和事件（如收购、发布会等），形成结构化知识要素。

（3）文档检索。能够建立文档语料库的语义索引，支持自然语言查询和相似度检索，快速、准确地返回用户所需的文档内容片段。

（4）智能问答。能够理解用户以自然语言表述的问题查询，根据问题意图和背景，从海量文档中提取、生成最相关的答案。

（5）知识关联。能够将文档内容组织为知识库或知识图谱，实现概念、实体、关系的图谱化表示，并支持知识推理和智能发现。

（6）摘要生成。能够自动归纳文档的核心内容要点，生成简明扼要的摘要或关键词，方便用户快速把握文档主旨。

（7）分类聚类。能够按照主题、类别、情感等多种维度对文档进行自动分类，发现文档间的关联，形成文档主题聚类。

6.1.2　智能文档助手的应用场景和价值

企业和组织每天要处理和管理大量的文档，如合同、报告、手册、论文等。这些文档中往往蕴含着宝贵的业务知识和经验，但由于缺乏有效的文档挖掘和利用工具，大量知识资产被闲置和浪费。智能文档助手可以在多个业务场景中发挥重要作用，为企业知识管理、运营优化和智能决策带来显著价值。

（1）企业知识库构建。大型企业积累了海量的工作文档和档案，是宝贵的知识财富。智能文档助手可以自动分析这些文档，抽取关键信息，并以知识库、知识图谱等形式组织管理知识，促进企业内部知识的积累、流通和再利用。

（2）法律合同审核。律师和法务人员需要审核大量的合同文件，费时费力。智能文档助手可以自动分析合同条款，识别合同要素，提取关键信息，大幅提升合同审核效率，降低法律风险。

（3）投资研究分析。投资分析师需要阅读大量的行业报告、年报、新闻等，以把握行业发展趋势。智能文档助手可以帮助分析师快速梳理报告要点，自动生成投资摘要，追踪关键指标变化，提升研究效率和质量。

（4）医疗病历分析。医疗机构积累了大量的电子病历（EMR）数据。智能文档助手可以分析病历文本，标准化医学术语，提取患者症状、检查、用药等信息，辅助疾病诊断和临床科研。

（5）专利文献检索。企业的研发和知识产权部门需要检索相关专利，以了解技术发展动态，规避侵权风险。智能文档助手可以对专利文本进行语义分析和检索，快速发现相关专利，推荐专利聚类，监控专利舆情。

（6）学术论文助手。科研工作者需要阅读文献，管理参考文献，撰写学术论文。智能文档助手可以帮助研究者快速检索相关文献，自动生成文献综述，推荐引用片段，提供写作素材，提升科研效率。

（7）档案历史研究。档案馆保存着大量的历史档案，是宝贵的历史研究资料。智能文档助手可以识别档案手稿，数字化纸质档案，提取人名、地名等关键信息，构建档案知识库，方便历史学家检索利用。

6.1.3　构建智能文档助手的关键技术和挑战

智能文档助手的实现涉及自然语言处理、知识表示、机器学习等多个人工智能领域的前沿技术。这些技术共同构成了智能文档助手的核心引擎，但同时也面临着诸多技术挑战。

（1）文档解析。文档数据的格式多样（如 Word、PDF、HTML 等），结构复杂（如章节、表格、公式、图表等）。需要采用文档解析技术，提取文本、结构和版式等信息，并进行数据清洗、去噪，转换为结构化、标准化的文档表示。

（2）自然语言理解。文档数据属于非结构化数据，需要利用自然语言处理技术对文本进行词法、句法、语义、篇章等多层次分析，实现词性标注、命名实体识别、句法解析、指代消解、语义角色标注等。近年来，预训练语言模型如 BERT、GPT 在 NLP 领域取得了重大突破。

（3）知识抽取。从文档文本中识别出重要概念、实体、属性、关系等知识要素，构建领域知识库或本体。常用技术包括基于规则的模板抽取、基于概率统计的序列标注、基于深度学习的端到端抽取等。知识图谱在知识融合表示方面发挥重要作用。

（4）语义检索。为文档建立语义索引，可实现基于相似度的快速匹配和排序。一种常见方法是将文档映射到低维稠密向量空间，通过向量运算计算文档相似度。主流方法包括词袋模型、主题模型、词嵌入、句嵌入、文档嵌入等。

（5）信息问答。对于用户提出的自然语言问题，系统能够理解问题意图，从文档语料中检索相关段落，并自动生成简洁、连贯的自然语言答案。问答技术一般分为基于信息检索的问答（IR-QA）和基于机器阅读理解的问答（MRC）。大语言模型在回答开放域问题方面表现出惊人的能力。

（6）摘要生成。自动提取文档的关键信息，生成简明扼要的摘要。传统的文本摘要方法主要有基于统计的提取式方法和基于语言模型的生成式方法。近年来，预训练语言模型结合 Prompt 工程，在少样本学习中展现出强大的文本生成能力。

（7）文档智能。文档智能是一个宏大的课题，涉及从文档解析、知识抽取到推理决策、人机协同的全流程。需要将知识图谱、规则推理、因果推断等符号化方法与深度学习等数值化方法相结合，实现可解释、可干预、可扩展的文档智能系统。

尽管上述技术都取得了长足进展，但离真正的文档智能助手仍有不小差距。主要面临以下挑战。

（1）多源异构的文档知识整合。

（2）领域垂直场景的语言理解和生成。

（3）将知识库、规则引擎与神经网络模型融合。

（4）实现可解释、可审核的模型输出。

（5）人机混合智能，融合人类知识。

（6）模型的资源效率和推理性能优化。

（7）知识的自我更新、主动学习能力。

（8）保护数据隐私和模型安全。

随着大模型、隐私计算、持续学习等前沿技术的突破，以及人机协同、人工智能伦理等领域的进展，智能文档助手的研发成本和门槛正在降低，有望在更多行业和场景发挥价值。LangChain 等开源框架的出现，进一步赋能个人和中小型企业，推动智能文档应用的普及。

6.2　基于 LangChain 的文档助手架构

6.2.1　文档助手架构和流程

如图 6-1 所示，LangChain 智能文档助手从 PDF 文档开始，分解成多个文本块（即单个文档），将这些文本块转换为嵌入（embeddings），这意味着它们被编码为一系列可以用于机器学习和语义搜索的数字表示。当一个问题，如"什么是神经网络？"被提出时，问题本身也被转换成嵌入形式。然后通过语义搜索，在一个嵌入的向量存储中寻找匹配的结果。最后，这个工具使用一个大语言模型（LLM），如本书使用的谷歌模型 Gemma，来生成有序结果。

一个典型的基于 LangChain 的文档智能助手包括以下模块。

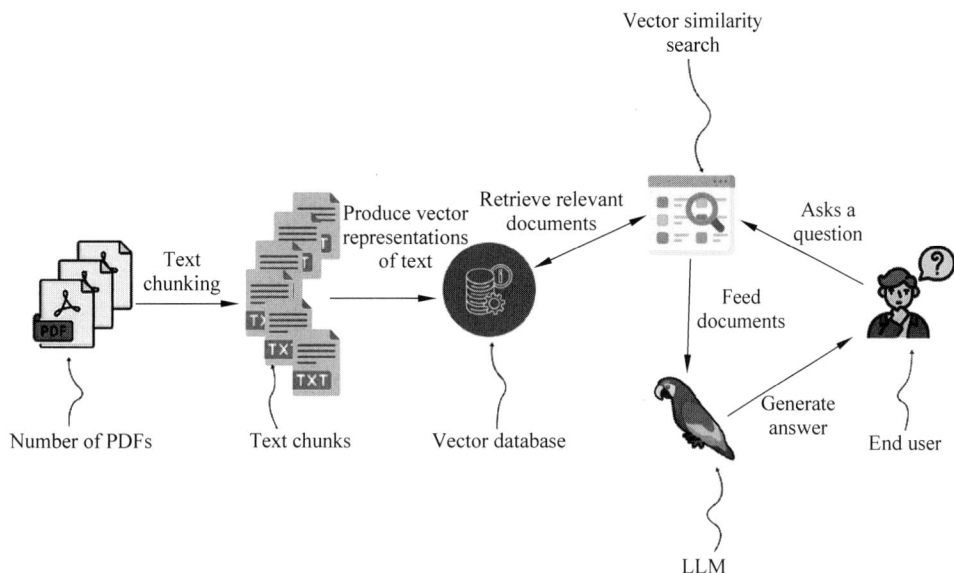

图 6-1　智能文档助手流程图

（1）文档加载器（Document Loader）。用于从不同数据源中加载原始文档，并将其转换为标准化的文档对象。LangChain 内置了多种文档加载器，支持 .txt、.pdf、.docx、.html 等常见格式。

（2）文档处理器（Document Processor）。对原始文档进行解析、切分、清洗等预处理，提取文本、结构等信息。常用的文档处理工具包括 Tika、Textract、PyPDF 等。

（3）文本嵌入器（Text Embedder）。将处理后的文本编码为语义向量，常用的嵌入模型如 Word2vec、GloVe、BERT 等。LangChain 封装了主流的嵌入服务和开源模型。

（4）向量存储（Vector Store）。将文本向量和元数据存储到向量数据库中，支持高效的相似度检索。LangChain 集成了 Chroma、FAISS、Milvus、Pinecone 等流行的向量存储方案。

（5）LLM 接口。连接各种大语言模型的 API，对外提供统一的调用接口。LangChain 支持 OpenAI、Cohere、Anthropic、Azure 等主流 LLM 服务商。

（6）检索器（Retriever）。根据用户输入的自然语言查询，快速检索最相关的文档片段。LangChain 实现了多种检索算法，如 TF-IDF、BM25、语义匹配等。

（7）问答器（Question Answerer）。串联文档检索和 LLM，对用户问题生成自然语言答案。可以采用 Retrieval-QA 或 Conversational-QA 等流程，实现多轮对话。

（8）信息抽取器（Information Extractor）。利用 LLM 或机器学习模型，从文档中抽取实体、关系等结构化信息，存入知识库图谱。

（9）应用接口（Chatbots/APIs）。封装底层模块，提供人机对话、Rest API 等应用接口，供上层业务系统集成。

以上模块通过统一的接口规范和数据格式协同工作，支持端到端的文档智能处理。一个典型的文档问答流程如下。

原始文档通过 Data Loader 载入，送入 Document Processor 进行解析、分段，输出为统一的 Document 对象。Document 经过 Text Embedder 转换为向量表示,存入 Vector Store 构建索引。用户通过聊天界面或 API 输入自然语言问题,问题文本同样经过 Text Embedder 嵌入为向量。

Retriever 利用向量相似度从 Vector Store 中召回 Top-K 个与问题最相关的文档片段。Question Answerer 将召回的文档片段和用户问题一并发送给 LLM,由其生成自然语言答案。LLM 可以采用 GPT-3、ChatGPT 等大模型,能够结合背景知识生成连贯、准确的答案。答案通过应用层接口返回给用户,完成一次智能问答。在整个过程中,信息抽取器可以从文档中持续抽取关键信息,存入知识库,用于支持更复杂的知识推理和智能对话。

LangChain 提供了一系列即用的 Chain(链)组件,用于灵活编排和串联各个模块,快速构建端到端的文档智能应用。例如,RetrievalQA Chain 封装了文档检索和问答生成的流程,ConversationChain 支持多轮对话,MapReduceChain 用于多文档总结等。用户还可以通过 Agent 接口定义定制化的任务执行逻辑。

6.2.2　LangChain 在文档助手中的优势

LangChain 在构建文档智能助手方面具有以下显著优势。

(1) 支持多种数据源。内置了十余种常见的文档加载器,覆盖本地文件、云存储、网页、Notion 等数据源类型,可以灵活拓展。

(2) 灵活的文档解析。提供了不同粒度的文本切分工具,如按字符数、按句子、按段落、按文档结构等,适配不同的任务场景。

(3) 语义检索与缓存。集成主流的向量数据库,支持文本-向量的实时转换与高效检索。采用缓存和懒加载机制,平衡检索实时性与存储成本。

(4) 大模型的即插即用。对接了 OpenAI、Cohere、Anthropic、Hugging Face 等主流 LLM 服务,可一键切换底层模型。封装了 LLM 的分词、尾截断等细节。

(5) 本地化模型部署。提供模型本地化部署的工具链,可利用 Llama 系列、StableLM 等开源模型,实现低成本、可控、数据不出边界的本地私有化方案。

(6) 语义搜索与问答。内置语义检索器,融合 dense passage retrieval 等语义匹配算法。串联检索链和 LLM,开箱即用地实现 Retrieval QA 系统。

(7) 信息抽取与知识库。支持 Few-shot 方式调用 LLM 进行实体、关系、事件等知识抽取。封装了知识三元组对象,可对接图数据库,构建领域知识库。

(8) 多模态扩展。通过 docarray 等库的集成,支持非结构化数据如图像、视频的语义检索和跨模态问答,赋能多模态的文档理解。

(9) 链式编程与组合。采用链式编程范式,支持不同粒度的组件自由组合,可以低代码地定义复杂的文档处理流程。提供 MapReduce、Sequential 等编排模式。

(10) 代理与全流程。可像编写智能体(agent)一样开发端到端的文档助理,涵盖任务分解、工具调用、步骤推理等全流程,实现复杂任务的自动执行。

(11) 工具生态的协同。集成 Python 优秀的 NLP 和 LLM 生态工具,如用 spacy 进行文本预处理,用 Hugging Face 加载语言模型,用 Streamlit 构建 Demo 等。

LangChain 在自然语言处理、知识表示、语义检索、大模型应用等方面进行了系统性的框架设计和工程优化,为开发者提供了一站式的文档智能开发套件。通过灵活组合

LangChain 提供的即用模块，可以快速构建出适配不同行业、不同场景需求的文档助手应用。

6.2.3　文档助手的核心功能模块

接下来，将使用 LangChain 的核心组件，逐步构建一个全栈的智能文档助手。它将具备文档语义检索、自然语言问答、知识抽取、摘要生成等关键能力。

（1）多源文档接入与解析。

首先要将原始文档加载到系统中。LangChain 支持各种类型的非结构化数据源。

```
from langchain.document_loaders import TextLoader, PyPDFLoader, UnstructuredURLLoader
# 加载 TEXT 文件
loader = TextLoader('example.txt')
# 加载 PDF 文件
loader = PyPDFLoader("example.pdf")
# 加载 URL
loader = UnstructuredURLLoader("https://example.com")
# 加载整个目录的文档
loaders = [TextLoader(os.path.join("data", fn)) for fn in os.listdir("data")]
documents = loader.load()
```

加载后得到统一的 Document 对象列表。每个文档包括页面内容 page_content 和元数据 metadata 属性。

对于较长的文档，需要进一步做语义切分，以适配 LLM 的输入限制（如最大 token 数）。

```
from langchain.text_splitter import CharacterTextSplitter
text_splitter = CharacterTextSplitter(
    separator = "\n",              # 以\n 为分隔符
    chunk_size = 2000,             # 每段最大字符数
    chunk_overlap = 0,             # 相邻段落重叠字符数
)
split_docs = text_splitter.split_documents(documents)
```

这里采用基于字符计数的简单切分策略，也可以选择按标点、Markdown、LaTex 等语义分隔符切分。

（2）语义索引与文档检索。

得到大量文档片段后，接下来为其构建向量索引，实现语义检索。向量索引将文本映射到一个高维空间，通过空间距离（如欧氏距离、内积等）来度量文本相似度。

```
from langchain.embeddings import OpenAIEmbeddings
from langchain.vectorstores import Chroma
embeddings = OpenAIEmbeddings()
vectordb = Chroma.from_documents(split_docs, embeddings)
```

选择 OpenAI 的 embeddings 作为向量化模型，用 Chroma 数据库存储文档向量。

基于向量索引，可以轻松实现语义检索。给定一个自然语言查询，检索出最相关的 Top-K 个文档。

```
query = "What did the author say about black holes?"
matched_docs = vectordb.similarity_search(query, k = 3)
```

除了精确匹配，还可以引入 MMR（Maximal Marginal Relevance）等算法，在相关性和

多样性间平衡,获得更丰富的背景知识。

(3)基于知识的自然语言问答。

获得了与用户问题最相关的一组背景文档,接下来交给 LLM 回答问题。LangChain 提供了一系列问答 Chain。

```
from langchain.chains import RetrievalQA
from langchain.chat_models import ChatOpenAI
qa_chain = RetrievalQA.from_chain_type(
    llm = ChatOpenAI(),                      ♯ 选择问答模型
    chain_type = "stuff",                    ♯ 选择问答策略
    retriever = vectordb.as_retriever()      ♯ 配置检索器
)
```

这里选择 ChatOpenAI 作为问答 LLM,采用 stuff 策略生成答案。直接调用 Chain 即可获得答案。

```
query = "What are the key points about Einstein's theory of relativity?"
answer = qa_chain.run(query)
```

除了单轮问答,还可以采用 ConversationChain 实现多轮对话,上下文感知。

```
from langchain.chains import ConversationalRetrievalChain
from langchain.memory import ConversationBufferMemory
qa_chain = ConversationalRetrievalChain.from_llm(ChatOpenAI(), vectordb.as_retriever())
chat_history = []
while True:
    query = input("Human: ")
    result = qa_chain({"question": query, "chat_history": chat_history})
    chat_history.append((query, result["answer"]))
    print(f"Assistant: {result['answer']}")
```

通过 chat_history 传入对话历史,让 LLM 根据上下文回答。内置的 ConversationBufferMemory 可以自动管理对话状态。

(4)基于大模型的知识抽取。

除了智能问答,我们还希望从大量文档中自动抽取结构化知识,形成知识库或知识图谱。LangChain 支持用 LLM 进行少样本信息抽取。定义抽取任务的 prompt 模板:

```
from langchain import PromptTemplate
from langchain.chains import LLMChain
template = """
从以下段落中提取关系三元组,格式为
<主体> | <关系> | <客体>
段落:
{text}
三元组:
"""
prompt = PromptTemplate(
    input_variables = ["text"],
    template = template
)
```

定义一个 LLMChain，接收指定的 prompt 模板和 LLM 模型。

```
llm = OpenAI(model_name = "text - davinci - 003")
chain = LLMChain(llm = llm, prompt = prompt)
```

传入文本即可进行关系抽取。

```
text = "本草纲目是明代医药学家李时珍编纂的一部药学巨著,被誉为中国古代药物学成就的代表作。"
print(chain.run(text))
```

输出：

```
'''
本草纲目｜作者｜李时珍
本草纲目｜成就｜中国古代药物学代表作
本草纲目｜成书年代｜明代
李时珍｜身份｜医药学家
'''
```

LLM 只给出了简单的示例，就能够以三元组形式抽取文本中的关键信息。将抽取结果存入图数据库如 Neo4j，我们就构建了基础的知识图谱。当训练数据不足时，基于 LLM 的信息抽取是一种灵活、泛化能力强的解决方案。但其输出不可控，容易产生幻觉。生产环境下，还是建议优先采用监督学习的方法。

（5）大模型驱动的文档生成。

除了从已有文档中检索和抽取知识，我们还希望利用知识库，结合 LLM 的强大文本生成能力，主动创作新的内容，如基于知识自动撰写文档大纲、自动生成报告摘要、自动对文档分类、自动回复邮件等。LangChain 的 PromptTemplate、Example Selector 等组件，可以帮助我们通过 prompt 工程充分利用 LLM 的 few-shot 学习能力，基于少量范例就能适应新的写作任务。

```
from langchain import FewShotPromptTemplate, PromptTemplate
examples = [
    {
        "query": "<分析报告的简介段落>",
        "summary": "<分析报告的核心要点总结>"
    }
    ]
    example_template = """
报告原文:
    {query}
报告要点:
    {summary}
    """
    example_prompt = PromptTemplate(
        input_variables = ["query", "summary"],
        template = example_template
    )
    few_shot_prompt_template = """
请根据以下两篇报告的内容,为新的报告自动生成要点总结。
{examples}
报告原文:
{query}
报告要点:
```

```
"""
prompt = FewShotPromptTemplate(
    examples = examples,
    example_prompt = example_prompt,
    prefix = "",
    suffix = "",
    input_variables = ["examples", "query"],
    example_separator = "\n\n",
    template = few_shot_prompt_template
)
print(prompt.format(examples = examples, query = "<新的分析报告段落>"))
```

首先定义一个 example_prompt,用于表示单个范例;然后定义一个 few_shot_prompt_template,描述整体的任务;最后组装得到完整的 prompt。传入新的报告原文,就能自动生成相应的要点总结。LangChain 还提供了基于嵌入的 Example Selector,能够从大规模范例库中,自动筛选出与当前任务最相关的少量范例,形成最优 prompt,从而进一步提升文本生成的效果。类似地,还可以基于知识库,通过 prompt 引导 LLM 进行主题写作、评论生成、对话续写等更 open-ended 的写作任务。LLM 输出的创造性和连贯性,将大大提升文档助手的智能化水平。

6.3　文档数据的处理与分析

6.3.1　支持的文档格式和数据源

建立文档智能助手时,第一步是要将异构的原始文档加载到系统中。LangChain 提供了丰富的文档加载器(Document Loader),支持从本地文件系统、云存储、数据库、API 等多种来源导入文档,涵盖了目前主流的结构化和非结构化数据格式,如表 6-1 所示。

表 6-1　LangChain 支持的文档格式列表

数据源	支持的格式	Document Loader
本地文件	TXT、CSV、PDF、DOCX、PPTX、MD、HTML、EPUB 等	TextLoader、CSVLoader、PDFMinerLoader、UnstructuredWordDocumentLoader、UnstructuredPowerPointLoader、UnstructuredMarkdownLoader、UnstructuredHTMLLoader、UnstructuredEPubLoader 等
云存储	TXT、PDF 等文件,存储在 S3、GCS、Azure Blob 等对象中	S3FileLoader、GCSFileLoader、AzureBlobStorageFileLoader 等
数据库	关系数据库(MySQL、Postgres)、NoSQL 数据库(如 MongoDB)	SQLDatabaseLoader、MongoDBLoader 等
API	通用的 HTTP 接口、特定网站如 Notion、Obsidian 等的 API	UnstructuredAPILoader、NotionDirectoryLoader、ObsidianLoader 等
网页	在线网页,包括纯文本、HTML 等格式	UnstructuredURLLoader、SeleniumURLLoader、PlaywrightURLLoader 等

续表

数据源	支持的格式	Document Loader
即时通信	Slack、Discord、Telegram 等常见即时通信工具	SlackDirectoryLoader、DiscordChatLoader、TelegramChatLoader 等
电子邮件	IMAP 的邮箱服务	OutlookMessageLoader、IMAPLoader 等
其他	Markdown 笔记、EPUB 电子书、JSON、XML、图片、音频等	ObsidianLoader、UnstructuredEPubLoader、JSONLoader、ImageCaptionLoader 等

6.3.2　使用 LangChain 的 Document Loader 加载文档

LangChain 的文档加载器可以方便地从各种数据源导入原始文档。例如：

```
# 从本地文件系统加载文本文件
from langchain.document_loaders import TextLoader
loader = TextLoader('../data/state_of_the_union.txt')
# 从 S3 云存储加载 CSV 文件
from langchain.document_loaders import S3FileLoader
loader = S3FileLoader("s3://bucket/data/info.csv")
# 从 Notion 数据库加载页面
from langchain.document_loaders import NotionDirectoryLoader
loader = NotionDirectoryLoader("Notion_DB_Name")
# 加载在线网页
from langchain.document_loaders import UnstructuredURLLoader
urls = [
    "https://www.eff.org/about",
    "https://www.eff.org/issues/privacy"
]
loader = UnstructuredURLLoader(urls = urls)
```

Loader 会自动处理认证、分页、速率限制等细节，将原始数据转换为统一的文档格式。我们也可以方便地实现自定义的 Loader。

```
from langchain.document_loaders.base import BaseLoader
class MyElasticsearchLoader(BaseLoader):
    """从 Elasticsearch 加载文档的自定义 Loader"""
    def __init__(self, host: str, index: str, query: str):
        self.host = host
        self.index = index
        self.query = query

    def load(self) -> List[Document]:
        # 使用 elasticsearch 库查询 ES,将命中结果转换为 Document 对象
        pass
```

只需继承 BaseLoader 基类，实现 load()方法即可。load()根据我们指定的数据源参数，返回标准的 Document 列表。对于多个文件、目录的批量导入，可以使用 DirectoryLoader、GlobLoader 等。

```
from langchain.document_loaders import DirectoryLoader, TextLoader
loader = DirectoryLoader('data/', glob = '** / * .txt', loader_cls = TextLoader)
docs = loader.load()
```

这里使用通配符匹配"data/"目录下的所有 txt 文件,用 TextLoader 解析每个 txt 文件为 Document 对象。

6.3.3　文档结构分析和元数据提取

原始文档的文本内容只是数据的一部分,文档的结构化信息(如标题、作者、章节、目录、图表等)和元数据(如创建时间、修改时间、文件类型等)也蕴含着重要的语义信息。如何从非结构化文档中提取这些结构化属性,是文档智能化的关键一步。

一些常见的 Office 文档如 Word、PPT,可以利用 python-docx 和 python-pptx 等库,解析其内部的结构化组件。例如,解析 DOCX 文档的大纲结构:

```python
import docx
def extract_docx_outline(file_path):
    doc = docx.Document(file_path)
    outline = []
    for paragraph in doc.paragraphs:
        if paragraph.style.name.startswith('Heading'):
            outline.append({
                'text': paragraph.text,
                'level': int(paragraph.style.name[-1])
            })
    return outline
```

利用 Paragraph 的 style 属性,可以识别出 Heading 1/2/3 等大纲层级。类似地,对于表格、图片等内容,也可以通过解析其 XML 结构实现定位和提取。而对于 PDF 等非结构化程度更高的文档,需要综合利用文本解析、版面分析、视觉分割等技术,识别其逻辑结构。例如,用 PyPDF 解析 PDF 文档的元数据:

```python
from PyPDF2 import PdfReader
def extract_pdf_metadata(file_path):
    reader = PdfReader(file_path)
    metadata = reader.metadata
    info = reader.getDocumentInfo()
        meta_dict = {
        'Title': info.title,
        'Author': info.author,
        'Creator': info.creator,
        'CreationDate': metadata.creation_date,
        'ModDate': metadata.modification_date,
        'Pages': len(reader.pages)
    }
    return meta_dict
```

PyPDF2 可以直接提取 PDF 文档信息字典(如 Title、Author 等)和 XMP 元数据(如 CreateDate、ModDate 等)。再结合 PyPDF2 的页面内容解析,可以实现对 PDF 的全面结构化。对于超长文档,直接喂给 LLM 处理成本较高,需要进行语义分割。LangChain 提供了多种文档分割器(TextSplitter):

```python
from langchain.text_splitter import CharacterTextSplitter
text_splitter = CharacterTextSplitter(
    separator = "\n",
```

```
        chunk_size = 2000,
        chunk_overlap = 0,
)
split_docs = text_splitter.split_documents(docs)
```

分割器可以将原始长文档切分为多个有序的 chunks。除了基于字符数的简单切分，LangChain 还支持更语义化的切分策略，如基于 Markdown、LaTeX、代码等特定文档结构进行分割。

从原始文档中提取的结构化信息，通常以文档元数据（Document Metadata）的形式跟随内容一起流转。元数据可用于支持语义检索、问答、摘要等下游任务。我们可以方便地访问和管理元数据对象：

```
doc.metadata["source"] = f"{index} - {file_path}"
doc.metadata["outline"] = extract_docx_outline(file_path)
doc.metadata["create_date"] = extract_pdf_metadata(file_path)["CreationDate"]
```

通过文档元数据，可以在语料库中构建 virtual documents，即将多个物理文档拼装成一个虚拟的逻辑文档，作为 LLM 的输入。这种灵活的文档组织方式，可以在不同粒度支持语义计算，提升效率。

6.3.4　文档内容的清洗和预处理

原始文档中往往包含大量噪声数据，如冗余信息、格式错误、编码问题等，需要进行清洗和预处理，以提高文本质量。这是文档智能管道的重要一环。LangChain 的 TextSplitter 返回的是一个个文本片段。在进一步处理之前，往往需要过滤掉过短或过长的异常文本；删除特殊字符如\\x01、\\u001 等；删除多余空格、换行、停用词等；替换 HTML 转义符如 &amp；清理掉 URL、E-mail、电话、社交账号等；解码不同编码如 UTF-8、Latin-1 等；修复错误的标点符号、拼写错误等；将不同 case、时态、单复数转换为标准形式；将文本切分为句子、词语等基本单元。

常用的文本清洗库包括 ftfy、unidecode、textacy、clean-text 等。例如，用 clean-text 去除文本中的 HTML、URL 等。

```
from cleantext import clean
text = "This is a link http://example.com"
cleaned_text = clean(text, no_urls = True)
print(cleaned_text)
# This is a link
```

clean-text 内置了常见的清理规则，也支持自定义正则、过滤函数等，是一个功能全面的文本清理工具。对于分词、词形归一化等自然语言处理任务，可以利用成熟的 NLP 库如 NLTK、spacy。

```
import spacy
nlp = spacy.load('en_core_web_sm')
doc = nlp("I have many books, some are fictions and some are nonfictions.")
tokens = [token.lemma_ for token in doc]
# ['I', 'have', 'many', 'book', ',', 'some', 'be', 'fiction', 'and', 'some', 'be', 'nonfiction', '.']
sentences = [str(sent) for sent in doc.sents]
# ['I have many books, some are fictions and some are nonfictions.']
```

spacy 可以对文本进行分词、词形还原（lemmatize）、句子分割等多种处理，为语义理解奠定基础。LangChain 可以与这些文本处理库灵活集成。例如，可以实现自定义的 TextSplitter，内置 spacy 的句子分割器。

```python
from langchain.text_splitter import TextSplitter
    class SpacySentenceSplitter(TextSplitter):
        def __init__(self, separator: str = "\n\n", **kwargs):
            super().__init__(separator = separator, **kwargs)
            self.nlp = spacy.load('en_core_web_sm')
        def split_text(self, text: str) -> List[str]:
            doc = self.nlp(text)
            return [str(sent).strip() for sent in doc.sents]
```

这个自定义的 SpacySentenceSplitter 可以将文档切分为语义完整的句子，作为后续任务的基本单元。进一步，还可以利用 Prompt 模板和 LLM，实现更加智能化的数据清洗。例如，对于扫描件 OCR 后的文本，往往包含大量的错误、残缺和噪声。可以定义一个数据修复的 Prompt：

```python
from langchain import PromptTemplate, FewShotPromptTemplate
examples = [
  {
    "error": "He gratuated from Havard University in 2015.",
    "repaired": "He graduated from Harvard University in 2015."
  },
  {
    "error": "She recieved a prize for her outstanding \\xc2 in the art competiton.",
    "repaired": "She received a prize for her outstanding work in the art competition."
  }
]

example_template = """
Error text:
{error}

Repaired text:
{repaired}
"""
example_prompt = PromptTemplate(
    input_variables = ["error", "repaired"],
    template = example_template,
)
repair_prompt = FewShotPromptTemplate(
    examples = examples,
    example_prompt = example_prompt,
    prefix = "Please repair the following error text: ",
    suffix = "Error text: \n{error_text}\n\nRepaired text: ",
    input_variables = ["error_text"],
    example_separator = "\n\n"
)
# 模拟 OCR 结果中的错误文本
error_text = "He woked at Google compny for 5 years, from 2013 to\\xa02018."
print(repair_prompt.format(error_text = error_text))
```

将上述 Prompt 喂给 ChatGPT，它会输出修复后的文本："He worked at Google company for 5 years,from 2013 to 2018.＂。可以看到,拼写错误、特殊字符、标点缺失等问题都得到了修正。这种基于 Prompt 的数据修复方法具有很强的灵活性。只需要用少量(few-shot)的修复范例＂告诉＂LLM 应该如何修复,而无须定义大量的规则和逻辑。LLM 可以自动总结出修复的模式,并泛化到新的数据上。同时,还可以在 Prompt 中补充更多约束和指令,指导 LLM 进行更加复杂、定制化的数据纠错,如时间格式标准化、敏感信息脱敏等。

6.4　文档语义理解和信息抽取

6.4.1　文档主题和关键词提取

理解一篇文档在讲什么,通常需要归纳其主题(Topic)和关键词(Keyword)。主题是对文档核心内容的高度概括,一般由关键词和短语组成;关键词则是最能体现文档主旨的核心词,它们在检索、分类、聚类、摘要等众多任务中发挥重要作用。

提取主题和关键词的传统做法,是利用 TF-IDF(词频-逆文档频率)等统计特征,计算每个词语的重要性,选取 Top-N 个词语作为主题或关键词。例如,用 sklearn 的 TfidfVectorizer 实现:

```python
from sklearn.feature_extraction.text import TfidfVectorizer
vectorizer = TfidfVectorizer(max_features = 20, stop_words = 'english')
tfidf = vectorizer.fit_transform(docs)
feature_names = vectorizer.get_feature_names_out()
for i, doc in enumerate(docs):
    print(f"Document {i + 1} topics: ")
    print(", ".join([feature_names[index] for index in tfidf[i, : ].nonzero()[1]]))
```

这里将文档集 docs 转换为 TF-IDF 矩阵,取每个文档权重最高的词语作为主题词。然而,词频统计方法无法考虑词语的语义信息,容易受低频但重要的词的影响。随着预训练语言模型的发展,我们可以利用其强大的语义表示能力,实现更加精准的主题和关键词提取。例如,利用 sentence-transformers 库的文本嵌入模型,计算文档的 sentence embedding,与候选关键词的 embedding 进行相似度匹配。

```python
from sentence_transformers import SentenceTransformer
# 加载预训练模型
model = SentenceTransformer('all - MiniLM - L6 - v2')
# 候选关键词
candidate_keywords = ["deep learning", "neural network", "machine learning", "computer vision", "natural language processing"]
# 待提取文档
doc = "Deep learning is a subfield of machine learning, which uses artificial neural networks inspired by the structure and function of the brain. It has achieved great success in computer vision, natural language processing and other areas."
# 计算句子和关键词的嵌入向量
doc_embedding = model.encode(doc)
keyword_embeddings = model.encode(candidate_keywords)
# 计算相似度并排序
from sklearn.metrics.pairwise import cosine_similarity
similarities = cosine_similarity([doc_embedding], keyword_embeddings)[0]
sorted_indices = similarities.argsort()[: : - 1]
```

```
#输出 Top - 3 关键词
    for i in sorted_indices[: 3]:
        print(f"{candidate_keywords[i]}: {similarities[i]: .4f}")
```

输出结果：

```
deep learning: 0.6802
machine learning: 0.6078
natural language processing: 0.5235
```

可以看到，嵌入模型准确地识别出了最相关的三个关键词。我们还可以生成候选关键词的方式，如从知识图谱中获取该领域的核心概念，或使用 n-gram 从文档中抽取短语等。除了预训练嵌入，还可以直接利用 LLM 完成关键词提取。LLM 能够直接从文档内容中总结出最重要的关键词。还可以进一步微调 Prompt，让 LLM 提取出特定类型、特定领域的关键词，如产品特性、人名地名、医学术语等。相比基于规则或词典匹配的提取方法，LLM能够更好地理解文本的语义，提取出隐含的关键信息。

主题模型（Topic Model）是一类无监督学习算法，可以从文档集中自动发现隐含的主题结构。著名的 LDA（Latent Dirichlet Allocation）通过词语的共现信息，将每个文档表示为一组主题的概率分布。我们可以用 LDA 提取文档的主要主题。

```
from sklearn.decomposition import LatentDirichletAllocation
lda = LatentDirichletAllocation(n_components = 5)
lda.fit(tfidf)
feature_names = vectorizer.get_feature_names_out()
for topic_idx, topic in enumerate(lda.components_):
    print(f"Topic {topic_idx + 1}: ")
    print(" ".join([feature_names[i] for i in topic.argsort()[: - 10 - 1: -1]]))
```

LDA 从多个文档中提取出 5 个主题，每个主题由一组权重最高的关键词组成。

主题模型擅长处理长文本和大规模语料，挖掘词语之间的潜在联系。但其效果依赖于语料的质量，对领域知识的利用较少。近年来，一些研究尝试将主题模型与预训练语言模型相结合，用 LLM 的语义表示增强主题-词语分布矩阵，改进主题的一致性和可解释性。

6.4.2 命名实体识别和关系抽取

真正"读懂"一篇文档，需要理解其中蕴含的事实性知识，即实体（Entity）及其属性和关系。命名实体识别（Named Entity Recognition）和关系抽取（Relation Extraction）就是要从非结构化文本中提取结构化的实体和关系知识。

LangChain 可以方便地对接常见的 NLP 库实现命名实体识别。例如，使用 spacy 的预训练 NER 模型：

```
import spacy
nlp = spacy.load("en_core_web_sm")
doc = nlp("Jack works at Google in New York since 2018.")
for ent in doc.ents:
    print(ent.text, ent.label_)
```

输出：

```
Jack PERSON
Google ORG
```

New York GPE
2018 DATE

spacy 使用预定义的实体类型，如人名（PERSON）、组织机构名（ORG）、地理位置（GPE）、时间（DATE）等。这种有监督的命名实体识别依赖大规模标注语料进行训练，泛化能力有限。

还可以利用 Few-shot Prompts 让 LLM 完成命名实体识别。定义 Prompt：

```
from langchain import PromptTemplate, FewShotPromptTemplate
examples = [
    {
        "text": "Andrew went to Stanford University for his undergraduate degree in Computer Science.",
        "entities": "Andrew - PERSON\nStanford University - ORG\nComputer Science - TOPIC"
    },
    {
        "text": "The movie Inception won many awards including the Academy Award for Best Cinematography.",
        "entities": "Inception - WORK\nAcademy Award - AWARD\nBest Cinematography - AWARD"
    }
]
example_template = """
Text:
{text}
Extracted Entities:
{entities}
"""
example_prompt = PromptTemplate(
    input_variables = ["text", "entities"],
    template = example_template,
)
ner_prompt = FewShotPromptTemplate(
    examples = examples,
    example_prompt = example_prompt,
    prefix = "Extract the key entities mentioned in the text below. For each entity, identify its type from the following categories: PERSON, ORG, TOPIC, WORK, AWARD. Format your answer as [entity] - [type], one per line.",
    suffix = "Text: {text}\n\nExtracted Entities: ",
    input_variables = ["text"],
    example_separator = "\n\n"
)
text = "Yann LeCun is a professor at New York University and a recipient of the Turing Award for his work on deep learning."
print(ner_prompt.format(text = text))
```

此处定义了一个 ner_prompt，其中，prefix 描述任务要求，suffix 是输入占位符，examples 是两个标注样本。喂给 ChatGPT，将输出：

```
Yann LeCun - PERSON
New York University - ORG
Turing Award - AWARD
deep learning - TOPIC
```

LLM 从两个样本中总结出命名实体识别的模式，可以准确地识别出新句子中的 4 个实体。我们可以定制化实体的类型体系，如产品实体、事件实体等。考虑到 LLM 的强大语义理解能力，只需设计一个好的 Prompt，就可以实现零样本/小样本的命名实体识别。

除了识别实体，LLM 还可以帮助我们抽取实体间的关系。例如：

```
template = """
从下面的文本中提取三元组关系,每行一个,格式为
[Subject 实体] | [关系] | [Object 实体]
如果文本中没有明确的关系,则可根据上下文合理推断。
文本:
{text}
三元组:
"""
    prompt = PromptTemplate(template = template, input_variables = ["text"])
    text = "Demis Hassabis is the co - founder and CEO of Google DeepMind. He founded the
company in 2010, which was later acquired by Google in 2014 for over $ 500 million."
    print(prompt.format(text = text))
    llm = OpenAI(temperature = 0)
    llm_result = llm(prompt.format(text = text))
    print(llm_result)
```

LLM 从文本中识别出三个三元组关系：

```
Demis Hassabis | is the co - founder of | Google DeepMind
Demis Hassabis | is the CEO of | Google DeepMind
Google | acquired | Google DeepMind
```

这里的关系抽取不仅考虑显式提及的内容（如"co-founder""CEO"），还进行了合理的隐式推断（如"acquired"）。还可以让 LLM 对三元组按照主语、谓语、宾语的形式进行结构化（SPO 抽取），更方便存入知识库。

```
(Demis Hassabis, co - founder, Google DeepMind)
(Demis Hassabis, CEO, Google DeepMind)
(Google, acquire, Google DeepMind)
```

基于 LLM 的关系抽取具有很强的泛化性和领域适应性。它可以从案例中学习到抽取逻辑，不依赖预定义的关系模式，自动适配不同的语言风格。通过 prompt 配置，还可以引导 LLM 抽取特定类型、特定形式的关系知识。

命名实体和关系三元组是构建知识图谱的基础。我们可以使用 Neo4j 等图数据库存储抽取的实体关系，形成文档的结构化知识表示。知识图谱可以作为外部知识库，增强语义检索、问答、推荐等下游应用。LangChain 的 GraphDatabase 接口提供了与图数据库的无缝集成，可以将 LLM 与知识图谱进行深度融合。

6.4.3　文档摘要和重点句提取

文档摘要（Document Summarization）是从冗长的文本中提炼出简明扼要的摘要，包含文档的核心内容要点。摘要可以帮助用户快速把握文档主旨，是信息检索、内容推荐等场景的重要技术。

传统的文本摘要通常采用提取式（Extractive）和生成式（Abstractive）两种方法。提取式摘要从原文中选取部分重要句子作为摘要，保留原有表述；生成式摘要则根据对原文语义的理解，用全新的词句生成摘要，与原文表述不同。

在 LangChain 中，可以利用预训练语言模型实现高质量的摘要生成。例如，使用 PromptTemplate 定义摘要任务：

```
from langchain import PromptTemplate
template = """
请为下面这段文本生成一个简明扼要的摘要。摘要应该准确传达文章的核心观点,但使用全新的表
述方式,不超过原文长度的四分之一。
文本:
{text}
摘要:
"""
prompt = PromptTemplate(template = template, input_variables = ["text"])
llm = OpenAI(temperature = 0.5)
text = "自然语言处理是人工智能的一个重要分支,旨在赋予计算机理解、生成和处理人类语言的能
    力。自然语言处理技术在诸如机器翻译、信息检索、舆情分析、智能客服等领域有广泛应用。近年来,
    以 Transformer 为代表的大规模预训练语言模型在多项自然语言处理任务上取得了突破性进展,使
    得自然语言处理进入了新的发展阶段。未来,自然语言处理技术将进一步向知识化、情感化、个性化、
    多模态化等方向发展,为人机交互带来更自然、更高效的体验。"
print(prompt.format(text = text))
llm_result = llm(prompt.format(text = text))
print(llm_result)
```

模型输出的摘要如下。

自然语言处理是人工智能的重要分支,旨在让计算机理解和处理人类语言。近年来,预训练语言模
型的突破推动了自然语言处理的发展。未来,该技术将朝着知识化、情感化、个性化和多模态化方向
发展,革新人机交互体验。

生成的摘要精准概括了原文的主题和脉络,用简洁流畅的语言重新组织了内容,可读性
很高。我们还可以通过改变 temperature 参数,控制摘要的创造性程度。生成式摘要依赖
于 LLM 的语言建模和生成能力,在流畅性和连贯性上有优势,但容易产生事实性错误。而
提取式摘要通过从原文中选取重要句子,可以更好地保证事实的准确性。

可以用 TextRank 等无监督算法实现提取式摘要。TextRank 通过构建句子间的相似
度图,使用 PageRank 计算每个句子的重要性得分,选取 Top-K 个句子作为摘要。例如:

```
import numpy as np
import spacy
from spacy.lang.en.stop_words import STOP_WORDS
def vectorize_sents(doc):
    return [sent.vector for sent in doc.sents]
def similarity_matrix(vectors):
    return np.dot(vectors, vectors.T)
def pagerank(M, d = 0.85, max_iter = 50):
    n = M.shape[0]
    r = np.ones(n) / n
    for _ in range(max_iter):
        r_new = d * np.dot(M, r) + (1 - d) / n
        if np.allclose(r, r_new):
            break
        r = r_new
    return r
def textrank_summarize(text, ratio = 0.2):
    nlp = spacy.load('en_core_web_sm')
    nlp.Defaults.stop_words |= STOP_WORDS
    doc = nlp(text)
    vectors = vectorize_sents(doc)
```

```
        M = similarity_matrix(vectors)
        scores = pagerank(M)
        ranked_sents = sorted([(scores[i], s) for i, s in enumerate(doc.sents)], reverse = True)
        n_sents = int(len(ranked_sents) * ratio)
        top_sents = [sent.text.capitalize() for _, sent in ranked_sents[: n_sents]]
        summary = ''.join(top_sents)
        return summary
print(textrank_summarize(text))
```

输出：

自然语言处理是人工智能的一个重要分支,旨在赋予计算机理解、生成和处理人类语言的能力。近年来,以 transformer 为代表的大规模预训练语言模型在多项自然语言处理任务上取得了突破性进展,使得自然语言处理进入了新的发展阶段。

首先将文本分句,并去除停用词。然后使用 spacy 的句子嵌入表示每个句子,计算句子间的相似度矩阵。最后用 PageRank 算法对句子重要性排序,取前 20% 的句子拼接成摘要。

TextRank 生成的摘要能够保证事实性,但句子间的连贯性较差。我们可以进一步用 LLM 对提取的摘要进行润色,提高可读性：

```
template = """
以下是一篇文章的摘要,但是句子之间衔接不流畅,请重新组织语言,使摘要读起来更加通顺连贯,
但不要改变原有的意思。
原始摘要：
{summary}
优化后的摘要：
"""
prompt = PromptTemplate(template = template, input_variables = ["summary"])
print(prompt.format(summary = textrank_summarize(text)))
llm_result = llm(prompt.format(summary = textrank_summarize(text)))
print(llm_result)
```

输出：

自然语言处理作为人工智能的一个重要分支,旨在赋予计算机理解、生成和处理人类语言的能力。近年来,以 Transformer 为代表的大规模预训练语言模型在多项自然语言处理任务上取得了突破性进展,标志着自然语言处理进入了崭新的发展阶段。

LLM 在保持原有语义的基础上,优化了句子间的衔接,使摘要更加流畅自然。提取式和生成式相结合,可以兼顾事实准确性和语言流畅性。除了整篇摘要,还可以从文档中提取最能概括主旨的个别句子,作为亮点句或 Golden Passage。一种简单的方法是利用 TextRank 的句子重要性得分,直接选取得分最高的一两个句子。

另一种方法是利用 LLM 对句子的总结能力。例如,给定一个"亮点句选取"的 Prompt：

```
template = """
从下面这段文本中,选取一个最能概括全文主旨的句子作为亮点句。亮点句应该是原文中的原句,
不要自己生成和改写。
文本：
{text}
亮点句：
"""
prompt = PromptTemplate(template = template, input_variables = ["text"])
print(prompt.format(text = text))
llm_result = llm(prompt.format(text = text))
print(llm_result)
```

输出：

近年来,以 Transformer 为代表的大规模预训练语言模型在多项自然语言处理任务上取得了突破性进展,使得自然语言处理进入了新的发展阶段。

LLM 选取的亮点句突出了全文的核心观点。可以对多个段落分别提取亮点句,形成对全文内容的概览。亮点句可作为文档的简短描述,用于信息检索、相关性排序等任务。将其作为 Passage 质量的 Proxy 特征,还可以指导 Passage Retrieval,缓解"黑盒"检索中的语义鸿沟问题。

6.4.4　使用 LangChain 的 LLM 类实现语义理解

LangChain 的 LLM 类封装了主流 LLM 如 GPT-3、ChatGPT 等的 API,为语义理解和自然语言生成任务提供了统一的接口。我们可以方便地利用 LLM 执行命名实体识别、关系抽取、文本摘要等任务。

例如,定义一个命名实体识别的 few-shot Prompt 模板：

```
from langchain import PromptTemplate, FewShotPromptTemplate
examples = [
    {
        "text": "Apple CEO Tim Cook unveiled the new iPhone 14 at the company's annual event in
Cupertino, California.",
        "entities": "Apple - ORG\nTim Cook - PERSON\niPhone 14 - PRODUCT\nCupertino - CITY\
nCalifornia - STATE"
    },
    {
        "text": "The Nobel Prize in Literature 2022 was awarded to French author Annie Ernaux
for her influential works depicting the lives of women.",
        "entities": "Nobel Prize in Literature - AWARD\n2022 - DATE\nFrench - NORP\nAnnie
Ernaux - PERSON"
    }
]
example_template = """
Text:
{text}

Extracted Entities:
{entities}
"""
example_prompt = PromptTemplate(
    input_variables = ["text", "entities"],
    template = example_template,
)
ner_prompt = FewShotPromptTemplate(
    examples = examples,
    example_prompt = example_prompt,
    prefix = "Extract entities and their types from the following text. Types include: PERSON,
NORP (nationality or religious group), ORG, STATE, CITY, PRODUCT, AWARD, DATE, MONEY, etc. Use '-'
to separate entity and type.",
    suffix = "Text: {text}\n\nExtracted Entities: ",
    input_variables = ["text"],
    example_separator = "\n\n"
)
```

```
    text = "Mark Zuckerberg announced that Meta will lay off 10,000 employees amid economic
downturn and shift focus towards building the metaverse."
    print(ner_prompt.format(text = text))
    #定义 LLM 实例
    from langchain.llms import OpenAI
    llm = OpenAI(temperature = 0)
    print(llm(ner_prompt.format(text = text)))
```

输出：

```
Mark Zuckerberg - PERSON
Meta - ORG
10,000 - MONEY
```

这里只提供了两个样本，LLM 就能准确地识别出新句子中的三个命名实体及其类型。类似地，可以定义关系抽取的 Prompt 模板：

```
relation_examples = [
    {
        "text": "Elon Musk is the CEO of Tesla, which he co-founded in 2003.",
        "relations": "(Elon Musk, CEO of, Tesla)\n(Elon Musk, co-founded, Tesla)"
    },
    {
        "text": "Sergey Brin and Larry Page founded Google in 1998, which later reorganized
under Alphabet Inc. in 2015.",
        "relations": "(Sergey Brin, founded, Google)\n(Larry Page, founded, Google)\n
(Google, reorganized under, Alphabet Inc.)"
    }
]
relation_prompt = FewShotPromptTemplate(
    examples = relation_examples,
    example_prompt = example_prompt,
    prefix = "Extract the relations between entities from the following text. Each relation
should be in the format of '(Subject, Relation, Object)'.",
    suffix = "Text: {text}\n\nRelations: ",
    input_variables = ["text"],
    example_separator = "\n\n"
)
    text = "Jeff Bezos founded Amazon in 1994. He stepped down as CEO in 2021 and was succeeded by
Andy Jassy."
    print(relation_prompt.format(text = text))
    print(llm(relation_prompt.format(text = text)))
```

输出：

```
(Jeff Bezos, founded, Amazon)
(Jeff Bezos, stepped down as CEO of, Amazon)
(Andy Jassy, succeeded, Jeff Bezos)
```

LLM 抽取出了句子中蕴含的三组关系三元组。我们还可以进一步解析三元组，构建实体关系图谱。文本摘要的 Prompt 模板示例如下。

```
summarization_examples = [
    {
        "text": "Deep learning has achieved state-of-the-art results in computer vision,
speech recognition, natural language processing and other fields. At the core of deep learning
```

are neural networks, which are inspired by the structure and function of the human brain. Deep neural networks are composed of multiple layers that learn increasingly abstract representations of the input data, allowing them to automatically learn hierarchical features. ",

```
        "summary": "Deep learning uses multi - layered neural networks to achieve breakthroughs in
AI fields like computer vision and NLP. These networks are inspired by the human brain and can
automatically learn hierarchical features from raw data."
    },
    {
        "text": "Quantum computing is a rapidly emerging technology that harnesses the laws of
quantum mechanics to solve problems too complex for classical computers. Quantum computers use
qubits, which can be in multiple states at once, to perform vast numbers of calculations
simultaneously. This allows them to solve certain problems, such as simulating complex chemical
reactions and optimizing large systems, much faster than classical computers. ",
        " summary": " Quantum computing leverages principles of quantum mechanics like
superposition to perform complex computations beyond the reach of classical computers. Quantum
computers can simulate chemical reactions and optimize large systems far more efficiently."
    }
]
summarization_prompt = FewShotPromptTemplate(
    examples = summarization_examples,
    example_prompt = example_prompt,
    prefix = "Summarize the following text in 2 - 3 sentences. The summary should capture the key
points and use concise language. ",
    suffix = "Text: {text}\n\nSummary: ",
    input_variables = ["text"],
    example_separator = "\n\n"
)
text = "Natural language processing (NLP) is a subfield of linguistics, computer science,
and artificial intelligence concerned with the interactions between computers and human
language, in particular how to program computers to process and analyze large amounts of
natural language data. Challenges in natural language processing frequently involve speech
recognition, natural language understanding, and natural language generation. Recent advances in
deep learning have achieved very high performance across many different NLP tasks."
print(summarization_prompt.format(text = text))
print(llm(summarization_prompt.format(text = text)))
```

输出：

```
Natural Language Processing (NLP) is an interdisciplinary field that focuses on enabling
computers to understand and generate human language. It involves speech recognition,
language understanding, and language generation. Deep learning has recently achieved
significant breakthroughs in various NLP tasks.
```

LLM 根据少量样例总结出了一个全面、简洁、专业的摘要，突出了原文的关键信息点。可以看到，利用 LangChain 的 LLM 接口和 Prompt 模板，几乎可以开箱即用地完成各种文档语义理解任务。LLM 强大的少样本学习能力可以大幅降低任务的开发成本。只需要精心设计任务的 Prompt 模板和示例，就可以引导 LLM 完成特定领域、特定风格的语义理解。相比传统的特征工程＋机器学习流程，基于 LLM 的语义理解方法具有以下显著优势。

（1）省去了烦琐的特征抽取和人工标注步骤，只需少量示例即可上手。

（2）可以灵活适配不同领域、不同任务，通过 Prompt 快速转换。

（3）支持开放域、无界面的输入，覆盖更广泛的应用场景。

（4）结合常识知识，可以理解隐含语义，弥补标注数据的局限。

（5）输出可控，可以引导 LLM 在理解的基础上进行知识推理、归纳总结。

当然，基于 LLM 的语义理解并非银弹，仍然存在一些局限和挑战。

（1）LLM 易产生幻觉，输出的事实性、逻辑一致性有待提高。

（2）LLM 缺乏个性化的知识，无法理解特定企业或行业的术语、规则。

（3）LLM 对图像、视频、音频等多模态数据的理解能力有限。

（4）LLM 的推理能力和常识推理能力与人类还有不小差距。

（5）LLM 是黑盒模型，缺乏可解释性，难以定位和修正错误。

（6）LLM 的训练和推理成本较高，在效率、性能方面有优化空间。

这些问题的解决，既需要在数据、算法、工程等方面的持续创新，也需要在安全、伦理、治理等层面的持续规范。相信通过学界和业界的共同努力，基于大模型的语义理解和知识挖掘技术必将不断突破瓶颈，为企业和个人带来更大的价值。

6.5　基于文档的问答和对话

6.5.1　将文档分割为知识片段

大规模语料是 LLM 的原材料。要将非结构换的原始文档转换为可被 LLM"吸收"的形式，需要进行文档分块和知识切分。知识片段（Knowledge Fragment）通常控制在 LLM 的最大上下文长度以内，可以独立抽取主题和关键词，记录文档内部结构，具有一定的完整性和独立性。将长文档切分为片段，可以缓解 LLM 在编码长序列时的注意力衰减和计算瓶颈，提高理解的准确性和生成的流畅性。

LangChain 提供了丰富的文档分割器，可以根据字符数、标点符号、Markdown 语法等不同策略对文档进行切分。例如，使用 RecursiveCharacterTextSplitter 对文档进行递归字符分割：

```
from langchain.text_splitter import RecursiveCharacterTextSplitter
text_splitter = RecursiveCharacterTextSplitter(
    chunk_size = 500,
    chunk_overlap = 50,
    length_function = len,
)
texts = text_splitter.create_documents([text])
```

这里将文档以 500 个字符为单位进行分割，相邻片段之间有 50 个字符的重叠，以确保跨片段的信息连贯。length_function 参数指定了文本长度的计算函数。还可以利用文档的内在结构进行语义分割。例如，使用 MarkdownTextSplitter 根据 Markdown 标记符进行分割：

```
from langchain.text_splitter import MarkdownTextSplitter
markdown_text = """
# Chapter 1
## Section 1
Content of section 1.
## Section 2
Content of section 2.
# Chapter 2
```

```
# # Section 1
Content of section 1.
markdown_splitter = MarkdownTextSplitter(chunk_size = 500, chunk_overlap = 50)
docs = markdown_splitter.create_documents([markdown_text])
for i, doc in enumerate(docs):
    print(f"Document {i + 1}: ")
    print(doc.page_content)
    print(" = " * 50)
```

MarkdownTextSplitter 可以识别出文本中的章节、小节等层级结构，将其作为分割的依据，在保持语义完整性的同时，尽量满足目标块大小。类似地，还有 HTMLTextSplitter、LatexTextSplitter 等，可以根据不同文档格式的特定语法进行分割。对于代码、数学公式等结构化内容，我们希望在分割时将它们作为一个完整单元。LangChain 自带了 PythonCodeTextSplitter，可以根据 Python 语法进行分割。例如：

```
from langchain.text_splitter import PythonCodeTextSplitter
  python_code = '''
  def hello_world():
      print("Hello, World!")
  def greet(name):
      print(f"Hello, {name}!")
if __name__ == "__main__":
    hello_world()
    greet("Alice")
python_splitter = PythonCodeTextSplitter(chunk_size = 50, chunk_overlap = 0)
docs = python_splitter.create_documents([python_code])
for i, doc in enumerate(docs):
    print(f"Document {i + 1}: ")
    print(doc.page_content)
    print(" = " * 50)
```

PythonCodeTextSplitter 可以识别出 Python 代码中的函数、类、条件语句等结构块，在这些块的边界进行分割。这样可以避免函数体被割裂的情况。也可以自定义代码分割器，支持更多编程语言。

此外，还可以基于文本的主题结构（Topic Structure）进行分割，利用前面提到的主题模型、TextTiling 等算法，根据主题的连贯性和转换点对文档进行切分，使得每个片段聚焦于一个主题，具有更强的独立性。理想的知识片段应该在信息完整性、主题独立性和目标长度之间取得平衡。我们往往需要结合多种策略，对文档层次化、递进式地进行切分。一个简单的 Pipeline 示例如下。

```
from langchain.text_splitter import CharacterTextSplitter
from langchain.text_splitter import RecursiveCharacterTextSplitter
# 先粗粒度分割为 2000 字符左右的大块
text_splitter1 = RecursiveCharacterTextSplitter(chunk_size = 2000, chunk_overlap = 100)
docs1 = text_splitter1.create_documents([text])
# 再将每个大块切分为 500 字符左右的小块
text_splitter2 = CharacterTextSplitter(chunk_size = 500, chunk_overlap = 50)
docs2 = text_splitter2.split_documents(docs1)
```

这里采用了两级分割策略。第一级使用 RecursiveCharacterTextSplitter 将长文档粗略地切分为 2000 字符大小的片段，第二级再使用 CharacterTextSplitter 将每个大片段细分为

500 字符大小的小片段。通过调节 chunk_overlap,可以在片段的独立性和连贯性之间权衡。分割得到的知识片段可以直接用于构建向量索引、知识库等下游任务。也可以在分割时提取片段的元信息(如在原文档中的位置),记录到文档元数据(metadata)中,方便后续任务追溯和定位。例如:

```python
from langchain.schema import Document
def create_metadata(doc: Document, chunk_idx: int, num_chunks: int):
    return {
        "source": doc.metadata["source"],
        "chunk_idx": chunk_idx,
        "num_chunks": num_chunks,
        "format": doc.metadata.get("format", "text"),
    }
split_docs = []
for doc in docs:
    splits = text_splitter.split_text(doc.page_content)
    num_chunks = len(splits)
    split_docs.extend([
        Document(
            page_content = split,
            metadata = create_metadata(doc, chunk_idx, num_chunks)
        )
        for chunk_idx, split in enumerate(splits)
    ])
```

我们自定义了一个 create_metadata 函数,为每个分割得到的小片段生成元数据,包括源文档信息、片段编号、总片段数、原文档格式等。这些元数据可用于过滤、排序、追踪等后处理环节。

【拓展思考】 如何权衡片段的目标长度、上下文重叠度等超参数?

6.5.2　使用 LangChain 的 Retriever 类检索知识

有了知识片段后,接下来就是对其进行索引,以便用户查询时快速、准确地检索到所需的知识。传统的关键词检索往往无法处理语义相似但字面不同的情况,而语义检索则利用向量空间模型,计算用户查询与候选片段在语义空间中的相似度,返回 Top-K 个最相关的结果。

LangChain 提供了一系列 Retriever 类,封装了常见的向量检索引擎,如 Chroma、FAISS、Weaviate、Pinecone 等。只需要将文档转换为向量表示,然后调用 Retriever 的相关方法即可实现高效的语义检索。

例如,使用 Chroma 构建文档的向量索引,并进行相似度检索。

```python
from langchain.indexes import VectorstoreIndexCreator
from langchain.vectorstores import Chroma
from langchain.embeddings import OpenAIEmbeddings
# 使用 OpenAIEmbeddings 将文档转换为向量
embeddings = OpenAIEmbeddings()
vectordb = Chroma.from_documents(split_docs, embeddings)
# 检索与查询最相关的三个知识片段
query = "What are the key components of a search engine?"
retriever = vectordb.as_retriever(search_kwargs = {"k": 3})
```

```
retrieved_docs = retriever.get_relevant_documents(query)
for i, doc in enumerate(retrieved_docs):
    print(f"Document {i+1}: ")
    print(doc.page_content)
    print(" = " * 50)
```

　　首先使用 OpenAIEmbeddings 将文档转换为向量表示，存储到 Chroma 数据库中。然后通过 vectordb.as_retriever()方法获取一个 Retriever 对象，指定检索 Top-K 个结果。最后调用 retriever.get_relevant_documents()方法，传入自然语言查询，就可以得到最相关的三个知识片段。

　　还可以在检索时引入更多控制参数，如相关性阈值、过滤条件等。例如，只检索特定主题、特定来源的文档：

```
topic_filter = {"topic": "neural networks"}
source_filter = {"source": "https://en.wikipedia.org/wiki/Deep_learning"}
filtered_retriever = FilterRetriever(
    vectordb.as_retriever(search_kwargs = {"k": 5}),
    filter_kwargs = { ** topic_filter, ** source_filter}
)
```

　　这里使用了 FilterRetriever，在原有的基于相似度的检索结果上，额外添加了基于主题和来源的过滤条件，使得结果更加精准。还可以实现自定义的评分函数，引入更多特征，如文档质量、时效性等，对检索结果进行重排序。

　　语义检索的效果很大程度上取决于文本向量化的质量。LangChain 支持多种主流的文本嵌入模型，如 FastText、GloVe、SentenceBERT、InstructorEmbedding 等。我们可以根据具体任务选择合适的嵌入模型，并进行必要的微调。一般来说，上下文相关的嵌入（如 InstructorEmbedding）比静态的词嵌入（如 GloVe）能更好地捕捉语义信息。

　　Retriever 返回的是原始的知识片段，可能包含冗余和无关信息。为了进一步提高检索的准确率，可以在 Retriever 之后加入一个 Ranker 组件，对初步检索结果进行语义相关性打分和重排序，选出与查询最匹配的 Top-K 个片段。例如：

```
from langchain.chains import RetrievalQA
from langchain.llms import OpenAI
# 定义一个问答链，使用 Retriever 检索，使用 OpenAI LLM 生成答案
qa_chain = RetrievalQA.from_chain_type(
    llm = OpenAI(),
    chain_type = "stuff",
    retriever = vectordb.as_retriever()
)
query = "What are the key components of a search engine?"
result = qa_chain({"query": query})
print(result['result'])
```

　　这里的 RetrievalQA 链集成了基于 Retriever 的检索和基于 LLM 的答案生成。它会先调用 Retriever 检索出相关片段，然后将片段拼接成一个上下文，喂给 OpenAI LLM 生成最终答案。其中的 chain_type 参数指定了问答策略，这里采用 stuff 策略，即将所有相关片段一次性喂给 LLM。也可以选择 refine 策略，即迭代地喂给 LLM 每个片段，每次结合之前的中间答案，生成最终答案。

【思考】 Retriever＋Ranker 架构与 Retriever＋Reader 架构的优劣?

6.5.3 使用 LangChain 的 LLM 类生成答案

获得了相关的知识片段后,下一步就是基于这些片段生成自然语言答案。与传统的基于规则或模板的方法不同,模型可以真正"理解"片段的语义,并根据上下文灵活地生成连贯、流畅的答案。LangChain 提供了一系列 LLM 类,封装了 GPT-3、ChatGPT、InstructGPT 等主流 LLM,让人们可以方便地利用它们进行答案生成。

最简单的方式是直接将相关片段拼接成 Prompt,喂给 LLM 生成答案:

```
from langchain.prompts import PromptTemplate
# 定义 Prompt 模板
template = """基于以下已知信息,用中文回答问题。如果无法从中得到答案,就说 "根据已知信息
无法回答该问题"。除非必要,否则不要逐字重复原始句子,而是要总结知识要点,并适当延伸、补充
相关细节,生成自然、连贯、完整的答案。
已知信息:
{context}
问题:
{question}
答案:
"""
prompt = PromptTemplate(
    input_variables = ["context", "question"],
    template = template
)
# 获取相关知识片段
question = "请介绍一下梯度下降算法的原理。"
context = retriever.get_relevant_documents(question)
# 调用 LLM 生成答案
llm = OpenAI(model_name = "text - davinci - 003")
llm_result = llm(prompt.format(context = "\n".join([doc.page_content for doc in context]),
question = question))
print(llm_result)
```

这里定义了一个 Prompt 模板,指示 LLM 根据给定的 context 回答 question。context 是由 Retriever 检索出的相关知识片段拼接而成的,question 是用户输入的自然语言问题。最后调用 OpenAI LLM,传入格式化后的 Prompt,即可得到生成的答案。

可以看到,利用 Prompt 模板可以灵活地引导和控制 LLM 的生成过程。例如,可以要求 LLM 按照特定的格式组织答案,总结知识要点,补充必要的背景知识,生成自然流畅的语言等。还可以通过例子(few-shot)向 LLM 示范期望的答案风格。

【例 6-1】 Prompt 示例(代码 6.1.py)。

```
from langchain.prompts import PromptTemplate
from langchain.prompts.few_shot import FewShotPromptTemplate
from langchain_community.llms import Ollama as OllamaLLM
# 定义 few - shot 的例子
examples = [
    {
        "question": "求一元二次方程 ax^2 + bx + c = 0 的根的公式。",
        "answer": "对于一元二次方程 ax^2 + bx + c = 0,其中 a≠0,根的公式为: x = [ - b ±
```

$\sqrt{b\hat{}\,2-4ac}\,]/(2a)$。其中，$\sqrt{b\hat{}\,2-4ac}$ 称为判别式，记为 Δ。当 Δ > 0 时，方程有两个不相等的实数根；当 Δ = 0 时，方程有两个相等的实数根；当 Δ < 0 时，方程没有实数根。"

```
        },
        {
            "question": "什么是傅里叶变换?请简要说明其应用。",
            "answer": "傅里叶变换是一种将信号从时域转换到频域的数学变换。它将一个时域信号分
解成不同频率的正弦波之和,得到信号的频谱。傅里叶变换在信号处理、图像处理、通信等领域有广
泛应用。例如,利用傅里叶变换可以对音频信号进行滤波、降噪;对图像进行增强、压缩;分析通信信
号的频率特性等。此外,在雷达、医学成像、地震分析等领域也有重要应用。傅里叶变换揭示了时域
和频域的内在联系,是信号处理的重要数学工具。"
        }
]
# 定义 example prompt 单个示例的 Prompt 模板
example_prompt = PromptTemplate(
    input_variables = ["question", "answer"],
    template = """
问题:
{question}
答案:
{answer}
"""
)
# 定义 few - shot Prompt
few_shot_prompt = FewShotPromptTemplate(
    examples = examples,
    example_prompt = example_prompt,
# prefix: 在示例之前添加的前缀文本
# suffix: 在示例之后添加的后缀文本,包含实际问题的占位符{input}
# input_variables: 输入变量列表,这里只有一个变量"input"
# example_separator: 分隔不同示例的字符串
    prefix = "请根据提供的上下文回答问题。如果找不到相关信息,就说\"我不知道\"。",
    suffix = "问题: {input}\n 答案: ",
    input_variables = ["input"],
    example_separator = "\n\n"
)
# 初始化本地的 Gemma 模型
llm = OllamaLLM(model = "gemma: 2b")
# 获取相关知识片段
# 设置上下文信息
context = "机器学习和深度学习都是人工智能的重要分支。机器学习是一种通过数据和算法让计
算机系统自动学习和改进性能的方法,而无须显式编程。深度学习则是机器学习的一个子集,它使
用多层神经网络来学习数据的层次化表示。与传统的机器学习方法相比,深度学习能够处理更加复
杂和高维度的数据,在语音识别、图像分类、自然语言处理等领域取得了突破性进展。总的来说,深度
学习是机器学习的一种更强大和专门化的方法。"
# 获取问题
question = "机器学习和深度学习有什么区别和联系?"
# 调用 Gemma 模型生成答案
llm_result = llm(few_shot_prompt.format(
    input = question,
    context = context
))
print(llm_result)
```

这里定义了两个示例问答对,展示了理想答案的模式:总结要点,然后适当延伸解释。

同时在 Prompt 中要求 LLM 严格依据给定的 context 生成答案,如果找不到相关知识,就回答"I don't know"。LLM 会参考这些例子,并结合检索到的 knowledge 生成答案。通过调整 example 的选择、Prompt 的指令等,可以控制答案的质量和风格。除了直接生成答案外,还可以采用基于知识的问答(Knowledge-based QA)策略,先基于知识图谱等结构化知识库生成候选答案,然后喂给 LLM 进行答案优化。例如:

```
from langchain.chains import GraphQAChain
from langchain.indexes.knowledge_graph import KnowledgeGraph
# 从知识库中检索相关实体
kg = KnowledgeGraph(vectorstore, "my_graph")
question_entities = kg.get_entities(question)
# 根据相关实体生成候选答案
candidate_answers = kg.get_triplets(question_entities)
# 喂给 LLM 过滤、优化候选答案
qa_chain = GraphQAChain.from_llm(OpenAI(), kg)
result = qa_chain.run(question, candidate_answers)
print(result)
```

GraphQAChain 先利用知识图谱的推理能力,根据问题检索相关实体,并生成结构化的候选答案。然后将候选答案喂给 LLM,由其进行自然语言转换、补全细节,最终输出答案。这种方式可以综合利用知识图谱的符号推理能力和 LLM 的自然语言生成能力,在答案的准确性、可解释性上往往优于端到端的方法。但其缺点是依赖高质量的人工知识图谱,构建和维护成本较高。

生成自然语言答案是智能问答的"最后一千米"。LLM 让人们摆脱了人工定义模板和规则的束缚,以更灵活、更智能的方式满足用户多样化的知识需求。但 LLM 的答案质量还不够稳定,易出现事实性错误、逻辑矛盾、过度编造等问题,需要谨慎对待。未来,如何更好地指导和规范 LLM 的生成行为,平衡创造力和忠实度,是智能问答走向成熟应用的关键。

【思考】 除了参考知识,如何引入常识、因果、逻辑等泛化能力增强 LLM 回答的质量?

6.5.4 支持多轮对话和上下文理解

在实际应用中,用户往往会通过多轮对话逐步表达其信息需求,单轮问答难以充分满足。因此,智能问答系统需要支持多轮交互,理解和记忆对话历史,根据上下文适配后续的检索和回复。传统的多轮问答通过对话状态跟踪(Dialog State Tracking)、槽位填充(Slot Filling)等技术显式建模对话历史,而 LLM 则可以隐式地将历史信息编码进语言模型的上下文中,大大简化了实现。

LangChain 提供了 ConversationChain,可以方便地实现基于 LLM 的多轮对话。它维护了一个对话历史缓存(ConversationBufferMemory),可以将之前的对话内容动态注入 LLM 的输入中。一个简单的例子如下。

```
from langchain.chains import ConversationChain
from langchain.memory import ConversationBufferMemory

# 初始化 LLM
llm = OpenAI(temperature = 0)
# 初始化对话历史缓存
memory = ConversationBufferMemory()
```

```
#初始化对话链
conversation = ConversationChain(
    llm = llm,
    memory = memory,
    verbose = True
)
#进行对话
answer = conversation.predict(input = "请介绍一下深度学习的发展历史。")
print(answer)
answer = conversation.predict(input = "深度学习有哪些常见的网络结构?")
print(answer)
answer = conversation.predict(input = "卷积神经网络在计算机视觉领域有什么应用?")
print(answer)
```

ConversationChain 将每一轮的问答对保存到 ConversationBufferMemory 中，当新的对话输入到来时，它会自动将之前的对话历史添加到当前输入的上下文中。这样 LLM 就可以根据完整的上下文信息理解当前问题，生成连贯的答案。例如，第三个问题中的"卷积神经网络"就是承接第二轮答案中提到的内容。

还可以通过设置 memory 的配置参数，控制对话历史的窗口大小、插入格式等。一个更复杂的例子如下。

```
from langchain.memory import ConversationBufferWindowMemory
#初始化有限窗口的对话历史缓存
memory = ConversationBufferWindowMemory(
    memory_key = "chat_history",
    k = 3,
    return_messages = True
)
memory.save_context({"input": "你好,我是 Bob!"}, {"output": "很高兴认识你 Bob,我是 AI 助手,
有什么可以帮你的吗?"})
memory.save_context({"input": "我想了解一下人工智能的历史。"}, {"output": "好的,人工智能
的发展大致可以分为三个阶段:第一阶段是 20 世纪 50～70 年代的符号主义和专家系统时期;第二
阶段是 20 世纪 80～90 年代的连接主义和机器学习时期;第三阶段是 2000 年以来的深度学习和大数
据时期。这些阶段分别代表了人工智能从基于规则、基于统计到基于海量数据端到端学习的范式演
进。人工智能在不同阶段取得了图像识别、语音识别、自然语言处理、策略搜索等领域的重要
进展。"})
conversation = ConversationChain(
    llm = llm,
    memory = memory,
    verbose = True
)
answer = conversation.predict(input = "那么深度学习和机器学习有什么区别和联系呢?")
print(answer)
```

这里使用 ConversationBufferWindowMemory，它只保留最近 K 轮对话（这里 $K=3$），避免对话历史无限累积。同时通过设置 return_messages＝True，在对话历史中区分人类（Human）和助手（AI）的发言，提示模型扮演好自己的角色。还可以通过 memory.save_context()方法，在对话开始前插入一些预设的引导内容。最后一轮问答可以自然地承接之前关于人工智能发展阶段的叙述，体现了上下文理解能力。

除了缓存完整的对话历史，还可以使用 ConversationSummaryMemory，它调用 LLM 动态总结对话历史，在插入新一轮对话时，只保留浓缩后的摘要。例如：

```
from langchain.memory import ConversationSummaryMemory
memory = ConversationSummaryMemory(llm = llm)
memory.save_context({"input": "你好,我是 Bob!"}, {"output": "你好 Bob,我是 AI 助手,有什么可
以帮到你的吗?"})
memory.save_context({"input": "我想了解一下人工智能技术。"}, {"output": "人工智能技术大致
经历了三个发展阶段:第一阶段是符号主义和专家系统时期,第二阶段是连接主义和机器学习时期,
第三阶段是深度学习和大数据时期。不同阶段在图像、语音、自然语言等领域取得了重要进展。"})
memory.save_context({"input": "能详细讲一下深度学习吗?"}, {"output": "深度学习是机器学习
的一个分支,它模仿人脑的神经元连接,使用多层的人工神经网络从大量数据中学习多级特征表示。
与传统机器学习相比,深度学习能够端到端地学习更加抽象、复杂的特征模式,在图像分类、语音识
别、自然语言理解等任务上取得了突破性进展。常见的深度学习网络包括卷积神经网络、循环神经
网络、注意力机制等。深度学习需要海量的训练数据和算力,是当前人工智能的核心驱动力。"})
print(memory.load_memory_variables({}))
```

输出:

```
{
    'history': 'System: 你好 Bob,我是 AI 助手,有什么可以帮到你的吗?\nHuman: 我想了解一下人
工智能技术。\nAssistant: 人工智能技术大致经历了三个发展阶段:第一阶段是符号主义和专家系
统时期,第二阶段是连接主义和机器学习时期,第三阶段是深度学习和大数据时期。不同阶段在图
像、语音、自然语言等领域取得了重要进展。\nHuman: 能详细讲一下深度学习吗?\nAssistant: 深度
学习是机器学习的一个分支,它模仿人脑的神经元连接,使用多层的人工神经网络从大量数据中学
习多级特征表示。与传统机器学习相比,深度学习能够端到端地学习更加抽象、复杂的特征模式,在
图像分类、语音识别、自然语言理解等任务上取得了突破性进展。常见的深度学习网络包括卷积神
经网络、循环神经网络、注意力机制等。深度学习需要海量的训练数据和算力,是当前人工智能的核
心驱动力。',
    'summary': 'Bob 向 AI 助手询问了人工智能技术,AI 助手介绍了人工智能的三个主要发展阶段。
Bob 又让 AI 助手详细讲解深度学习,AI 助手解释了深度学习的原理、常见网络结构、优势以及对人工
智能发展的重要意义。对话主要涉及人工智能的发展历程和深度学习技术。'
}
```

memory.load_memory_variables()方法输出了保存在 ConversationSummaryMemory
中的对话历史(history)及其总结(summary)。可以看到,对话双方针对"人工智能"和"深度
学习"的多轮交互被浓缩为一段简明扼要的总结,突出了对话的主题和关键信息点。这种自
动摘要机制可以有效压缩对话历史的长度,在进行长序列对话时减少 LLM 的计算开销。
此外,还可以引入知识增强(Knowledge Augmented)机制,在对话中动态检索外部知识,丰
富对话内容。例如:

```
from langchain.chains import ConversationalRetrievalChain
# 初始化知识检索器
knowledge_retriever = vectordb.as_retriever()
# 初始化对话历史检索器
history_retriever = vectordb.as_retriever()
# 初始化对话链
conversation = ConversationalRetrievalChain(
    llm = llm,
    condense_question_prompt = condense_question_prompt,
    combine_docs_chain = combine_docs_chain,
    question_generator = question_generator,
    retriever = history_retriever,
    return_source_documents = True
)
chat_history = []
```

```
while True:
    user_input = input("Human: ")
    result = conversation({"question": user_input, "chat_history": chat_history})
    chat_history.append((user_input, result["answer"]))
    print(f"Assistant: {result['answer']}")

    #根据当前问题检索外部知识
    knowledge_docs = knowledge_retriever.get_relevant_documents(user_input)
    print(f"Knowledge: {knowledge_docs}")
```

ConversationalRetrievalChain 使用了两个独立的检索器：一个用于检索对话历史，另一个用于检索外部知识库。在对话的每一轮，我们不仅从历史中检索相关片段，还从知识库中检索当前问题的背景知识。这些知识可以直接呈现给用户，也可以进一步喂给 LLM 生成更加知识丰富的答案。知识增强是对话式问答的重要发展方向，使其具备更专业、更有见地的答题能力。

多轮对话为智能问答系统带来更多的交互空间。一方面，用户可以通过多轮交互渐进式地表达信息需求，得到更个性化的答复；另一方面，系统可以通过澄清、反问等主动行为引导用户进行更有效的信息搜寻。LLM 为多轮对话提供了简洁、灵活的实现框架。通过持续优化对话策略、知识选择和语言生成等环节，我们有望开发出更加智能、自然、有用的对话式问答产品。

【思考】　如何引入用户意图识别、话题发现、对话策略学习等技术，实现主动、个性化的多轮问答？

6.6　文档助手的智能服务

6.6.1　文档智能检索和推荐

在海量的文档语料中，如何帮助用户快速发现所需的知识，是文档助手的一项核心服务。传统的关键词检索往往无法准确理解用户意图，召回的结果冗余、不相关的现象时有发生。近年来，得益于预训练语言模型和向量数据库的进步，语义检索成为文档检索的新范式。

LangChain 提供了丰富的工具，帮助人们基于 LLM 和向量索引实现高效的文档语义检索。我们可以选择不同的文本嵌入模型（如 OpenAI Ada、Instructor Embedding 等）和向量数据库（如 Chroma、Pinecone 等），构建端到端的文档检索流程。

```
from langchain.document_loaders import TextLoader
from langchain.text_splitter import RecursiveCharacterTextSplitter
from langchain.embeddings import OpenAIEmbeddings
from langchain.vectorstores import Chroma
#加载文档
loader = TextLoader('docs.txt')
documents = loader.load()
#分割文档
text_splitter = RecursiveCharacterTextSplitter(chunk_size = 1000, chunk_overlap = 0)
split_docs = text_splitter.split_documents(documents)
#文档编码
```

```
embeddings = OpenAIEmbeddings()
vectordb = Chroma.from_documents(split_docs, embeddings)
#用户查询
query = "以太坊和比特币有什么区别?"
result = vectordb.similarity_search(query, k = 3)
print(f"Query: {query}")
print(" = " * 50)
for doc in result:
    print(doc.page_content)
    print(" - " * 50)
```

这里先用 TextLoader 加载原始文档,用 RecursiveCharacterTextSplitter 将长文档切分为合适长度的知识片段。然后用 OpenAIEmbeddings 将文档编码为向量表示,存入 Chroma 数据库中。当用户输入查询问题时,利用向量相似度从数据库中检索 Top-K 个最相关的文档片段,作为候选答案返回。

还可以进一步利用 LLM 的阅读理解能力,从候选片段生成一个精简、连贯的最终答案。

```
from langchain.chains import VectorDBQAWithSourcesChain
#初始化问答链
chain = VectorDBQAWithSourcesChain.from_llm(
    llm = OpenAI(temperature = 0),
    vectorstore = vectordb,
    return_source_documents = True
)
result = chain({"question": query})
print(f"Answer: {result['answer']}")
print(f"Sources: {result['sources']}")
```

VectorDBQAWithSourcesChain 集成了基于向量数据库的语义检索和基于 LLM 的机器阅读理解。它先从向量数据库召回 K 个相关片段,再将问题和片段一并喂给 LLM 做阅读理解,输出简洁的自然语言答案。同时,它还会返回答案的原文出处,方便用户追溯和验证。这种检索-阅读-生成范式充分发挥了语义检索的高效和 LLM 的强大,是实现大规模知识问答的新路径。

除了被动地响应用户查询,文档助手还应该主动向用户推荐感兴趣的文档内容。个性化文档推荐不仅可以帮助用户发现"未知的未知",拓展知识视野,还能增加用户黏性,延长使用时长。传统的协同过滤等推荐算法难以建模文档的语义信息,而基于 LLM 的语义推荐可以更好地理解文档内容和用户兴趣。

可以利用 LangChain 构建一个简单的基于内容的文档推荐系统:首先根据用户的浏览、点击、收藏等行为构建用户画像向量,然后将其与候选文档的嵌入向量进行相似度匹配,筛选出 Top-N 个最相关的文档作为推荐结果。一个实现示例如下。

```
from langchain.vectorstores import Chroma
from langchain.embeddings import OpenAIEmbeddings
# 加载候选文档
doc_db = Chroma(embedding_function = OpenAIEmbeddings(), persist_directory = persist_directory)
#获取用户浏览历史
user_history_docs = [
    "An Introduction to Deep Learning",
```

```
"Ethereum vs Bitcoin: What's the Difference?",
"OpenAI's GPT – 3 Language Model: A Technical Overview"
]
♯构建用户画像
user_embedding = OpenAIEmbeddings().embed_query(" ".join(user_history_docs))
♯生成个性化推荐
recommended_docs = doc_db.similarity_search_by_vector(user_embedding, k = 5)
print("Recommended Documents: ")
for doc in recommended_docs:
print(doc.metadata['source'])
```

首先加载候选文档集 doc_db,并获取用户最近浏览过的文档列表 user_history_docs。
然后用 OpenAIEmbeddings 将用户浏览历史编码为一个综合的用户画像向量 user_
embedding。最后调用 doc_db.similarity_search_by_vector()方法,找出与用户画像最相似
的 Top-5 篇文档,作为个性化推荐结果输出。

这个例子只是一个最简单的实现,在实际应用中还需要考虑更多的特征,如文档的新鲜
度、多样性、用户的显式反馈等,设计更加复杂的排序策略。还可以定期更新用户画像,跟踪
用户兴趣的动态变化。

此外,还可以利用 LLM 的 few-shot 学习能力,为用户定制化推荐风格。例如,为用户
A 生成"专业性强、新颖性高"的推荐,为用户 B 生成"通俗易懂、实操性强"的推荐等。只需
设计适当的 Prompt,让 LLM 理解不同用户的推荐偏好即可。一个 Prompt 示例如下。

```
template = """
你是一个文档推荐助手。你的任务是根据用户的兴趣和偏好,从候选文档中选出最合适的文档推荐
给他。
用户画像:
{user_profile}
用户偏好:
{user_preference}
从以下候选文档中,选择三篇最符合用户口味的进行推荐。给出推荐文档的标题,并解释推荐理由。
候选文档:
{candidate_docs}
推荐结果:
"""
prompt = PromptTemplate(template = template, input_variables = ["user_profile", "user_
preference", "candidate_docs"])
user_profile = "用户小明,男,35 岁,程序员,对人工智能和区块链技术感兴趣。最近浏览的文章包
括: '深度学习导论','以太坊与比特币的区别','GPT – 3 语言模型原理'"
user_preference = "希望获得技术深度高、前沿性强的文章推荐,篇幅适中,最好有应用实例。"
candidate_docs = [doc.page_content for doc in recommended_docs]
print(prompt.format(user_profile = user_profile, user_preference = user_preference, candidate_
docs = "\n".join(candidate_docs)))
```

这个 Prompt 模板指示 LLM 根据用户小明的背景资料(user_profile)和个性化偏好
(user_preference),从候选文档中挑选出三篇最匹配的进行推荐,并解释推荐理由。LLM
会参考小明对前沿 AI 技术感兴趣、偏好有技术深度和实例的特点,有针对性地选取推荐内
容,提供个性化的推荐服务。

智能文档检索和推荐大大提高了知识获取的效率和精准度。LLM 强大的语义理解和
推理能力为其注入了更多智能,未来将成为各类文档助手不可或缺的利器。但同时,我们也

要关注算法公平性、推荐透明度等问题,确保知识获取的包容性和可解释性。

【思考】 除了基于内容的推荐,如何利用 LLM 实现协同过滤、多任务学习等更高阶的推荐范式?

6.6.2　文档自动分类和聚类

企业和个人每天要处理海量的文档数据,需要从不同维度对文档进行分门别类,以便检索利用。传统的文档分类方法主要有基于规则的分类、基于机器学习的分类等。前者需要领域专家总结出显式的分类规则,工作量大且泛化能力差;后者需要大量人工标注的训练数据,且分类类别通常是预定义好的,缺乏灵活性。

随着预训练语言模型的发展,尤其是指令微调(Instruction Tuning)范式的兴起,利用 LLM 进行少样本学习的文档分类方案渐渐成为主流。其基本思路是:设计文档分类任务的 Prompt 模板,内嵌少量带标签的示例文档,让 LLM 快速理解分类任务,并对新文档做出判断。

例如,要将文档分为 5 个类别:政治、经济、文化、科技、体育。首先准备 5 个带标签的示例文档,定义 Prompt 如下。

```python
from langchain import PromptTemplate, FewShotPromptTemplate
examples = [
    {
        "doc":"国家主席习近平访问沙特阿拉伯,推动中沙全面战略伙伴关系迈上新台阶。",
        "label": "政治"
    },
    {
        "doc":"2022 年中国经济总量突破 120 万亿元,继续保持世界第二大经济体地位。",
        "label": "经济"
    },
    {
        "doc":"第 33 届中国电影金鸡奖揭晓,《隐入尘烟》斩获最佳影片。",
        "label": "文化"
    },
    {
        "doc":"我国自主研发的"天河三号"E 级超级计算机原型机成功交付。",
        "label": "科技"
    },
    {
        "doc":"2022 年卡塔尔世界杯闭幕,阿根廷点球战胜法国,时隔 36 年再次举起大力神杯。",
        "label": "体育"
    }
]
example_template = """
文档:
{doc}
类别:
{label}
"""

example_prompt = PromptTemplate(
    input_variables = ["doc", "label"],
    template = example_template,
```

```
)

classify_prompt = FewShotPromptTemplate(
    examples = examples,
    example_prompt = example_prompt,
    prefix = "请根据以下示例,判断新文档属于哪个类别。",
    suffix = "文档: {doc}\n 类别: ",
    input_variables = ["doc"],
    example_separator = "\n\n"
)
doc = "国务院总理李强主持召开国务院常务会议,部署进一步提振消费的措施。"
print(classify_prompt.format(doc = doc))
llm = OpenAI(temperature = 0)
print(llm(classify_prompt.format(doc = doc)))
```

这里定义了一个 few-shot 的分类 Prompt,其中,prefix 描述任务要求,examples 提供
5 个带标签的示例文档,suffix 定义新文档的输入格式。调用 llm 传入新文档,就可以得到
预测的类别标签"经济"。可以看到,LLM 只需要极少的示例就能很好地理解分类任务。还
可以通过设计更加细致的 Prompt 来引导 LLM 的分类过程,提高分类的可解释性。

对于一些复杂的分类体系,标签空间可能是层次化的。例如,新闻文档的分类标签可能
形如/政治/外交/中美关系、/政治/外交/中欧关系、/经济/宏观经济/GDP 等。可以利用
LLM 的少样本学习能力,自动推断出完整的标签路径。一个 Prompt 示例如下。

```
    examples = [
        {
            "doc": "美国国会参议院通过了《2023 年芯片与科学法案》,为芯片产业提供 520 亿美元
补贴。",
            "label": "/政治/外交/中美关系"
        },
        {
            "doc": "欧盟委员会发布《欧洲芯片法案》,计划到 2030 年将欧盟芯片产能在全球占比提升
至 20%。",
            "label": "/政治/外交/中欧关系"
        },
        {
            "doc": "2022 年中国 GDP 同比增长 3%,总量达到 121 万亿元人民币。",
            "label": "/经济/宏观经济/GDP"
        }
    ]
prefix = """
请根据以下示例,判断新文档属于哪个完整的标签路径。
如果示例中没有恰当的标签路径,请根据文档内容推断合理的新标签路径。
"""
doc1 = "国家统计局报告显示,2023 年一季度中国城镇调查失业率为 5.3%,31 个大城市城镇调查
失业率为 5.7%。"
doc2 = "国务院发布《关于推动外贸保稳提质的意见》,提出支持加工贸易梯度转移、优化跨境电商零
售进口商品清单等 20 条具体举措。"
doc3 = "中央政治局召开会议,分析研究当前经济形势,部署下一阶段经济工作。"
for doc in [doc1, doc2, doc3]:
    print(f"文档: {doc}\n 推断标签路径: ")
    print(llm(classify_prompt.format(doc = doc)))
    print(" = " * 50)
```

这里首先给出三个示例,展示标签路径的格式。在 Prompt 中,要求 LLM 为新文档推断合理的标签路径,如果示例中没有恰当的路径,则根据文档内容创建新路径。传入三篇新文档,LLM 输出:

文档:国家统计局报告显示,2023 年一季度中国城镇调查失业率为 5.3%,31 个大城市城镇调查失业率为 5.7%。
推断标签路径:
/经济/就业/失业率
文档:国务院发布《关于推动外贸保稳提质的意见》,提出支持加工贸易梯度转移、优化跨境电商零售进口商品清单等 20 条具体举措。
推断标签路径:
/经济/贸易/外贸政策
文档:中央政治局召开会议,分析研究当前经济形势,部署下一阶段经济工作。
推断标签路径:
/政治/宏观调控/经济工作部署

LLM 能够根据文档内容,归纳出合理的多级标签路径。对于示例中没有覆盖的"就业""贸易""宏观调控"等类别,LLM 也能举一反三,拓展出新的标签路径。这种归纳和泛化能力,是传统的基于规则或机器学习的分类方法难以企及的。我们可以进一步引入知识增强,利用行业分类法、本体等外部知识,来规范和细化标签体系。

除了有指导的分类,我们还希望文档助手能自主地对文档进行无指导聚类,发现隐藏的主题结构。传统的聚类算法如 K-means、LDA 等,往往需要预设聚类的数量,且解释性不强。而 LLM 可以根据文档内容,自动推断合适的聚类数量和各聚类的主题描述,使聚类结果更加自适应和可解释。

例如,对于一批财经新闻文档,我们希望 LLM 自动将其聚类成几个主题,并对每个主题生成一段简要描述。

【例 6-2】 Prompt 示例(6.2.py)。

```
from langchain_community.llms import Ollama as OllamaLLM
from langchain.prompts import PromptTemplate
template = """
你是一个文档聚类专家,你的任务是把下列文档自动分成几个主题类,每个主题类包含一组内容相
似、主旨相关的文档。完成聚类后,请说明你将文档分成了几类,每类的主题是什么,并对每个主题简
要描述一下。
待聚类文档:
    {docs}
    """
prompt = PromptTemplate(template = template, input_variables = ["docs"])
economic_news = [
"国家统计局报告显示,2023 年一季度中国 GDP 同比增长 4.5%,经济运行总体平稳、稳中有进。",
    "财政部、国家税务总局联合发布公告,明确阶段性减征部分行业增值税,减税力度空前。",
    "4 月份,中国制造业采购经理指数(PMI)为 49.2%,比上月回落 2.7 个百分点。非制造业商务活
动指数为 56.4%,比上月回落 4.5 个百分点。",
    "国务院常务会议指出,要加大对中小微企业的金融支持力度,推动降低综合融资成本。",
    "2023 年一季度,全国居民人均可支配收入 10871 元,比上年同期名义增长 5.1%,扣除价格因
素,实际增长 3.2%。",
    "商务部报告显示,1～4 月,我国实际使用外资金额 4181.8 亿元人民币,同比增长 8.8%。其
中,高技术产业实际使用外资增长 28%。",
    ]
print(prompt.format(docs = "\n".join(economic_news)))
```

```
# 初始化本地的 Gemma 模型
llm = OllamaLLM(model = "gemma: 2b")
llm_result = llm(prompt.format(docs = "\n".join(economic_news)))
print("聚类结果:\n" + llm_result)
```

LLM 对这批经济新闻文本进行聚类，输出聚类的结果，篇幅所限，结果不再给出，读者可以自行运行程序。

【思考】　除了分类、聚类，如何利用 LLM 对文档进行更深层次的语义理解，如关联分析、情感分析、因果分析等？

6.6.3　文档知识图谱构建与可视化

知识图谱是一种结构化的知识表示方法，它以图（Graph）的形式描述实体（Entity）及其属性（Attribute）和关系（Relation）。知识图谱可以形象地展示领域知识的宏观结构和微观语义，便于用户快速把握要点，发现新颖见解。传统的知识图谱构建主要依赖领域专家总结规则、人工标注数据等，成本高且覆盖面窄。而利用 LLM 强大的语义理解和信息抽取能力，可以从海量文档中自动挖掘知识要素，动态生成领域知识图谱。

本节将利用 LangChain 构建一个药物知识图谱的 Pipeline。首先准备药物相关的文本语料。

【例 6-3】　文本语料代码段（6.3.py）。

```
from langchain_community.llms import Ollama as OllamaLLM
from langchain.prompts import PromptTemplate, FewShotPromptTemplate
drug_texts = [
    "阿司匹林是一种水杨酸类非甾体抗炎药,常用于治疗关节炎、风湿热等。其作用机制是通过抑制环氧合酶,减少前列腺素的合成。临床上也常用于抗血小板聚集,预防心肌梗死和脑卒中。常见不良反应包括胃部刺激、胃溃疡等。剂型有片剂、肠溶片等。",
    "布洛芬是一种苯丙酸类非甾体抗炎药,具有解热镇痛、抗炎等作用。其作用机制是通过抑制环氧合酶,减少前列腺素的合成。常用于治疗感冒引起的发热、头痛、关节痛、牙痛、痛经等。常见不良反应包括恶心、胃部不适等。剂型有缓释胶囊、片剂等。",
    "对乙酰氨基酚也叫扑热息痛,是一种常用的解热镇痛药。其作用机制是通过抑制中枢神经系统前列腺素合成,升高体温调定点。常用于普通感冒引起的发热、头痛等。常见不良反应包括皮疹、肝功能损害等。剂型有片剂、胶囊剂等。",
    "酮洛芬是一种苯乙酸类非甾体抗炎药,兼有解热镇痛和抗炎作用。其作用机制是通过抑制环氧合酶和 5-脂氧合酶,减少前列腺素和白细胞三烯的合成。常用于中重度疼痛如术后疼痛、癌性疼痛等。常见不良反应包括胃肠道反应、肝肾功能异常等。剂型有片剂、胶囊剂、凝胶剂等。"
]
# 初始化本地的 Gemma 模型
llm = OllamaLLM(model = "gemma: 2b")
# 定义 Prompt 模板
template = """
根据以下药物信息,提取关键实体及其关系,构建知识图谱:
药物信息:
{drug_text}
知识图谱:
"""
prompt = PromptTemplate(template = template, input_variables = ["drug_text"])
# 对每个药物文本生成知识图谱
for text in drug_texts:
    print(f"药物信息:\n{text}\n")
    result = llm(prompt.format(drug_text = text))
    print(f"知识图谱:\n{result}\n")
    print(" - " * 50)
```

知识图谱可视化有助于药物领域专家更好地分析药物的成分、作用机制、适应症、不良反应等，发现新的药物研发思路。

通过本节的学习和实践，读者可以体会到 LangChain 在文档知识图谱自动构建中的巨大潜力。它借助 LLM 在语义理解、关键信息提取等方面的优势，大大降低了知识获取的成本，同时知识覆盖的广度和深度也远超传统方法。未来 LangChain 有望成为知识图谱构建的利器，为各行各业知识的积累、传承、创新提供有力支持。

6.6.4 文档智能问答

智能问答是文档智能服务的一个重要应用，它可以利用预先构建的领域知识图谱，快速、准确地回答用户关于该领域的各种问题，大大减轻了人工查阅资料的负担。以药物知识图谱为例，智能问答系统可以解答如下问题。

（1）阿司匹林的作用机制是什么？

（2）布洛芬有哪些常见不良反应？

（3）酮洛芬常用于治疗哪些疾病？

使用 LangChain 构建智能问答系统具有以下优势。

（1）知识图谱对领域知识进行了系统梳理，便于快速检索相关信息。

（2）通过语义向量比对，可以找到与问题最相关的知识点，聚焦回答。

（3）借助大语言模型在阅读理解和文本生成方面的能力，可以根据场景灵活生成自然流畅的答案。

（4）支持多轮交互对话，可以不断细化、引申用户的问题，提供个性化服务。

（5）整个过程高度自动化，无须人工干预，实时响应。

下面使用 LangChain 和本地的 Gemma 模型实现一个简单的药物知识图谱问答系统。

```python
from langchain.indexes import VectorstoreIndexCreator
from langchain_community.retrievers import GEMMARetriever
from langchain.chains import RetrievalQA
from langchain_community.llms import Ollama as OllamaLLM
# 从文本数据构建向量索引
index = VectorstoreIndexCreator().from_documents(texts)
# 初始化本地的 Gemma 模型
llm = OllamaLLM(model = "gemma: 2b")
# 初始化 Gemma 检索器
retriever = GEMMARetriever(vectorstore = index.vectorstore, llm = llm)
# 创建问答管道
qa = RetrievalQA.from_chain_type(
    llm = llm,
    chain_type = "stuff",
    retriever = retriever,
    return_source_documents = True
)
# 提问
query = "阿司匹林的作用机制是什么?"
result = qa({"query": query})
# 打印答案及来源
print("答案: ", result['result'])
print("来源: ", result['source_documents'])
```

在该程序中,首先使用 VectorstoreIndexCreator 从文本数据构建了一个向量索引,然后初始化了本地的 Gemma 语言模型和检索器。在创建问答管道时,指定使用 Gemma 模型和检索器,并设置返回答案的来源文档。

当提出一个关于阿司匹林作用机制的问题时,问答管道会自动在知识库中检索与查询最相关的知识块,并利用 Gemma 模型强大的阅读理解能力,生成一个准确、简洁、流畅的答案,同时给出答案的来源文档,增强答案的可信度。

小　　结

本章全面介绍了使用 LangChain 构建智能文档助手的过程,覆盖了从数据准备、文档加载与分析,到知识抽取、组织和智能服务的实现,以及持续的人机交互优化。通过 LangChain 提供的工具链,包括 Document Loader、Text Splitter、Embeddings 等,开发者可以简化开发流程,快速搭建原型系统。这一流程不仅支持常见的文档格式,还借助于 LLM 如 GPT 系列,以及知识图谱技术,实现了从文档的加载、理解到智能化应用的全生命周期管理。

LangChain 在智能文档助手的构建中展现出显著的优势和潜力,如支持文档全生命周期管理、实现海量文档的实时语义搜索,以及支持复杂智能服务的灵活应用等。随着技术的进步,LangChain 有望推动智能文档处理、知识管理及企业智能助手的发展,同时,面对技术细节的笼统描述和行文衔接的不流畅,建议进一步深化技术细节的展示和文本的流畅性。未来,随着自然语言处理、知识工程等学科的发展,LangChain 预计将在知识的传承与创新中扮演更加重要的角色,为数字经济的发展提供强有力的支撑。

思　考　题

一、简答题

1. 什么是智能文档助手？它的主要应用场景和价值是什么？

2. LangChain 在构建智能文档助手中扮演什么角色？有何优势？

3. 智能文档助手对文档数据有哪些处理和分析工作？用到了哪些 LangChain 工具？

4. 如何利用 LangChain 实现文档语义理解和信息抽取？

5. 基于 LangChain 实现文档智能问答和对话的主要流程是什么？

6. 智能合同助手的需求特点是什么？LangChain 能提供哪些技术支持？

二、实践题

尝试使用 LangChain 的 Document Loader 加载一批药物说明书文档,用 Text Splitter 进行语义切分,再用 Embeddings 生成语义向量,初步构建一个药物知识库。

## 第7章

LangChain 实战：构建知识图谱应用

知识图谱是人工智能领域的一个重要分支，它通过对大规模、异构数据进行语义抽取、融合、推理，构建起概念、实体及其关系的网络，为智能检索、问答、推荐、决策等应用提供基础支撑。LangChain 作为一个灵活、强大的语言模型应用开发框架，在知识图谱构建的各个环节都能发挥重要作用。本章将系统介绍知识图谱技术，并重点演示如何使用 LangChain 的文档加载、语义提取、向量存储等功能，配合 Gemma 等本地大模型，实现知识抽取、知识融合、知识推理、知识服务等关键步骤，带领读者实战开发一个金融领域的知识图谱应用，感受 LangChain 在知识工程领域的独特魅力。

7.1　知识图谱技术概述

在信息爆炸的时代，如何将海量非结构化数据转换为结构化、语义化的知识，促进知识的关联、聚合、挖掘，成为人工智能发展的重要驱动力。知识图谱正是解决这一难题的关键技术。

7.1.1　什么是知识图谱

知识图谱（Knowledge Graph）源自于 Google，本质上是一种结构化的语义网络。它由节点（Node）和边（Edge）组成。节点表示实体（Entity）或概念（Concept），边表示实体间的关系（Relation）。通过这种图结构，知识图谱能够直观、灵活地表示复杂的现实世界，便于机器理解和处理。形式化地，知识图谱可表示为一个三元组 $G = (E, R, S)$，其中，E 是实体集合，R 是关系集合，S 是 $E \times R \times E$ 的子集，代表一组事实。知识图谱从诞生至今，已在多个领域得到广泛应用，如智能搜索、智能问答、个性化推荐等，成为新一代认知智能系统的基石。

图 7-1 描绘了与名画《蒙娜丽莎》、艺术家达·芬奇、卢浮宫博物馆、巴黎和埃菲尔铁塔等相关的实体和它们之间的关系。蒙娜丽莎（Mona Lisa）被描述为一个"人（Person）"，达·芬奇（Da Vinci）画了蒙娜丽莎，并且对"丽丽（Lily）"感兴趣，丽丽是"詹姆斯（James）"的朋友。同时，蒙娜丽莎与卢浮宫博物馆有关，博物馆位于"巴黎（Paris）"，这是一个地点，巴黎也与埃菲尔铁塔（Tour Eiffel）有关联，而詹姆斯出生于 1984 年 1 月 1 日，住在巴黎。这个知识图谱通过连接实体和它们之间的语义关系，形成了一个关于人物、地点和艺术作品之间联系的网络。

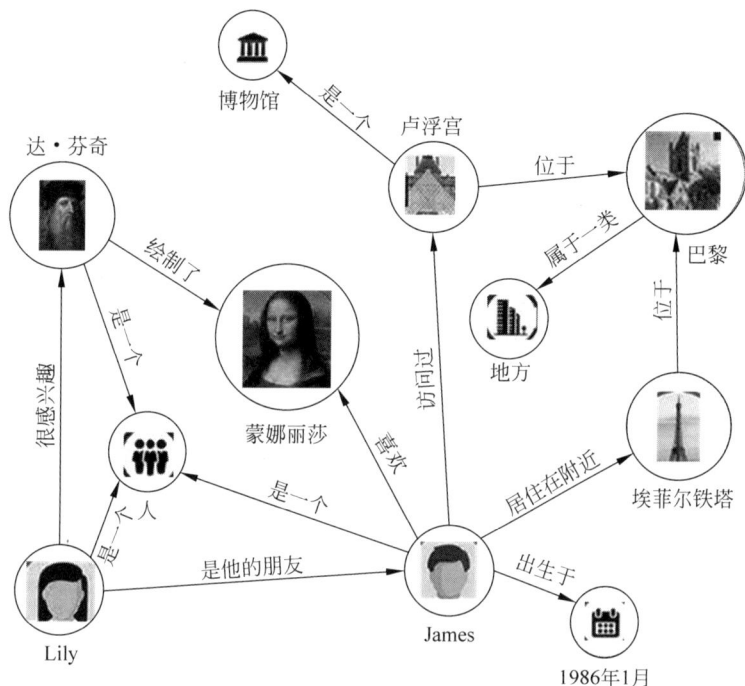

图 7-1　知识图谱示例

7.1.2　构建知识图谱的关键技术

构建高质量、大规模的知识图谱需要多种技术的支撑，涉及自然语言处理、机器学习、知识表示等多个学科。其中的核心环节如下。

（1）知识抽取。从非结构化文本中识别出实体、关系、属性等知识要素，形成结构化三元组。传统方法主要有基于规则、词典的抽取，以及基于机器学习的序列标注等。近年来，大语言模型的出现为知识抽取带来新的突破，可以更好地理解复杂语境，通过少样本学习（few-shot）方式适应新的抽取任务。

（2）知识融合。对多源、异构的知识进行消歧、匹配、对齐，构建一致、连贯的知识库。需要解决指代消解、实体链接、知识冲突等问题。传统方法多采用基于规则、概率图的确定性融合，大语言模型则可以更好地处理语义、常识层面的知识融合。

（3）知识存储。选择合适的图数据库来存储、管理海量的知识图谱数据，兼顾扩展性和查询性能。同时引入向量数据库对知识进行语义表示和检索。LangChain 提供了丰富的向量数据库和图库连接器。

（4）知识推理。基于知识图谱进行推理、问答、生成等智能应用。传统方法多采用基于逻辑规则、路径匹配的符号推理，或将知识图谱嵌入表示学习。大语言模型则可以更好地理解自然语言问题，生成连贯、可解释的答案。LangChain 的检索问答链为此提供了完备的工具。

可以看到，大语言模型正在深刻影响和重塑知识图谱技术。以 LangChain 为代表的语言模型应用框架，更是为知识图谱的构建、存储、应用等环节带来了极大的便利性和效率提升。

7.2　基于 LangChain 的知识图谱构建流程

7.2.1　知识图谱构建的整体流程

利用 LangChain 构建知识图谱的一般流程可以总结为以下几个步骤。

（1）数据准备。收集和清洗目标领域的原始数据，包括结构化数据（如 CSV、JSON、数据库表）和非结构化数据（如网页、文档、图片）。

（2）知识抽取。运用 LangChain 的命名实体识别（Named Entity Recognition）、关系抽取（Relation Extraction）等模块，从原始数据中抽取实体、属性、关系等知识要素，形成结构化的三元组。

（3）知识融合。利用 LangChain 的代理（Agent）功能，编排多个大语言模型（LLM）和提示模板（Prompt），实现实体消歧、知识对齐、冲突消解等，构建一致性的知识库。

（4）本体构建。设计知识图谱的本体模式（Schema），定义概念层次、属性类型、关系约束等，赋予知识以清晰的语义。可以使用本体构建工具如 Protégé。

（5）知识存储。选择合适的图数据库或资源描述框架（RDF）数据库，使用 LangChain 的图数据库（GraphDB）模块与数据库交互，将三元组、本体等知识载入数据库。

（6）知识应用。基于构建好的知识图谱，集成 LangChain 的各种链（Chain）和代理（Agent），如检索问答（RetrievalQA）、向量数据库问答（VectorDBQA）等，实现智能搜索、问答、推荐等应用。

（7）人机交互。设计友好的用户界面和交互方式，融入 LangChain 的对话代理（Conversational Agent）能力，让用户可以自然地与知识图谱应用进行对话、提问。

（8）持续优化。根据应用反馈不断迭代优化知识图谱，使用 LangChain 的评估（Evaluation）模块评估图谱质量，使用精炼（Refine）模块更新图谱知识。

这个流程并非严格线性，而是螺旋上升、循环迭代的。LangChain 灵活的组件化设计可以很好地适应这种敏捷开发模式。下面通过一个简单的例子演示 LangChain 在构建知识图谱中的作用。假设要为某动漫网站构建一个动漫人物知识图谱，已经爬取了一批动漫人物的百科页面，存储为一组 TXT 文件，目标是从这些非结构化文本中抽取知识，构建人物实体之间的关系网络。

1. 准备数据

```
from langchain.document_loaders import TextLoader
loader = TextLoader('../data/AnimateCharacter/ * .txt')
docs = loader.load()
```

2. 抽取三元组

```
from langchain.text_splitter import CharacterTextSplitter
from langchain.prompts import PromptTemplate
from langchain.llms import OpenAI
from langchain.chains import LLMChain
text_splitter = CharacterTextSplitter(chunk_size = 1000, chunk_overlap = 0)
texts = text_splitter.split_documents(docs)
extract_template = """从以下文本中抽取动漫人物相关的三元组知识,以(head_entity, relation,
```

```
tail_entity)的格式输出,如:
(路飞, 职业, 海盗)
(路飞, 能力, 橡胶果实)
(路飞, 同伴, 索隆)
文本:{text}
三元组:
"""
prompt = PromptTemplate(template = extract_template, input_variables = ["text"])
llm = OpenAI(temperature = 0)
extract_chain = LLMChain(llm = llm, prompt = prompt)
triplets = []
for text in texts:
    result = extract_chain.run(text)
    triplets.extend(eval(f"[{result}]"))
```

这里先用 TextSplitter 将长文档切分成小段落,然后设计一个提示模板(Prompt Template),让大语言模型(LLM)从每个段落中抽取三元组形式的知识。通过 LLMChain 运行,得到一批结构化的知识。

3. 加载知识

```
import redis
from langchain.vectorstores.redis import Redis
from langchain.embeddings import OpenAIEmbeddings
rds = redis.Redis()
embeddings = OpenAIEmbeddings()
vectorstore = Redis(redis_client = rds, embedding_function = embeddings)
for triplet in triplets:
    text = f"{triplet[0]}的{triplet[1]}是{triplet[2]}"
    vectorstore.add_text(text)
```

这一步将抽取的三元组载入向量数据库,这里选用了 Redis,也可以换成 Pinecone、Milvus 等。通过 Redis 的 add_text()方法,可以将文本和它的向量表示一起存入数据库,为后续查询做准备。

4. 知识应用

```
from langchain.chains import RetrievalQA
qa = RetrievalQA.from_chain_type(
    llm = llm,
    retriever = vectorstore.as_retriever(),
    chain_type = "stuff"
)
questions = [
    "路飞的职业是什么?",
    "路飞有什么能力?",
    "路飞有哪些同伴?"
]
for question in questions:
    result = qa(question)
    print(f"问题:{question}")
    print(f"答案:{result}")
    print(" -------- ")
```

最后,用 RetrievalQA 初始化一个问答链(Chain),它会根据问题从向量数据库中检索最相关的知识,然后由大语言模型(LLM)整合成最终答案。可以看到,基于我们构建的动漫人物小知识图谱,LangChain 可以回答一些简单的问题。

输出(略)。

这个简单的实例展示了 LangChain 在数据加载、知识抽取、知识存储、知识应用等关键环节的作用。尤其是基于提示(Prompt)的知识抽取方式,让我们可以非常灵活地定制抽取逻辑,不拘泥于特定领域和模式。

7.2.2 LangChain 在知识图谱构建中的作用

通过上面的例子,可以概括 LangChain 在知识图谱构建流程中的重要作用如下。

(1)多格式数据加载。LangChain 提供了多种 Document Loader,可以方便地加载 JSON、CSV、TXT、PDF、Web 等各种结构化和非结构化数据源。

(2)灵活的知识抽取。基于 Prompt 模板和 LLM,可以自定义任意复杂的提取逻辑,不局限于人名、地名等固定模式。GPT 等大模型可以利用其强大的语言理解能力和背景知识,抽取出更准确、全面的知识。

(3)知识融合与推理。通过 LLM 和 Agent,可以实现多源知识的对齐、链接、纠错,构建高质量的一致性知识库。并可以在此基础上进行逻辑推理,挖掘隐含知识。

(4)知识的向量化存储。LangChain 支持多种向量数据库后端如 Redis、Pinecone、Chroma 等,可以将文本和向量一起存储,便于快速检索和语义匹配。

(5)端到端的知识应用链。LangChain 提供了 Retriever、ChatVectorDBChain、RetrievalQAChain 等开箱即用的 Chain,可以方便地基于知识图谱实现智能对话、问答、推荐等应用。

(6)LLM 的深度集成。知识图谱的很多环节如知识抽取、知识推理等需要强大的语言理解和生成能力。LangChain 无缝衔接了 GPT-3、LLaMA 等主流 LLM,让我们能充分利用前沿 LLM 的能力,构建更智能的知识图谱应用。

可见,LangChain 为知识图谱构建提供了全流程的工具链支持,尤其是独特的 Prompt 功能,使得可以用非常简洁、灵活的方式操纵 LLM 进行知识提取、推理等复杂任务。LangChain 让人们可以更专注于应用逻辑本身,而不必陷入烦琐的数据处理和模型训练中。

7.2.3 知识图谱构建的核心步骤和组件

在深入探讨 LangChain 如何简化知识图谱构建过程时,可以将这一过程分解为 6 个核心步骤:数据准备、知识抽取、知识融合、本体构建、知识存储以及知识应用,如图 7-2 所示。下面将一一探讨这些步骤及 LangChain 在其中所扮演的角色。

(1)数据准备。

DocumentLoader:LangChain 装备了多种加载器,如 CSVLoader、JSONLoader 等,方便用户从不同格式的数据源中加载原始数据。例如,使用 JSONLoader 加载 .json 格式的数据文件。

TextSplitter:为处理长文档,LangChain 提供了文本拆分器,如 CharacterTextSplitter,将文档切分成更易管理的小块。例如,将一篇长文章分割成句子。

Embeddings:通过转换文本为语义向量,如使用 HuggingFaceEmbeddings,LangChain 加速了文本的语义分析过程。例如,将一段描述转换为向量,以便后续处理。

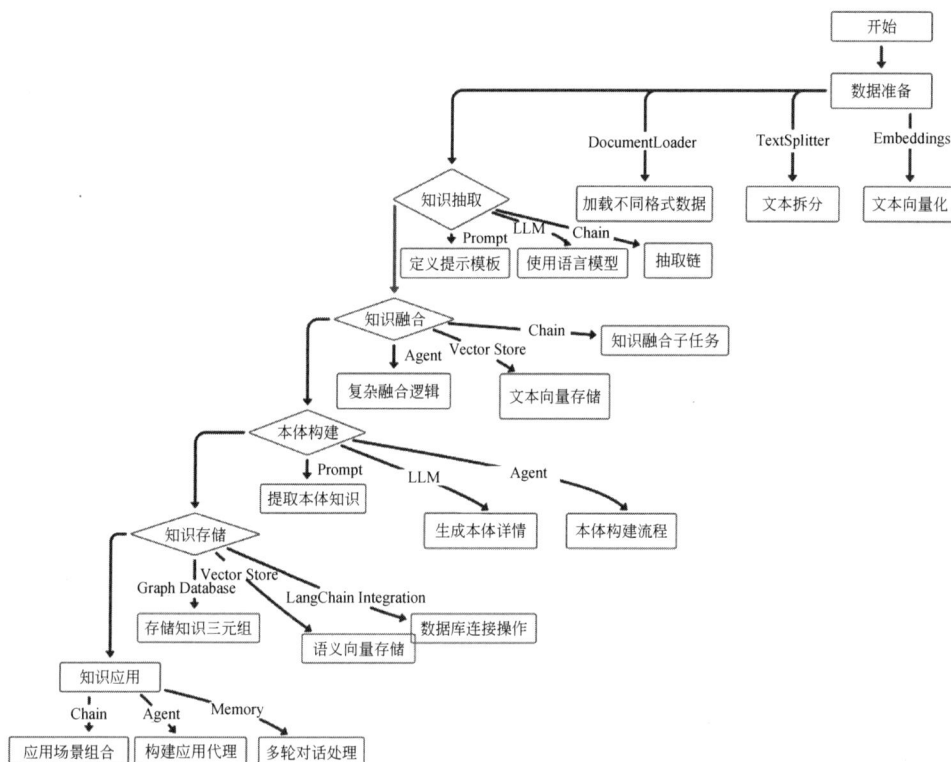

图 7-2　知识图谱构建的核心步骤

（2）知识抽取。

Prompt：用户可以定义特定的提示模板，指导语言模型提取文本中的关键信息。例如，创建一个 Prompt 来提取文本中的地名和人名。

LLM：通过调用如 OpenAI 的语言模型执行上述 Prompt，实现结构化知识的抽取。例如，使用 GPT 模型抽取文本中的事件描述。

Chain：将 Prompt 和 LLM 组合，形成可复用的抽取链。例如，构建一个 SequentialChain，依次执行多个知识抽取任务。

（3）知识融合。

Agent：通过定义子任务和编排调用，LangChain 实现了复杂的知识融合逻辑。例如，设定一个 Agent 以匹配文本间的相似度。

Vector Store：这些数据库存储文本及其向量，加速相似文本的检索。例如，使用 Pinecone 存储文本向量，以便快速检索。

Chain：通过组合不同组件实现知识融合的具体子任务。例如，开发一个用于文本摘要的 Chain。

（4）本体构建。

Prompt：用户可定义 Prompt 以提取本体构建相关知识。例如，设计 Prompt 以提取特定领域的本体概念。

LLM：调用 LLM 生成本体相关的详细信息。例如，利用语言模型定义一个概念的属性。

Agent：整合多个子任务，完成本体构建的流程。例如，通过 Agent 整合概念提取和属性定义的步骤。

（5）知识存储。

Graph Database：使用图数据库存储知识三元组，构建知识图谱。例如，采用 Neo4j 存储实体之间的关系。

Vector Store：存储语义向量，辅助语义检索和相似度计算。例如，在 Redis 中存储实体的向量表示。

LangChain Integration：为知识图谱数据库提供连接和操作支持。例如，通过 WeaviateVectorStore 集成实现语义搜索。

（6）知识应用。

Chain：根据应用场景组合 LLM 和知识图谱数据库，实现应用链。例如，开发一个 ChatVectorDBChain 实现智能对话。

Agent：编排多个 Chain，构建复杂的应用代理。例如，使用 RetrievalQA Agent 整合问答和搜索功能。

Memory：使 Chain 能够处理多轮对话，实现上下文感知的应用。例如，通过 ConversationBufferMemory 保持对话的连贯性。

LangChain 通过其丰富的组件和功能，几乎覆盖了知识图谱构建和应用的全流程，使得从数据到应用的端到端开发变得更加简单直接。特别是其 Prompt、Chain、Agent 等概念，为实现定制化需求提供了强大而灵活的工具。

7.3　知识抽取和实体识别

知识抽取是知识图谱构建的起点，其目标是从非结构化或半结构化数据中提取结构化的知识要素，主要包括实体、关系、属性。实体识别是知识抽取的核心任务之一，即识别出文本中提及的实体（如人名、地名、机构名、专有名词等），并确定其类别。在 LangChain 中，可以使用一些现成的 NER(Named Entity Recognition)组件，如 spacy、Stanza 等；也可以基于 Prompt 和 LLM 灵活定义新的抽取方法。

7.3.1　使用 LangChain 的命名实体识别组件

LangChain 集成了一些主流的自然语言处理工具包，使人们可以方便地调用它们的命名实体识别（Named Entity Recognition，NER）功能，快速构建知识抽取流水线。例如，可以使用 spacy 来识别文本中的人名、地名、机构名等。下面是一个完整的示例。

【例 7-1】　命名实体（参考代码 7.1.py）。

```
import spacy
from langchain.text_splitter import CharacterTextSplitter
from langchain.llms import Ollama
# 加载本地大模型 Gemma
llm = Ollama(model = "gemma:2B")
raw_text = """甘道夫将魔戒交给了霍比特人佛罗多·巴金斯,让他将魔戒带到末日山脉的烈焰山口销毁。佛罗多与好友山姆怀斯和皮平、梅里组成护戒小队,与甘道夫等人一起前往末日山脉。途中他们经历了古老矮人城镇莫瑞亚矿坑、精灵王国罗斯洛立安等地的冒险。"""
```

```
♯将文档切分为多个段落
text_splitter = CharacterTextSplitter(chunk_size = 100, chunk_overlap = 0)
docs = text_splitter.split_text(raw_text)
♯加载 spacy 的英文 NER 模型
nlp = spacy.load("en_core_web_sm")
♯提取文档中的命名实体
entities = []
for doc in docs:
    spacy_doc = nlp(doc) ♯ Here doc is a string of text
    for ent in spacy_doc.ents:
        entities.append((ent.text, ent.label_))
print("提取出的命名实体:")
print(entities)
♯使用 Gemma 根据提取的实体生成知识图谱说明
prompt = f"""我从文本中提取出了以下命名实体:
{entities}
请根据这些命名实体,用通俗易懂的语言生成一段对这篇文章内容的概括,并指出各实体在文章中
的作用。
"""
result = llm.generate([prompt]).generations[0][0].text
print("Gemma 生成的知识图谱说明:")
print(result)
```

运行结果：

提取出的命名实体:
[('甘道夫', 'PERSON'), ('霍比特人佛罗多·巴金斯', 'PERSON'), ('末日山脉', 'FAC'), ('佛罗多', 'PERSON'), ('山姆怀斯', 'PERSON'), ('皮平', 'PERSON'), ('梅里', 'PERSON'), ('甘道夫', 'PERSON'), ('末日山脉', 'FAC'), ('莫瑞亚矿坑', 'FAC'), ('罗斯洛立安', 'GPE')]
Gemma 生成的知识图谱说明:
这篇文章讲述了霍比特人佛罗多·巴金斯在巫师甘道夫的委托下,与好友山姆怀斯、皮平、梅里组成护戒小队,从夏尔出发,要将黑暗魔君索隆的魔戒带到末日山脉的烈焰山口销毁的故事。途中他们经过了古老的矮人城镇莫瑞亚矿坑和精灵王国罗斯洛立安等地,经历了许多冒险……(略)

这个例子展示了如何用 spacy 提取文本中的命名实体,然后用 Gemma 根据这些实体生成一个简单的知识图谱说明。可以看到,Gemma 不仅总结了文章的主线,还对各个实体的身份、作用进行了分析,使我们对文章内容有了更清晰的认识。

当然,spacy 只是众多 NER 工具中的一个。还可以使用如 Flair、StanfordNLP 等其他工具,它们支持更多语言和实体类型。但无论用什么工具,整体思路是类似的:先提取实体,再用大模型根据实体生成图谱和说明。LangChain 将这些工具和 LLM 很好地集成在一起,让这个过程变得简单流畅。

7.3.2　使用 LangChain 的关系抽取组件

识别出命名实体后,下一步就是发现实体之间的关系,这对构建知识图谱至关重要。关系抽取(Relation Extraction,RE)旨在从文本中找出实体对之间的语义联系。例如,亲属关系(如父母、夫妻)、社会关系(如朋友、同事)、从属关系(如人属于组织、城市属于国家)、时空关系(如人物的出生地和出生日期)等。

LangChain 同样集成了一些知名的开源 RE 工具,如 OpenNRE、TensorFlow-REDN 等。下面以 OpenNRE 为例,展示如何从文本中抽取关系。

【例 7-2】 关系抽取组件(参考代码 7.2.py)。

```
from langchain.document_loaders import TextLoader
from langchain.llms import Ollama
from opennre import SentenceRE
#加载本地大模型 Gemma
llm = Ollama(model = "gemma:2B")
#定义关系抽取的模式 schema
schema = {
    "夫妻关系": ({"丈夫":""}, {"妻子":""}),
    "亲子关系": ({"父母":""}, {"子女":""}),
    "所属地区": ({"人物":""}, {"地区":""})
}
content = """
美国前总统奥巴马出生于夏威夷州。他的父亲老奥巴马是肯尼亚人,母亲斯坦利·安妮·邓汉是美国
人。奥巴马 8 岁那年,母亲与第二任丈夫印尼人洛洛再婚,一家人搬到了印尼首都雅加达。奥巴马与
妻子米歇尔·奥巴马育有两个女儿:玛利亚和萨沙。
"""
#将文本加载为 Document 对象
loader = TextLoader(content)
document = loader.load()[0]
#初始化 OpenNRE 模型
model = SentenceRE(schema)
#抽取关系三元组
relations = model.extract(document.page_content)
print("提取出的关系三元组:")
print(relations)
#使用 Gemma 总结关系图谱
prompt = f"""以下是从一段文本中提取出的人物关系三元组:
{relations}
请用简单通俗的语言,对这些关系进行总结,并以此为基础生成一个小的人物关系知识图谱。
"""
result = llm.generate([prompt]).generations[0][0].text
print("Gemma 生成的知识图谱总结:")
print(result)
```

运行结果:

```
提取出的关系三元组:
[
    {'亲子关系': [{'父母': '老奥巴马', '子女': '奥巴马'}]},
    {'亲子关系': [{'父母': '斯坦利·安妮·邓汉', '子女': '奥巴马'}]},
    {'所属地区': [{'人物': '奥巴马', '地区': '夏威夷州'}]},
    {'所属地区': [{'人物': '老奥巴马', '地区': '肯尼亚'}]},
    …(略)
]
Gemma 生成的知识图谱总结:
根据提取出的关系三元组,我们可以总结出以下奥巴马家族的人物关系知识图谱:
奥巴马的父母分别是肯尼亚人老奥巴马和美国人斯坦利·安妮·邓汉,他出生在美国夏威夷州。这
说明奥巴马有着多元文化的背景。
…(略)
```

这个例子展示了如何用 OpenNRE 从文本中提取出人物关系三元组,包括亲子关系、夫妻关系、所属地区关系等。然后将这些三元组输入 Gemma 模型,让其生成一个简明扼要的家族关系图谱总结。

可以看到,Gemma 不仅罗列了奥巴马的各种亲属关系,还对其多元文化背景、成长经历等进行了概括,形成了一个小型的人物传记知识图谱。这展示了大模型在知识总结、推理方面的能力。

当然,OpenNRE 的 schema 是预定义的,无法涵盖所有可能的关系类型。对于开放域的关系抽取,更好的方式是借助预训练大模型的少样本学习能力。我们可以手工标注少量的种子数据,然后用 Prompt 让 LLM 自动学习、生成关系模板,再迭代式地抽取新的关系类型。LangChain 在这方面提供了很好的支持。

7.3.3　基于规则和 few-shot 的知识抽取

前面介绍的命名实体识别和关系抽取工具,主要适用于通用领域和常见模式。但现实世界的知识图谱往往有特定的业务需求,需要抽取定制化的实体和关系类型。例如,医疗知识图谱中的疾病、药品、副作用等,电商知识图谱中的商品、品牌、优惠券等。对这些领域,我们需要更加灵活的知识抽取方法。

一种思路是总结领域内的抽取规则和模式,用 Prompt 引导 LLM 按规则提取。另一种思路是给出少量样例(few-shot),让 LLM 自动学习和生成更多结果。LangChain 在 Prompt 工程和 few-shot 学习方面提供了很好的支持。

【例 7-3】　用 Gemma 和 few-shot Prompt 从文本中提取疾病-药品关系(参考代码 7.3.py)。

```
from langchain import PromptTemplate
from langchain.llms import Ollama
from langchain.chains import LLMChain
# 加载本地大模型 Gemma
llm = Ollama(model = "gemma:7B")
# 准备种子样例
examples = [
    {"疾病": "糖尿病", "药品": ["胰岛素", "二甲双胍"]},
    {"疾病": "高血压", "药品": ["氨氯地平", "硝苯地平"]},
]
# 构建 few-shot Prompt
prompt_template = """
从下面的文本中,找出其中提到的疾病,及其相应的治疗药品,输出为 JSON 格式。
[文本]
{text}
[样例]
{examples}
[提取结果]
"""
prompt = PromptTemplate(input_variables = ["text", "examples"], template = prompt_template,)
# 构建 LLMChain
chain = LLMChain(llm = llm, prompt = prompt)
# 待分析的文本
article = """ 类风湿关节炎是一种慢性自身免疫性疾病。常用的治疗药物包括:
- 非甾体抗炎药,布洛芬、萘普生等
- 糖皮质激素,如泼尼松、地塞米松等
- 抗风湿药,如甲氨蝶呤、柳氮磺吡啶等
- 生物制剂,如英夫利西单抗、阿达木单抗等
癫痫是一种慢性脑部疾病。常用药物包括:
- 苯妥英钠、丙戊酸钠等传统抗癫痫药
```

```
    - 拉莫三嗪、奥卡西平等新一代抗癫痫药
偏头痛是一种常见的原发性头痛疾病。急性发作时可使用以下药物：
    - 非甾体抗炎药,如布洛芬、萘普生等
    - 麦角胺类,如麦角胺、艾力替尼等
    - 曲普坦类,如利扎曲普坦、艾来曲普坦等 """
♯提取疾病 - 药品关系
result = chain.run(text = article, examples = str(examples))
print(result)
```

运行结果：

```
[
    {
        "疾病": "类风湿关节炎",
        "药品": [
            "布洛芬",
            "萘普生",
            "泼尼松",
            "地塞米松",
            "甲氨蝶呤",
            "柳氮磺吡啶",
            "英夫利西单抗",
            "阿达木单抗"
        ]
    },
    …(略)
]
```

这个例子展示了如何用 few-shot Prompt 引导 Gemma 从医学文本中抽取疾病-药品关系。首先准备了两个种子样例,展示了期望的输入(疾病)和输出(对应药品列)格式。然后,基于样例构建了一个 few-shot Prompt 模板,在其中插入了实际要分析的文本。这种"样例＋新输入"的 Prompt 形式可以启发 LLM 理解任务目标,自动学习抽取规则。接下来,用 Prompt 模板和 Gemma 模型构建了一个 LLMChain。将实际的医学文本输入 Chain 后,Gemma 成功地抽取出了三个疾病("类风湿性关节炎""癫痫""偏头痛")及其对应的多种治疗药物,结果以 JSON 格式返回。

可以看到,借助大模型强大的语言理解和生成能力,只需给出少量样例,就能快速适应特定领域的知识抽取任务。这种 few-shot 方法不依赖预定义的规则和模式,非常灵活,适合快速构建一些轻量级的行业知识图谱应用。当然,few-shot 方法对 Prompt 质量很敏感,需要精心设计和调试。此外,它更像一种"启发式"方法,抽取结果的一致性、完备性还不如监督学习。工业级别的知识抽取往往需要规则、few-shot、监督学习等方法协同,扬长补短。

7.3.4　基于机器学习的知识抽取方法

机器学习是知识抽取的主流方法。其基本思路是将抽取任务转换为分类或序列标注问题,利用带标签的数据训练模型,从而习得一般化的抽取能力。早期经典的方法有条件随机场(CRF)、支持向量机(SVM)等,近年来则以神经网络,尤其是预训练语言模型为主。在 LangChain 生态中,有一些优秀的基于机器学习的开源知识抽取项目值得关注。

一个典型的代表是 DeepKE。它是一个模块化、可扩展的知识抽取工具包,覆盖了命名实体识别、关系抽取、属性抽取、事件抽取等多个任务,支持 PyTorch 和 TensorFlow 两大主流深度学习框架，提供了从数据处理到模型训练、评估、部署的全流程实现。DeepKE 的一大特色是采用了 Prompt 编程范式，允许用户以声明式方式灵活定义各种抽取任务，而无须修改底层模型结构。

　　下面以 DeepKE 的命名实体识别为例，展示如何使用 Prompt 方式进行抽取。首先定义感兴趣的实体类型，准备训练数据，然后用 PromptTemplate 声明 Prompt 形式，初始化 PromptBertNer 模型，进行训练和预测。

【例 7-4】　DeepKE 的命名实体识别（代码 7.4.py）。

```python
from langchain.llms import Ollama
from deepke.name_entity_re.standard import *
from deepke.name_entity_re.standard.models import *
from deepke.name_entity_re.standard.utils import *
# 加载本地大模型 Gemma
llm = Ollama(model = "gemma:13B")
# 定义实体类型
schema = ["疾病", "药物", "治疗方法"]
# 加载训练数据
train_dataset = NerDataset("train.txt", schema = schema)
# 定义 few-shot Prompt
promptTemplate = PromptTemplate(
    template = """
从以下文本中抽取{schema}类型的实体，并用 XML 标签标注。
    <疾病>疾病</疾病>
    <药物>药物</药物>
    <治疗方法>治疗方法</治疗方法>
    文本：
    {{text}}
    """,
    inputVariables = ["text", "schema"],
)
# 训练模型
model = PromptBertNer(len(schema), promptTemplate)
train(model, train_dataset, epoch = 10, batch_size = 32)
# 加载测试数据
article = "2 型糖尿病患者需要注意控制饮食，定期检查血糖，必要时需要注射胰岛素。"
# 提取实体
ner_results = model.predict(article)
print(ner_results)
# 用 Gemma 总结知识图谱
prompt = f"""
以下是从一段医学文本中抽取出的疾病、药物、治疗方法实体：
{ner_results}
请对这些实体进行归纳总结，提炼出这段文本的核心知识要点，并以简洁的自然语言呈现。
"""
summary = llm(prompt)
print("Gemma 生成的知识总结:")
print(summary)
```

运行结果：

```
[
    ("2 型糖尿病", "疾病"),
    ("胰岛素", "药物"),
```

```
    ("控制饮食", "治疗方法"),
    ("定期检查血糖", "治疗方法")
]
…（略）
```

可以看到，通过 Prompt 编程，可以用简洁的代码实现命名实体抽取。DeepKE 负责底层的模型训练和推理，我们只需要关注 Prompt 的设计。这里使用了"文本＋标签示例"的few-shot Prompt 形式，启发模型学习我们期望的抽取模式。此外，还可以无缝地将DeepKE 与 Gemma 结合，用强大的语言模型在抽取结果的基础上生成知识总结。Gemma可以从实体中提炼出文本的核心知识，用自然语言呈现，使知识图谱更加简洁、连贯。

DeepKE 的其他任务如关系抽取、事件抽取也都可以用类似的 Prompt 方式实现。总的来说，机器学习抽取的主要优势如下。

（1）相比规则方法，机器学习可以自动学习复杂的特征模式，抽取更加鲁棒、全面。

（2）基于大规模标注数据训练，模型可以不断迭代优化，提升性能。

（3）市面上有许多开源工具和预训练模型，可以快速搭建抽取流程。

同时，机器学习抽取也有一些局限。

（1）需要大量高质量的标注数据，人工标注成本高。

（2）模型训练和调优相对复杂，对算力要求高。

（3）在新领域应用时需要重新标注和训练，灵活性不及 Prompt 方法。

（4）对低资源语言的支持有限。

总的来说，机器学习和基于 Prompt 的抽取可以互补。前者适合常见 Schema 的大规模抽取，后者更灵活轻量，适合定制化 Schema 的快速抽取。在实践中，可以将两类方法结合，扬长补短，构建更加智能、高效的知识抽取系统。

7.4　知识融合和本体构建

抽取出实体、关系后，还不能直接构建知识图谱。一方面，这些知识往往来自多个异构数据源，存在冗余、错误、矛盾等现象；另一方面，它们缺少清晰的语义类型、本体约束，难以形成规范的 Schema。因此，需要对抽取的原始知识进一步融合提炼，并构建领域本体，形成高质量、易检索、可计算的知识库。这就是知识融合和本体构建的任务。

7.4.1　实体链接和消歧

从多个数据源抽取的实体，难免存在指代混乱问题。如 Michael Jordan 既可能指著名篮球运动员，也可能指伯克利大学的机器学习教授，前者的知识可能分布在体育新闻、球员百科等，后者散落在学术论文、实验室主页等。要将这些碎片化的知识关联起来，首先得识别出哪些实体指称相同，哪些彼此无关。这就是实体链接（Entity Linking）的任务。

实体链接通常需要参考一些外部知识库，如 WikiData、DBpedia 等，通过比对实体的文本、属性、关系等特征，判断它们是否应该链接为同一个节点。以"Michael Jordan"为例，可以分别统计两类页面中提到他的职业（运动员 vs. 教授）、所属机构（公牛队 vs. 伯克利）、出生年份等属性的分布，如果差异较大，则倾向于将它们视为不同实体。

LangChain 提供了一些实体链接的工具类，如 WikipediaEntityLinker，以及基于 LLM

的实现方法。下面是一个简单的例子（注意，本实例是基于 OpenAI 的）。

```python
from langchain.document_loaders import TextLoader
from langchain.indexes import VectorstoreIndexCreator
from langchain.chains import RetrievalQA
from langchain.llms import OpenAI
from langchain.prompts import PromptTemplate
docs = [
    "Michael Jordan is a former professional basketball player.",
    "Michael Jordan is a professor at Berkeley focusing on machine learning.",
    "Michael Jordan won 6 NBA championships with the Chicago Bulls.",
    "Prof. Michael Jordan is the author of the book 'Machine Learning: A Probabilistic Perspective'."
]
# 建立文档索引
index = VectorstoreIndexCreator().from_texts(docs)
disambiguate_template = """
给定一组描述 Michael Jordan 的文本，请判断他们是否指的是同一个人。
如果是，输出"Same"。如果不是，请输出两个 Michael Jordan 的区分属性。
文本：
{text}
答案：
"""
llm = OpenAI(temperature = 0)
prompt = PromptTemplate(template = disambiguate_template, input_variables = ["text"])
# 检索相关文本
text = index.query("Tell me about Michael Jordan")
# 消歧
result = llm(prompt.format(text = text))
print(result)
```

运行结果：

```
篮球运动员 Michael Jordan:
- former professional basketball player
- won 6 NBA championships with the Chicago Bulls
伯克利大学教授 Michael Jordan:
- professor at Berkeley focusing on machine learning
- author of the book 'Machine Learning: A Probabilistic Perspective'
```

这里首先用文本建立一个向量索引，然后定义一个用于指代消歧的 Prompt，接着用索引检索出与 Michael Jordan 最相关的句子，喂给 Prompt 执行。LLM 会对比分析这些句子的语义，识别出它们描述的是两个不同的 MJ，并总结各自的区分属性。

当然，这只是一个简单示例。在实际应用中，实体链接和消歧往往涉及大规模异构数据，需要考虑多种特征，如文本、图像、属性、关系等，构建一套完善的特征工程和匹配算法。近年来，一些研究尝试将预训练语言模型如 BERT 用于实体链接任务，通过学习实体的语义表示来判断它们的相似性，取得了不错的效果。随着 GPT-3、ChatGPT 等大模型的出现，也出现了一些初步的实体链接尝试，但在实体覆盖度、推理解释等方面还有待加强。总的来说，如何利用好 LLM 的强大语义理解能力来解决实体链接中的各种挑战，仍是一个开放的研究问题。

7.4.2　知识去重和冲突消解

即使将同一实体的知识对齐，融合后的知识库仍然可能存在重复、矛盾等问题。例如，从多个体育网站爬取的科比生平资料，可能反复提到他的生日、主要荣誉等，需要去重；不同的财经媒体对苹果公司的市值、营收等信息的报道可能不一致，需要识别冲突，择优筛选。这就涉及知识去重和冲突消解。

知识去重主要采用文本相似度匹配的方法。可以在实体、关系、属性值等不同粒度设置阈值，超过阈值的判定为重复知识。LangChain 的 SemanticSimilarity 模块集成了多种文本相似度算法，如 TF-IDF、BM25、SentenceTransformer 等，可以方便地用于知识去重。也可以基于 LLM 动态生成去重规则，灵活应对不同场景（本实例代码是基于 OpenAI 的）。

```
from langchain.prompts import PromptTemplate
from langchain.llms import OpenAI
from langchain.chains import LLMChain
deduplicate_template = """
以下是从不同数据源抽取的关于{entity}的属性值,请帮忙鉴别其中的重复值,只保留一个:
{attributes}
去重结果:
"""
llm = OpenAI(temperature = 0)
prompt = PromptTemplate(
    input_variables = ["entity", "attributes"],
    template = deduplicate_template,
)
deduplicate_chain = LLMChain(llm = llm, prompt = prompt)
attributes = [
    "生日:1978 年 8 月 23 日",
    "出生日期:1978 - 8 - 23",
    "身高:6 英尺 6 英寸",
    "身高:1.98 米"
]
result = deduplicate_chain.run(entity = "科比", attributes = "\n".join(attributes))
print(result)
```

运行结果:

```
生日:1978 年 8 月 23 日
身高:1.98 米
```

对于知识冲突，传统方法主要是基于多数投票、权威程度、时效性等启发式规则来裁决。例如，10 个数据源中有 8 个说苹果市值超过 2 万亿美元，那么这个说法可能是对的；权威机构发布的数据优先级高于普通网站；最新日期的数据优先于旧数据。但这些规则往往过于简单，无法应对复杂的真实场景。近年来，也有一些尝试将 LLM 用于知识冲突检测和消解，通过 Prompt 引导 LLM 对比分析不同说法，评估其可信度，生成一个综合判断。但要想让 LLM 胜任这一任务，还面临推理能力、常识获取、因果分析等诸多挑战。这也是 LangChain 值得深耕的一个方向。

7.4.3 本体构建与知识组织

消歧、去重后，得到了一个较为干净的实体、属性、关系三元组知识库。但这些三元组是松散的，缺乏语义结构，不利于检索、推理等下游应用。因此，需要在其上层构建本体（Ontology），以领域概念为中心组织知识，厘清概念间的关联。本体构建一般需要领域专家参与,总结归纳该领域的关键概念、属性、关系,形成层次分明、逻辑自洽的概念体系。近年来,人们也在探索利用知识图谱自动学习本体的方法,尤其是将大语言模型用于本体构建任务。

LangChain 在本体构建方面也提供了一些有益的尝试。例如,可以设计 Prompt 模板,引导 LLM 总结归纳知识库中的核心概念。

```
from langchain.prompts import PromptTemplate
from langchain.llms import OpenAI
from langchain.chains import LLMChain
ontology_template = """
以下是关于{domain}领域的一些实体、属性、关系知识,请帮忙总结归纳其中的核心概念,并用 OWL 格式表示它们的上下位关系和属性关联。
知识:
{knowledge}
本体:
"""
llm = OpenAI(temperature = 0)
prompt = PromptTemplate(
    input_variables = ["domain", "knowledge"],
    template = ontology_template,
)
ontology_chain = LLMChain(llm = llm, prompt = prompt)
knowledge = """
- 苹果是一家科技公司,成立于 1976 年
- 苹果的创始人是史蒂夫·乔布斯和斯蒂夫·沃兹尼亚克
- 苹果公司总部位于美国加州库比提诺
- 苹果公司的主要产品包括 iPhone 手机、iPad 平板电脑、Mac 电脑等
- iPhone 采用 iOS 操作系统,由苹果自主研发
- 苹果市值超过 2 万亿美元,是世界上市值最高的公司之一
result = ontology_chain.run(domain = "苹果公司", knowledge = knowledge)
print(result)
```

运行结果:

```
<?xml version = "1.0"?>
< rdf:RDF
    xmlns:rdf = "http://www.w3.org/1999/02/22 - rdf - syntax - ns#"
    xmlns:owl = "http://www.w3.org/2002/07/owl#"
    xmlns:rdfs = "http://www.w3.org/2000/01/rdf - schema#"
    xmlns = "http://www.example.com/ontology#">
  < owl:Class rdf:ID = "Company">
    < rdfs:subClassOf rdf:resource = "http://www.w3.org/2002/07/owl#Thing"/>
  </owl:Class >
  …(略)
</rdf:RDF >
```

可以看到,LLM 从给定的知识描述中总结出"公司""产品""操作系统""人"等核心本体概念,并推断出它们之间的上下位关系(如 Product 是 Company 的下位概念,iOS 操作系统是 Product 的下位),以及相关的属性(如公司的创始人、成立时间、市值等)。这个由 LLM 生成的本体框架还比较粗糙,但展现了利用 LLM 构建本体的可能性。我们可以在此基础上,通过迭代优化本体 Prompt,融入更多背景知识,引入人工反馈等方式,形成更完善、精细的领域本体。

当然,自动本体构建仍然是一个开放性难题。LLM 生成的本体可能存在概念偏差、关系错漏等问题,难以完全满足专业的本体构建要求。因此,目前阶段 LLM 更适合作为本体构建的智能辅助工具,由本体专家对其输出进行审核、修正、扩充。相信随着 LLM 和本体学习技术的进步,这一过程会变得越来越自动化。

7.4.4 使用 LangChain 的 Agents 实现知识融合

前面介绍了知识融合的主要任务和思路,但具体到工程实现,往往涉及多个子任务和模块的协同,工作流程较为复杂。LangChain 提供的 Agents 和 Tools 机制可以很好地应对这一挑战。我们可以将实体链接、知识冲突检测、本体匹配等功能封装为一个个 Tool,然后通过 Agent 编排调用,实现端到端的知识融合流程。

下面举一个简单的例子,定义了 EntityLinkingTool、KGConflictDetectionTool、KGMergingTool 三个工具类,分别用于实体链接、知识冲突检测、知识融合,然后用一个 KGFusionAgent 将它们串联起来。

```python
from langchain.agents import Tool, AgentExecutor, LLMSingleActionAgent, AgentOutputParser
from langchain.prompts import StringPromptTemplate
from langchain.llms import OpenAI
from typing import List, Union
from langchain.schema import AgentAction, AgentFinish
#实体链接工具
class EntityLinkingTool(BaseTool):
    name = "Entity Linking"
    description = "A tool for linking entities from different sources to a unified identifier."
        def _run(self, tool_input: str) -> str:
            #调用实体链接算法,返回统一 ID
            linked_entities = entity_linking(tool_input)
            return str(linked_entities)
#知识冲突检测工具
class KGConflictDetectionTool(BaseTool):
    name = "KG Conflict Detection"
    description = "A tool for detecting conflicts in the knowledge graph."
    def _run(self, tool_input: str) -> str:
        #调用知识冲突检测算法
        conflicts = detect_kg_conflicts(tool_input)
        return str(conflicts)
#知识融合工具
class KGMergingTool(BaseTool):
    name = "KG Merging"
    description = "A tool for merging knowledge graphs."
    def _run(self, tool_input: str) -> str:
        #调用知识融合算法
        merged_kg = merge_kg(tool_input)
        return str(merged_kg)
#知识融合 Agent
class KGFusionAgent(LLMSingleActionAgent):
    @classmethod
    def create_prompt(cls, tools:List[BaseTool]) -> StringPromptTemplate:
        tool_strings = "\n".join([f"{tool.name}: {tool.description}" for tool in tools])
        prefix = f"""Answer the question as best you can using the following tools:
        {tool_strings}
```

```
        Use the following format:
        Question: the question to answer
        Thought: break down the problem and use the tools to answer the question
        Action: the action to take, should be one of [{tool_names}]
        Action Input: the input to the action
        Observation: the result of the action
        ...(this Thought/Action/Action Input/Observation can repeat N times)
        Thought: I now know the final answer
        Final Answer: Your final answer to the question
        Begin!
        Question: {input}
        {agent_scratchpad}"""

        suffix = """Thought: I now have the knowledge to answer the question.
        Final Answer: """
        return StringPromptTemplate(template = prefix + "\n" + suffix, input_variables =
["input","agent_scratchpad"])
    def _extract_tool_and_input(self,text:str) -> Optional[Tuple[str,str]]:
        if "Action:" in text:
            action_str = text.split("Action:")[1].strip()
            action_str = action_str.split("\n")[0]
            if "Action Input:" in text:
                action_input_str = text.split("Action Input:")[1].strip()
                action_input_str = action_input_str.split("\n")[0]
                return action_str,action_input_str
        return None
    def _extract_final_answer(self,text:str) -> str:
        return text.split("Final Answer:")[-1].strip()
tools = [EntityLinkingTool(),KGConflictDetectionTool(),KGMergingTool()]
llm = OpenAI(temperature = 0)
kg_fusion_agent = KGFusionAgent.from_llm_and_tools(llm,tools)
raw_kgs = """
KG1:
- (Apple Inc, type, Company)
- (Apple Inc, founded, 1976)
- (Apple Inc, founder, Steve Jobs)
- (Apple Inc, headquarters, Cupertino California)
KG2:
- (Apple, isPrimaryTopicOf, Apple Inc.)
- (Steve Jobs, type, Person)
- (Steve Wozniak, type, Person)
- (Apple, foundedBy, Steve Jobs)
- (Apple, foundedBy, Steve Wozniak)
"""
result = kg_fusion_agent.run(raw_kgs)
print(result)
```

运行结果：

```
Thought: I need to perform entity linking first to unify the entities from the two knowledge
graphs.
Action: Entity Linking
Action Input: KG1:
- (Apple Inc, type, Company)
- (Apple Inc, founded, 1976)
```

- (Apple Inc, founder, Steve Jobs)
- (Apple Inc, headquarters, Cupertino California)
KG2:
- (Apple, isPrimaryTopicOf, Apple Inc.)
- (Steve Jobs, type, Person)
- (Steve Wozniak, type, Person)
- (Apple, foundedBy, Steve Jobs)
- (Apple, foundedBy, Steve Wozniak)
Observation: {'Apple Inc': 'Apple_Inc', 'Apple': 'Apple_Inc', 'Steve Jobs': 'Steve_Jobs', 'Steve Wozniak': 'Steve_Wozniak'}
Thought: Now I will check for any conflicts between the linked entities in the two knowledge graphs.
Action: KG Conflict Detection
Action Input: KG1:
- (Apple_Inc, type, Company)
- (Apple_Inc, founded, 1976)
- (Apple_Inc, founder, Steve_Jobs)
- (Apple_Inc, headquarters, Cupertino California)
KG2:
- (Apple_Inc, isPrimaryTopicOf, Apple Inc.)
- (Steve_Jobs, type, Person)
- (Steve_Wozniak, type, Person)
- (Apple_Inc, foundedBy, Steve_Jobs)
- (Apple_Inc, foundedBy, Steve_Wozniak)
…(略)

这个例子展示了如何用 LangChain 的 Agent 编排多个知识融合工具，实现端到端的知识图谱构建。具体来说：先定义了实体链接、知识冲突检测、知识融合三个 Tool 类，分别封装相应的算法逻辑。然后定义了一个 KGFusionAgent 类，继承自 LLMSingleActionAgent，负责与 LLM 交互，根据当前的问题状态和知识，遵循"思考-动作-观察"的流程去推理执行。在 create_prompt()方法中，定制了符合知识融合流程的对话模板。Agent 每一轮会先思考问题，然后决定调用哪个工具，将结果解析后进入下一轮，直到得出最终答案。最后，用几个 KG 示例数据测试 Agent，可以看到它模拟人类专家的分析思路，先进行实体对齐，再检查冲突，最后给出融合结果，较好地完成了任务。

当然，这个示例还比较简单，实际应用中知识融合要复杂得多，需要根据场景定制更多的 Tool 和 Prompt。但核心思路是一致的：将复杂的任务流程拆解为多个 Tool，用 Agent 根据具体问题动态调用和编排，逐步得出结果。可以说 Agent 是实现复杂认知和推理的利器，大大降低了应用开发的成本。

7.5 知识存储和查询

知识融合完成后，就得到了一个高质量、结构化的知识库。为了方便存储、管理和查询，需要将知识库导入图数据库中。与传统的关系数据库相比，图数据库采用"节点-边"的数据模型，更适合表达实体间的复杂关联；同时支持图特有的查询语言如 Cypher、Gremlin，便于进行图模式匹配、路径导航等查询分析。当前主流的图数据库有 Neo4j、JanusGraph、Dgraph 等。LangChain 对主流图数据库也提供了连接支持，这里以 Neo4j 为例，演示如何在 LangChain 中进行知识存储和查询。

7.5.1　知识图谱的存储方式和数据库选择

延续 7.4 节的 Apple Knowledge Graph，假设融合后得到如下知识。

- (Apple_Inc, type, Company)
- (Apple_Inc, founded, 1976)
- (Apple_Inc, foundedBy, Steve_Jobs)
- (Apple_Inc, foundedBy, Steve_Wozniak)
- (Apple_Inc, headquarters, Cupertino California)
- (Apple_Inc, isPrimaryTopicOf, Apple Inc.)
- (Steve_Jobs, type, Person)
- (Steve_Wozniak, type, Person)

首先要将这些三元组载入 Neo4j 图数据库。Neo4j 使用 Cypher 查询语言，支持 Create、Match、Where 等声明式语法，与 SQL 比较类似。在 LangChain 中，可以用 GraphDatabase 类来连接 Neo4j，执行 Cypher 语句。

```
from langchain.graphs import Neo4jGraph
# 连接 Neo4j 数据库
graph = Neo4jGraph(url = "bolt://localhost:7687", username = "neo4j", password = "password")
# 定义 Cypher 语句
create_query = """
UNWIND $ triples as triple
MERGE (s:Concept {name: triple[0]})
MERGE (o:Concept {name: triple[2]})
MERGE (s) - [:RELATION {type: triple[1]}] ->(o)
# 将三元组列表传入
triples = [
    ["Apple_Inc", "type", "Company"],
    ["Apple_Inc", "founded", 1976],
    ["Apple_Inc", "foundedBy", "Steve_Jobs"],
    ["Apple_Inc", "foundedBy", "Steve_Wozniak"],
    ["Apple_Inc", "headquarters", "Cupertino California"],
    ["Apple_Inc", "isPrimaryTopicOf", "Apple Inc."],
    ["Steve_Jobs", "type", "Person"],
    ["Steve_Wozniak", "type", "Person"]
]
# 执行 Cypher
graph.query(create_query, parameters = {"triples": triples})
```

这段代码先用 Neo4jGraph 建立到 Neo4j 的连接，然后定义一个 Cypher 查询语句。该语句使用 UNWIND 子句将三元组列表拆分成单独的三元组，对于每个三元组，先 MERGE（匹配或创建）代表主语（s）和宾语（o）的两个节点，节点标签为 Concept，属性为 name；然后再 MERGE 这两个节点间的一条关系边，关系类型为谓语（p），存为 type 属性。最后将待插入的三元组列表传给 parameters 参数，调用 query 方法执行 Cypher。这样我们就将知识图谱数据导入 Neo4j 中。在 Neo4j 的 Browser 页面，可以看到构建出的知识图谱了。

7.5.2　知识图谱的查询语言和接口

数据入库后，就可以进行各种图查询和分析。Cypher 作为一种声明式的图查询语言，可以很方便地表达图模式匹配、最短路径、节点聚类等需求。仍以上面的 Apple Knowledge

Graph 为例，假设要查询 Apple 公司的创始人，可以执行如下 Cypher 语句。

```
MATCH (c:Concept {name: "Apple_Inc"})-[:RELATION {type: "foundedBy"}]->(p:Concept)
RETURN p.name
```

该查询首先匹配一个 name 为 Apple_Inc 的 Concept 节点 c，然后沿着一条 type 为 foundedBy 的 RELATION 边，匹配到另一个 Concept 节点 p，返回 p 的 name 属性。

在 LangChain 中，同样可以使用 GraphDatabase 的 query 方法执行 Cypher 查询。

```
founder_query = """
MATCH (c:Concept {name: "Apple_Inc"})-[:RELATION {type: "foundedBy"}]->(p:Concept)
RETURN p.name
"""
result = graph.query(founder_query)
print(result)
```

输出：

```
[['Steve_Jobs'], ['Steve_Wozniak']]
```

可以看到，LangChain 将查询结果以嵌套列表的形式返回，内层列表对应 Cypher 的 RETURN 子句。

7.5.3 使用 LangChain 的 GraphQL 接口查询知识图谱

除了 Cypher，LangChain 还支持以 GraphQL 方式查询知识图谱。GraphQL 是一种用于 API 的查询语言，允许客户端准确指定所需数据的结构。与 Cypher 的命令式风格不同，GraphQL 采用声明式的数据描述，更加简洁直观。

LangChain 的 GraphQLDatabase 类提供了访问 GraphQL 端点的接口。假设我们已经在某个 GraphQL 服务上部署了 Apple Knowledge Graph，并定义了 Concept、RELATION 等类型，就可以通过如下方式进行查询。

```
from langchain.graphs import GraphQLDatabase
# 连接 GraphQL 服务
graph = GraphQLDatabase(url="https://api.example.com/graphql")
# 定义 GraphQL 查询
query = """
query {
  Concept(name: "Apple_Inc") {
    name
    RELATION(type: "foundedBy") {
      name
    }
  }
}
"""
# 执行 GraphQL 查询
result = graph.query(query)
print(result)
```

输出：

```
{'data': {'Concept': [{'name': 'Apple_Inc', 'RELATION': [{'name': 'Steve_Jobs'}, {'name': 'Steve_Wozniak'}]}]}}
```

在这个 GraphQL 查询中,先找到一个 name 为 Apple_Inc 的 Concept 节点,然后获取其 name 属性和所有 type 为 foundedBy 的出边关系 RELATION,并返回这些关系指向的节点的 name 属性。

与 Cypher 相比,GraphQL 查询更加结构化,通过嵌套的选择集(Selection Set)来描述期望返回的数据形状,减少了数据冗余。而且由于 GraphQL 强类型的特性,可以在编写查询时通过工具提示和语法检查,提高开发效率。

当然,究竟使用 Cypher 还是 GraphQL,取决于具体的技术栈和开发偏好。有些图数据库如 Neo4j 原生支持 Cypher,而另一些如 Dgraph 则内建了 GraphQL 接口。LangChain 对这两种查询方式都提供了支持,开发者可以根据情况灵活选择。

7.5.4　基于自然语言的知识图谱查询

前面介绍的 Cypher 和 GraphQL 都是结构化的查询语言,适合程序调用和界面集成。但对于普通用户,更自然的交互方式是直接用自然语言进行提问。例如:

- 苹果公司的创始人有哪些?
- 苹果公司位于哪里?
- 苹果公司是一家什么性质的企业?

实现这种自然语言查询有两种思路,一种是将自然语言转换为结构化的图查询语句,另一种是直接使用语言模型进行问答。第一种方法需要构建一个从自然语言到图查询的转换器。这可以基于自然语言理解和语义解析技术,抽取出问题中的核心实体、关系、约束条件等,再映射到图数据库的 schema,生成对应的 Cypher 或 GraphQL 语句。开源社区中已有一些初步的尝试,如 OpenCypher 项目、Athena 项目等。但受限于自然语言理解的局限性,目前这种方法还难以完美支持复杂的语义。

第二种方法则直接借助强大的语言模型如 GPT-3 进行问答。将知识图谱的模式及其部分实例数据喂给语言模型,让其建立起关于该领域的基础认知,然后就可以用自然语言与其进行问答交互。这种方法不需要专门构建查询转换器,而是利用语言模型的语义理解和常识推理能力,非常简捷。在 LangChain 中,实现这种基于 LLM 的知识图谱问答也非常方便。

```python
from langchain.llms import OpenAI
from langchain.prompts import PromptTemplate
from langchain.chains import LLMChain
kg_template = """
你是一名知识图谱助理,掌握关于 Apple 公司的如下知识:
{knowledge}
请根据以上知识,尽可能回答用户的问题。如果无法从中得出答案,就说"知识图谱中没有足够信息回答该问题"。
问题:{question}
"""
kg_prompt = PromptTemplate(input_variables = ["knowledge", "question"], template = kg_template)
llm = OpenAI(temperature = 0)
kg_chain = LLMChain(llm = llm, prompt = kg_prompt)
knowledge = """
- Apple_Inc 是一家公司
```

```
        – Apple_Inc 成立于 1976 年
        – Apple_Inc 的创始人是 Steve_Jobs 和 Steve_Wozniak
        – Apple_Inc 的总部在 Cupertino California
        – Apple Inc. 是 Apple_Inc 的主要话题
        – Steve_Jobs 是人
        – Steve_Wozniak 是人
    """
    questions = [
        "苹果公司的创始人有哪些?",
        "苹果公司位于哪里?",
        "苹果公司有哪些主要产品?"
    ]
    for question in questions:
        result = kg_chain.run(knowledge = knowledge, question = question)
        print(f"问题:{question}")
        print(f"答案:{result}")
        print()
```

输出:

问题:苹果公司的创始人有哪些?
答案:根据知识图谱, Apple_Inc 的创始人是 Steve_Jobs 和 Steve_Wozniak。
问题:苹果公司位于哪里?
答案:根据知识图谱, Apple_Inc 的总部在 Cupertino California。
问题:苹果公司有哪些主要产品?
答案:知识图谱中没有足够信息回答该问题.

可以看到,首先定义了一个 Prompt 模板,在其中描述助手掌握的知识图谱信息,并要求其根据这些信息回答问题。然后将知识图谱的三元组列表和待回答的问题传入,LLM 就可以根据已有知识进行推理,给出回答。对于未包含在知识中的问题,LLM 会如实告知无法回答。

这种基于 LLM 的知识问答方式虽然简单,但对知识的组织形式有一定要求,需要对原始的 KG 进行归纳和筛选,提炼出最关键的事实,用易于理解的自然语言表达出来,才能让 LLM 发挥推理能力。而且当前方法更多是对知识的复述,要想挖掘知识间的内在联系,进行更深入的推理,还有待进一步探索。不过 LLM+KG 的结合无疑为知识图谱应用开辟了新的可能,随着指令微调等新范式的出现,这一方向值得持续关注。

小　　结

本章深入探讨了知识图谱构建的核心步骤和关键技术选择,以及如何利用 LangChain 提高开发效率。建图的成功先决条件是明确的需求定义,紧随其后的是数据整合,包括结构化和非结构化数据的预处理。在本体构建上,可以借助工具如 Protege 进行设计,或者使用 LangChain 的 Agents 实现半自动本体生成。知识抽取则从传统规则和模板过渡到利用 LangChain 的 Prompt 和 LLM 模块,提升了灵活性和效率,尤其是在利用大模型的 few-shot 学习能力进行快速任务适应上。知识融合和存储则需应对数据源冲突,选择合适的图数据库,LangChain 提供的数据库连接器丰富了技术选项。知识应用阶段,LangChain 能够助力快速原型构建,推荐采用渐进式开发模式,从小范围场景扩展到企业级应用。

LangChain 在构建知识图谱的多个环节表现出其优势，从统一的数据处理，到简化知识抽取和融合流程，再到扩展应用形态，它都提供了有效的解决方案，特别是在定义复杂逻辑、处理语义歧义以及开发智能问答和推荐系统方面。然而，LangChain 在知识图谱应用方面仍处于起步阶段，面临诸如 LLM 的可解释性和可控性问题、限于特定逻辑能力，以及用户交互设计的挑战。尽管存在这些局限，LangChain 作为实现工程化知识图谱的突破口，其结合 LLM 的语言模型视角预示了认知智能的发展趋势，为这个领域迈出了关键一步。

思 考 题

一、简答题

1．简述知识图谱的定义和核心组成要素。

2．知识图谱有哪些典型应用场景？分别有何独特价值？

3．传统的知识抽取方法有哪些局限？LangChain 中的 Prompt、LLM 等模块是如何突破这些局限的？

4．在知识融合阶段，LangChain 的哪些组件可以提高自动化水平？其主要原理是什么？

5．LangChain 支持哪几种主流的知识图谱查询语言？它们分别适用于什么场景？

6．在基于知识图谱的智能问答中，LangChain 通常扮演什么角色？采用了哪些关键技术？

二、实践题

请基于 LangChain 搭建一个简易的故障诊断知识图谱问答系统。要求：

1．从设备说明书、维修手册等文档中抽取故障、原因、解决方案等知识。

2．实现知识的向量化存储和检索。

3．基于 Prompt 实现故障诊断的多轮对话。

参 考 文 献

［1］ LangChain 官方文档［EB/OL］. https：//docs. langchain. com/.

［2］ GitHub-LangChain［EB/OL］. https：//github. com/hwchase17/langchain.

［3］ Makridakis S，Petropoulos F，Yanfei K. Large Language Models：Their Success and Impact［J/OL］. Forecasting(2023). https：//doi. org/10. 3390/forecast5030030.

［4］ Wayne Xin Z，Kun Z，Junyi L，et al. A Survey of Large Language Models［EB/OL］. ArXiv，abs/2303. 18223(2023). https：//doi. org/10. 48550/arXiv. 2303. 18223.

［5］ Yu-Chu C，Xu W，Jindong W，et al. A Survey on Evaluation of Large Language Models［EB/OL］. ArXiv，abs/2307. 03109(2023). https：//doi. org/10. 48550/arXiv. 2307. 03109.

［6］ 肖仰华，白硕. 知识图谱技术原理与应用［M］. 北京：电子工业出版社，2019.

［7］ 周志华. 机器学习［M］. 北京：清华大学出版社，2016.

［8］ Golovanov S，Kurbanov R，Nikolenko S，et al. Large-Scale Transfer Learning for Natural Language Generation(2019)［EB/OL］. https：//doi. org/10. 18653/v1/P19-1608. 6053-6058.